环境生态工程 CAD

赵忠宝　主编

中国环境出版集团·北京

图书在版编目（CIP）数据

环境生态工程 CAD/赵忠宝主编. —北京：中国环境
出版集团，2020.6
ISBN 978-7-5111-4351-8

Ⅰ. ①环… Ⅱ. ①赵… Ⅲ. ①环境生态学—生态
工程—计算机辅助设计—AutoCAD 软件—教材 Ⅳ. ①X171

中国版本图书馆 CIP 数据核字（2020）第 092803 号

出 版 人	武德凯
责任编辑	殷玉婷
责任校对	任 丽
封面设计	宋 瑞

出版发行　中国环境出版集团
　　　　　（100062　北京市东城区广渠门内大街 16 号）
　　　　　网　　　址：http://www.cesp.com.cn
　　　　　电子邮箱：bjgl@cesp.com.cn
　　　　　联系电话：010-67112765（编辑管理部）
　　　　　发行热线：010-67125803，010-67113405（传真）
印　　刷　北京盛通印刷股份有限公司
经　　销　各地新华书店
版　　次　2020 年 6 月第 1 版
印　　次　2020 年 6 月第 1 次印刷
开　　本　787×960　1/16
印　　张　20.25
字　　数　400 千字
定　　价　33.00 元

《环境生态工程 CAD》
编写人员

主　编：赵忠宝

副主编：陈珊珊　董宇虹　王　滢　孔健健　孙广轮　李　婧
　　　　郝冬亮　张　阳

设　计：赵忠宝

校　稿：赵忠宝　陈珊珊　董宇虹　王　滢　孙广轮　李　婧
　　　　郝冬亮

编写人员单位：

赵忠宝（河北环境工程学院）

陈珊珊（河北环境工程学院）

董宇虹（衡水学院）

王　滢（河北环境工程学院）

孔健健（沈阳师范大学）

孙广轮（河北环境工程学院）

李　婧（河北环境工程学院）

郝冬亮（河北环境工程学院）

张　阳（沈阳师范大学）

前　言

计算机辅助设计（Computer Aided Design，CAD）是利用计算机代替传统手工绘图方式，是为设计人员或其他工作人员开发的进行工程设计与管理的一门应用技术。CAD 作为一门学科起源于 20 世纪 60—70 年代。进入 80 年代以来，随着计算机技术突飞猛进，极大地推动了 CAD 技术的发展，目前的 CAD 技术正朝着智能化和多元化方向发展，即所谓的 ICAD（Intelligent CAD）。另外，设计和制造一体化技术（CAD/CAM 技术）以及国家大力发展的企业电子信息化技术都是 CAD 技术发展的重要方向。CAD 软件根据功能不同，又分为不同的种类，如机械类常用的软件有 Unigraphics（UG）、SolidWorks 等，建筑类常用的软件有 Revit、ADT、ABD 等。

AutoCAD 软件是 CAD 软件中最常用的软件之一，简单易学，受到了国内外用户的欢迎。AutoCAD 软件是美国 Autodesk 公司于 1982 年开发的一个交互式绘图软件，是用于二维及三维设计、绘图的系统工具，用户可以使用它来创建、浏览、管理、打印、输出、共享及准确复用富含信息的设计图形。目前该软件已被广泛应用于机械、建筑、城市规划、交通、环境、生态、水利、航天、船舶、电子、纺织等领域的各个环节，在全球广泛使用。近年来，我国的专业制图软件技术也取得了长足的发展，天正、圆方等软件公司在 AutoCAD 软件平台上开发的建筑制图软件得到了广泛应用。

AutoCAD 软件经过多年的发展，形成了多个版本。从 AutoCAD V1.0 到 AutoCAD R14，从 AutoCAD 2000 到 AutoCAD 2020，每个版本都有相应的改进。对于用户来说，不一定追求新版本，根据用户的实际情况选择合适的版本。考虑各院校机房的软硬件条件，本书选择 AutoCAD 2016 版本为平台，介绍 AutoCAD 基础知识以及环境生态工程专业相关内容，将环境生态工程专业主要典型设计图的绘制贯穿全书，突出技能训练和设计能力的培养，既适合教学使用，又方便相关专业人员自学使用与参考。

本书在内容介绍方面，分类较为清晰，在内容讲解上步骤较为详细，同时书中多处标有注意与技巧等知识点补充栏，对读者起到了提示与拓展知识面的作用。另外，每章末都附有练习题，帮助读者掌握每章节的基本知识。本书适用于环境生态工程专业、环境工程专业、环境科学专业、园林专业、水土保持与荒漠化防治专业等相关专业的教学，也可为相关专业的设计人员和工程技术人员自学参考。

本书由河北环境工程学院、沈阳师范大学、衡水学院三所院校的老师共同编写完成。第 1 章由孔健健、赵忠宝、张阳编著；第 2 章由赵忠宝、陈珊珊、董宇虹、王滢、孙广轮、李婧、孔健健编著；第 3 章由赵忠宝、陈珊珊、董宇虹、王滢、孙广轮、李婧、孔健健编著；第 4 章由赵忠宝、陈珊珊编著；第 5 章由赵忠宝、王滢编著；第 6 章由陈珊珊、赵忠宝编著；第 7 章由董宇虹、赵忠宝编著；第 8 章由赵忠宝编著；第 9 章由赵忠宝、董宇虹、郝东亮编著；第 10 章由赵忠宝编著。全书的章节由赵忠宝设计，校稿由赵忠宝、陈珊珊、董宇虹、王滢、孙广轮、李婧、郝冬亮完成。

本书在编写过程中参考了"CAD 自学网""百度文库"等网站上的相关资料；南京大学规划设计院朱俊池工程师、苏州金螳螂园林景观绿化景观有限公司钟剑辉工程师为本书提供了相关设计图纸和有益的建议，在此一一表示感谢。

由于编者水平有限，书中难免存在错误和不当之处，欢迎广大读者批评指正。作者邮箱 zhaozhongbao1980@163.com。

目　录

第 1 章　AutoCAD 2016 基本操作基础

※本章学习目标：

◆　熟悉 AutoCAD 2016 的入门基础和工作界面。

◆　掌握命令的执行方式、鼠标的操作、参数的输入方式、图形文件管理、坐标系和图形显示控制。

学好本章知识，有助于我们在后续各章节中更好地系统化学习 AutoCAD 2016 软件实用知识。

1.1　AutoCAD 2016 的入门基础

以 Windows10 操作系统为例，成功安装 AutoCAD 2016 简体中文版软件后，用户可以通过双击桌面上的 ▲ 图标，或从计算机左下角单击"开始"应用程序菜单中选择"所有程序"，从中找到"Autodesk|AutoCAD 2016-简体中文（Simplified Chinese）"，并以鼠标左键单击启动 AutoCAD 2016 简体中文版软件。

启动 AutoCAD 2016 简体中文版软件，将弹出图 1.1 所示的 AutoCAD 2016 初始界面，该初始界面包含一个"开始"选项卡，主要由"创建"和"了解"两个界面组成。主要提供"快速入门""最近使用过的文档""通知"和"连接"等方面的内容。其中"创建"界面，在"快速入门"选项组中可以执行"开始绘制（新建）""打开文件""打开图纸集""联机获取更多模板"和"了解样例图形"等命令操作；利用"最近使用的文档"列表可以快速打开最近使用过的文档，注意该列表下方的三个按钮用于设置以何种方式列出最近使用过的文档；在"连接"选型组中，可以通过 A360（Autodesk 360）联机存储、共享、查看和协作设计文件，可以发送反馈信息以帮助改进产品等。

点击"了解"选项卡，将弹出图 1.2 所示的 AutoCAD 2016 了解界面。可以看到"新特性""快速入门视频""学习提示""联机资源"等功能。"新特性"是介绍了 AutoCAD 2016 较以前版本所增加的新功能介绍。"学习提示"是为操作 AutoCAD 2016 提供帮助，会有一些小技巧，大家可以浏览；如点击则直接进入 Help（帮助）页面。"联机资源"是 AutoCAD 2016 的网上培训资源，需要时可链接进入。

图 1.1　AutoCAD 2016 的创建界面

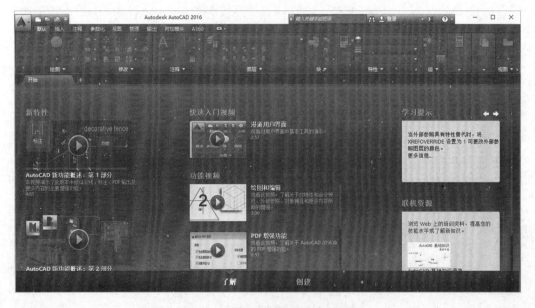

图 1.2　AutoCAD 2016 的了解界面

　　要退出 AutoCAD 2016，则通常单击"应用程序按钮" 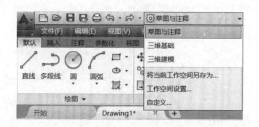，并从中弹出的应用程序菜单中单击"退出 Autodest AutoCAD 2016"按钮，或者在命令行中输入"Quit"命令并按【Enter】键。当然，单击标题栏中的"关闭"按钮×，亦可退出 AutoCAD 2016。

1.2　AutoCAD 2016 的工作界面

　　在绘制图形之前，我们先了解一下 AutoCAD 2016 的工作界面。

　　AutoCAD 2016 的工作界面与工作空间息息相关，所谓的工作空间是经过组织的菜单、工具栏、选项板、面板等的集合，使得用户可以在面向任务或自定义的绘图环境中工作。AutoCAD 2016 提供了 3 种预定好的工作空间，它们分别是"草图与注释""三维基础"和"三维建模"，用户可以根据实际的设计需要随时切换工作空间。

　　要切换工作空间，则在"快速访问"工具栏的"工作空间"下拉列表框中选择所需的工作空间即可，也可以在状态栏中单击"切换工作空间"按钮 ，并从弹出的菜单列表中选择相应的工作空间选项，如图 1.3 所示。

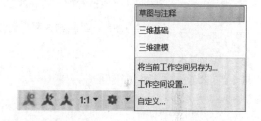

（a）使用"快速访问"工具栏的"工作空间"下拉列表框　　　　　　（b）在状态栏中切换"工作空间"

图 1.3　切换工作空间

　　下面以图 1.4 所示的"草图与注释"工作空间为例，介绍其工作界面的主要组成元素。工作界面主要由"应用程序"按钮、"快速访问"工具栏、标题栏、功能区、图形窗口、浮动命令行窗口和状态栏等元素组成。其中"应用程序"按钮、"快速访问"工具栏在默认时嵌入标题栏中，而图形窗口也包含用于快速切换当前文件的"文件"选项卡。

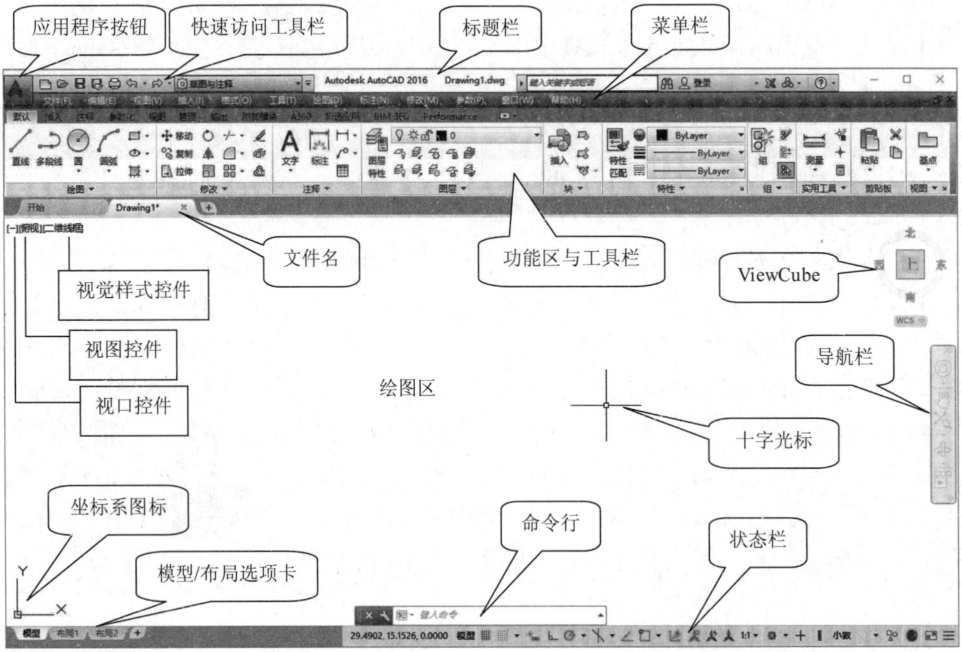

图 1.4 使用"草图与注释"工作空间时的 AutoCAD 2016 工作界面

1.2.1 "应用程序"按钮

在 AutoCAD 2016 工作界面的左上角单击"应用程序"按钮，则打开图 1.5 所示的应用程序菜单，可执行新建、打开、保存、另存为、输出、发布、打印、图形实用工具和关闭等相关命令操作。"最近使用的文档"列表中列出的文档除了按已排序列表显示外，还可以按访问日期、大小或类型排序，用户只需从一个下拉列表框中选择相应的选项。

1.2.2 标题栏与"快速访问"工具栏

标题栏主要用于显示正在运行的软件名称、版本和当前窗口图形的文件名信息，位于 AutoCAD 2016 工作界面的最上方。

标题栏右端提供了"最小化"按钮 ━ 、"最大化"

图 1.5 应用程序菜单

按钮 ▭ 和 "关闭" 按钮 ✕ ，分别用于最小化、最大化和关闭 AutoCAD 2016 应用程序窗口界面。其中最大化界面后， "最大化" 按钮 ▭ 由 "恢复窗口大小" 按钮 ▱ 替换。另外，如果在标题栏的空白位置处点击鼠标右键，则会弹出一个关于 AutoCAD 窗口控制的快捷菜单，从中可以进行最小化或最大化窗口、恢复窗口、移动窗口和关闭 AutoCAD 等操作。

"快速访问" 工具栏提供了若干个常用工具，包括 "新建" 按钮▢、"打开" 按钮 ▱ 、"保存" 按钮 ▤ 、"另存为" 按钮 ▥ 、"打印" 按钮 🖶 、"放弃" 按钮 ↶ 、"重做" 按钮 ↷ 和 "工作空间" 下拉列表框等。用户可以根据设计需要向 "快速访问" 工具栏

添加更多的工具，其方法是在 "快速访问" 工具栏中单击 "自定义快速访问工具栏" 按钮▼，打开下拉菜单，如图 1.6 所示，从中选择要添加到 "快速访问" 工具栏的工具名称；如果该下拉菜单没有所需要的工具名称，则选择 "更多命令" 选项以打开 "自定义用户界面" 对话框，利用该对话框搜索到所需命令（工具名称），然后将该命令从 "命令列表" 窗格拖动到 "快速访问" 工具栏的适当位置处。

图 1.6 自定义快速访问工具栏

系统初始默认的 "快速访问" 工具栏是嵌入标题栏中的，用户也可以从 "自定义快速访问工具栏" 处下拉菜单中选择 "在功能区下方显示" 选项，以将设置的 "快速访问" 工具栏显示在功能区的下方。

1.2.3 功能区

功能区其实是一种特殊的选项板，由若干个选项卡组成，每个选项卡包含若干个面板，每个面板又包含若干个命令按钮和工具控件。可以将功能区看作传统菜单栏和工具栏的主要替代工具。

功能区可以被最小化为选项卡、面板标题或面板按钮，其设置方法是在功能区的选项卡标签行中单击 "功能区选项" 按钮▼，如图 1.7 所示，接着从弹出的下拉菜单列表中选择一种最小化选项即可；以后要恢复功能区原始状态，则在选项卡标签行中单击 "切换" 按钮 ▣ 。如果选中了 "循环浏览所有项" 选项，那么单击 "切换" 按钮 ▣ ，可

以在最小化为选项卡、最小化为面板标题、最小化为面板按钮和功能区原始状态之间循环切换。

图 1.7 设置功能区最小化方案

1.2.4 图形窗口

图形窗口也称绘图窗口，它是绘图工作区域，通常绘图结果都反映在这个窗口中。在一些设计场合下，可能需要使图形窗口足够大以更好地查看图形，此时可以单击状态栏中的"全屏显示-启动"按钮 ■，或者按【Ctrl】+【0】组合键。单击"全屏显示-关闭"按钮 ■，或者按【Ctrl】+【0】组合键可取消全屏显示。

1.2.5 命令行窗口

命令行窗口包含当前命令行和命令历史列表等控件，主要用于输入命令，显示 AutoCAD 提示的信息，并接受用户输入的数值和选择提示选项。命令历史列表可以保留自 AutoCAD 启动以来操作的有效命令历史记录。在 AutoCAD 2016 的"草图与注释"工作空间中默认提供的命令行窗口是浮动的（即属于不停靠的模式），在浮动命令行窗口中单击"自定义"按钮 ■，可以进行输入设置，定制提示历史记录行数，以及定义命令行的透明度等。浮动命令行窗口组成示意图如图 1.8 所示，可以通过将命令窗口拖动到绘图区域的顶部或底部来将其固定。

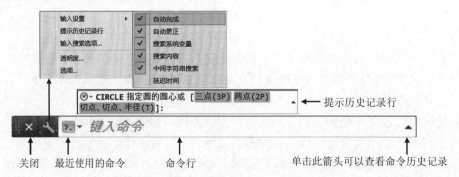

图 1.8 浮动命令行窗口的组成示意图

在命令行中进行输入操作时，如果对当前输入命令的操作不满意，可以按【Esc】键来取消该操作，然后重新输入。

在使用浮动命令窗口时，按【Ctrl】+【F2】组合键可以打开一个独立的"AutoCAD文本窗口"，如图 1.9 所示。而当使用固定命令窗口时，按【F2】键即可打开独立的"AutoCAD 文本窗口"。在该"AutoCAD 文本窗口-Drawing1.dwg"提示框中可以查询和编辑命令历史操作记录，也可以在其中的命令行中进行输入命令或选项参数的操作。对于浮动命令窗口，按【F2】键可以从命令窗口中打开命令历史记录列表。按【Ctrl】+【9】键可以快速实现隐藏或显示命令行窗口。

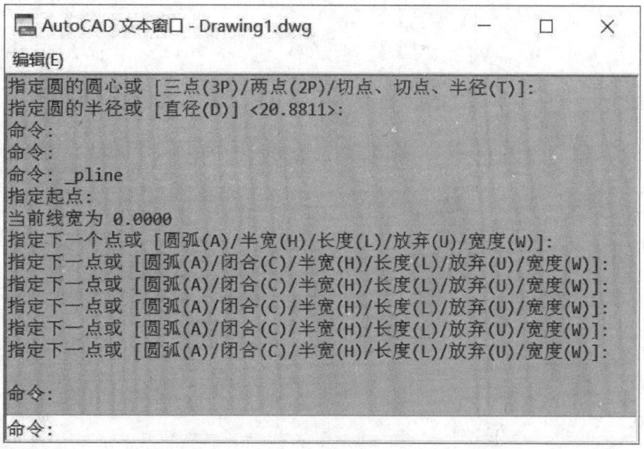

图 1.9　"AutoCAD 文本窗口-Drawing1.dwg"提示框

1.2.6　状态栏

状态栏位于 AutoCAD 工作界面的底部，主要用来显示 AutoCAD 当前的一些状态，如当前十字光标的坐标值、各种模式的状态和相关图形状态等。用户可以对状态栏的显示内容进行自定义，其方法是在状态栏中单击"自定义"按钮 ≡。接着从弹出的列表中选择要显示或隐藏的工具对象，带有"✔"符号的工具对象表示要在状态栏中显示的工具或状态内容。经过自定义的状态栏样例如图 1.10 所示，位于状态栏左侧的一组即时数字反映了当前十字光标所在图形窗口中的位置坐标，紧挨着坐标区的是一组模式按钮，包括"模型或图纸空间切换"、"显示图形栅格" ⊞、"捕捉模式" ⊞、"推断约束" ♪、"动态输入" +、"正交限制光标" ⌐、"极轴追踪" ⟳、"对象追踪捕捉" ∠、"对象捕捉" ▢、"显示隐藏线宽" ≣、"动态 UCS" +、"注释监视器" ✚ 和"快捷特性" ▣ 等，用户可以根据需要通过单击按钮的方式打开或关闭它们。状态栏的右侧区域还提供其他一些状态工具按钮，用户可以将鼠标指针悬停在相应工具按钮上，通过出现的提示了解该工具按钮的功能。

图 1.10　状态栏

1.2.7 菜单栏

在系统初始默认的"草图与注释""三维基础"和"三维建模"工作空间中,AutoCAD 不再显示传统菜单栏。如果要显示传统菜单栏,可以在"快速访问"工具栏中单击"自定义快速访问工具栏"按钮 ,接着在打开的下拉菜单中选择"显示菜单栏"选项即可。菜单栏将显示在标题栏的下方,它提供"文件""编辑""视图""插入""格式""工具""绘图""标注""修改""参数""窗口"和"帮助"等菜单,如图 1.11 所示,在设计工作中用户可以从菜单栏的相关菜单中选择所需要的菜单命令。

图 1.11 在"草图与注释"工作空间中设置显示的传统菜单栏

1.3 命令的执行方式

AutoCAD 2016 提供了三种常用的执行命令方式,分别是键盘命令输入法、执行菜单命令法和单击工具按钮法。

1.3.1 键盘命令输入法

键盘命令输入法是指通过键盘在命令行中输入相应命令的英文全称或命令快捷键(简写字母),单击空格键或【Enter】键确认后启用命令的方法,并按命令行提示依次完成绘图。

例如,绘制直线时,可在命令行提示为"键入命令"状态下输入"Line"命令后,按空格键或【Enter】键即可,如图 1.12 所示。

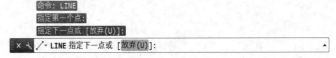

图 1.12 在命令行中输入命令

为了提高命令的输入速度,AutoCAD 给命令规定了一些快捷键,如直线(Line)的快捷命令键为"L",常用的快捷命令键见本书附录 1。

在执行命令过程中,应注意以下两点:

(1)方括号"[ ]"中以"/"隔开的内容表示各种选项,若要选择某个选项,则需输入圆括号中的字母,该字母可以是大写或小写形式。例如,在命令行中输入"Circle"并按【Enter】键,接着在命令提示下输入"2P"并按【Enter】键以选择"两点(2P)"选项,然后按照命令行提示绘制一个圆,如图 1.13 所示。

命令: CIRCLE

CIRCLE 指定圆的圆心或 [三点(3P) 两点(2P) 切点、切点、半径(T)]: 2p

图 1.13　在命令行中输入命令及选项（1）

（2）在执行某些命令过程中，会遇到命令提示的后面有一个尖括号"< >"，其中的值是当前系统的默认值，若在这类提示下直接按【Enter】键，则采用系统的默认值，如图 1.14 所示。

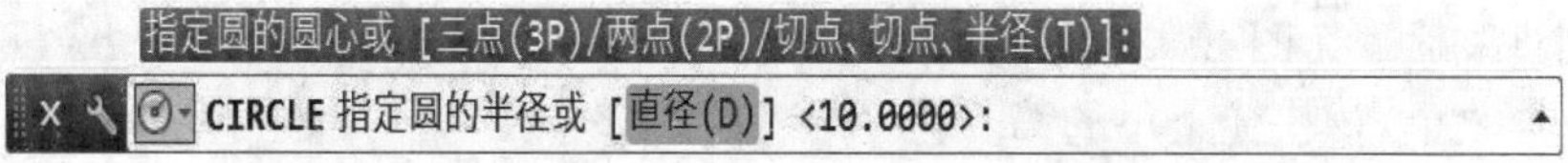

指定圆的圆心或 [三点(3P)/两点(2P)/切点、切点、半径(T)]:

CIRCLE 指定圆的半径或 [直径(D)] <10.0000>:

图 1.14　在命令行中输入命令及选项（2）

在 AutoCAD 2016 中，命令行输入更加智能和高效。AutoCAD 2016 提供了命令建议列表和超强的互联网搜索功能，并具有"自动适配建议"和"同义词建议"等创新功能，便于用户快速访问和激活命令，即便命令输入有误，AutoCAD 系统也不会简单地提示"未知命令"，而是会自动提供最接近且有效的 AutoCAD 命令以供用户激活。

1.3.2　执行菜单命令法

可以通过选择菜单栏或鼠标右键快捷菜单中的菜单命令来激活命令，接着根据命令提示进行相关操作即可。例如，要使用 3 个点来绘制一个圆，可以在菜单栏中选择"绘图"→"圆"→"三点"命令，如图 1.15 所示，然后根据命令提示分别指定 3 个有效的点即可完成绘制一个圆。

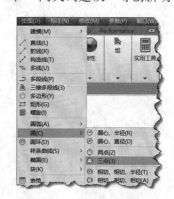

图 1.15　选择菜单命令示例

1.3.3　单击工具按钮法

使用功能区面板或相关工具栏中的工具按钮进行绘图是一种直观的执行方式。该执行方式的步骤是：在功能区面板或相应工具栏中单击所需要的命令按钮，接着结合键盘与鼠标，并利用命令行辅助执行余下的操作。

例如，切换至"草图与注释"工作空间，从功能区"默认"选项卡的"绘图"面板中单击"多边形"按钮以激活多边形绘制命令，如图 1.16 所示。

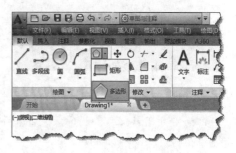

图 1.16　单击工具按钮示例

1.3.4 命令重复、撤销、重做和终止

（1）命令重复执行

当完成某一个命令的执行后，如果需要重复执行该命令，可以按照以下方法之一进行。

● 在命令行的"输入命令"提示下按【Enter】键或空格键。

● 在绘图窗口单击鼠标右键，弹出一个快捷菜单，上面第一行将显示重复执行上一次所执行的命令，选择此命令项便可重复执行对应的命令。例如，在执行"Line"命令完成绘制直线后，在图形窗口右击以弹出图 1.17 所示的快捷菜单，该快捷菜单的第一行会显示"重复 Line"命令，选择该命令即可重复执行直线绘制命令。

从快捷菜单中选择"最近的输入"命令以展开其级联菜单，如图 1.17 所示，然后从"最近的输入"级联菜单中选择所列出的一个所需的命令即可。

图 1.17　弹出的右键快捷菜单

（2）命令撤销

完成一个命令操作后，若要放弃该命令的执行效果。可在"快速访问"工具栏中单击"放弃"按钮 ↶（对应着 Undo 与 U 命令），从而放弃上一个命令执行效果。如果在"快速访问"工具栏中单击"放弃"按钮 ↶ 旁的"下三角箭头"按钮 ▾，可指定一起放弃几个命令。

（3）命令重做

用于恢复上一个用"放弃"（Undo 与 U 命令）命令放弃的效果，该命令必须紧跟在放弃命令之后才能执行。在"快速访问"工具栏中单击"重做"（Redo）按钮 ↷，从而恢复上一个撤销的命令操作。如果在"快速访问"工具栏中单击"重做"按钮 ↷ 旁的"下三角箭头"按钮 ▾，同样可以指定一起恢复几个命令操作。

（4）命令终止

命令执行过程中，可按键盘左上角的【Esc】键，终止该命令的执行。

1.3.5 透明命令的使用

所谓透明的命令，指的是在一个命令的执行过程中，暂时中断当前命令的执行而去执行另外一个命令。当另外一个命令执行结束后，自动返回上一个命令中断的地方继续往下执行。

常用的透明命令有实时平移（Pan）、实时缩放（Zoom）等相关命令，这些命令可通

过单击快速访问工具栏上缩放工具相关按钮调用，也可直接通过鼠标滚轮的操作实现。此外，状态栏上的大多按钮（正交、栅格、对象捕捉、动态输入等）也属于透明命令。

在绘制复杂图形过程中，灵活熟练地使用透明命令，可加快绘图的速度。例如，在绘制直线过程中，可按下键盘快捷键【F8】开启透明命令"正交模式"（Ortho），选定直线终点，即可绘制一条垂直或水平直线。

1.4　鼠标的操作

鼠标是用户和 AutoCAD 进行信息交流的重要工具。用户在绘制或者编辑图形的过程中，掌握好鼠标的操作可以加快绘图速度，提高绘图的质量。鼠标包含有左键、右键、中键（滚轮）三部分，下面介绍其重要使用方法。

1.4.1　左键操作

鼠标左键的功能主要是选择和拾取，通常用来点选对象、窗口选择对象、点击和双击对象。

（1）执行命令

光标移动到菜单栏、功能栏或导航栏等区域，光标所在位置的命令会高亮显示，此时用左键单击可以选择和执行命令。

（2）选择对象

鼠标左键可用于选择操作对象，可分为单选对象和框选对象。

单选对象是将光标移动到对象的边界，此时对象高亮显示，单击后选中对象，显示其可用于编辑的夹点。框选对象是在空白处单击鼠标左键，松开左键拖动光标到一定位置再次单击，可用矩形框选对象，按住鼠标左键不松开为不规则的套索选择框，具体说明见第 3 章 3.1 选择对象方法。

（3）双击编辑对象

在 AutoCAD 中定义了针对一些特殊对象的双击动作，在双击这些对象时会自动执行一些命令，例如双击普通对象，如圆、直线等会弹出属性框，如图 1.18 所示；双击单行文字，会自动调用文字编辑功能；双击多行文字，会自动启动多行文字编辑器；双击多线，会自动执行多线编辑；双击普通图块会执行块编辑（Bedit）；双击属性块，会自动弹出增强属性编辑器；双击 OLE 对象，会自动启动相关软件并打开 OLE 对象，等等。这些双击动作是 AutoCAD 为了提高操作效率专门定义的，双击这些对象时我们可以看到命令行执行的命令。双击动作也可以自己修改，AutoCAD 的 CUI（自定义界面）对话框中就可以定义双击动作，如图 1.19 所示。

图 1.18　双击圆弹出的属性框

图 1.19　双击自定义设置

（4）移动和复制对象

对象选中后，光标停留在对象边界上，按住鼠标左键拖动，到一定位置后放开鼠标左键，可以将对象移动到新位置，如果拖动的过程中按【Ctrl】键，可以将对象复制到新位置。

1.4.2　右键操作

鼠标右键的功能主要是快捷菜单和确认。

（1）快捷菜单

右键单击在命令对话框、工具栏、图形窗口中区域通常会弹出快捷菜单。

（2）确认

单击鼠标右键有时候与空格键功能一样，确认某一个命令操作。

（3）打开捕捉快捷菜单

按【Shift】键单击右键，将弹出对象捕捉快捷菜单，可以选择临时使用的捕捉方式，如图 1.20 所示。

（4）移动、复制或粘贴为块

选中图形后，按住鼠标右键拖动，会弹出一个菜单，可

图 1.20　对象捕捉菜单

图 1.21　鼠标右键拖动菜单

以选择移动、复制或粘贴块，如图 1.21 所示。

1.4.3　中键（滚轮）操作

使用鼠标中键（滚轮）可实现对象的缩放、平移和全图显示等功能。

（1）缩放对象

滚动鼠标滚轮，操作对象将随之变大或变小。

（2）平移对象

按住滚轮并拖曳可以使对象平移，改变图形在窗口的位置，相当于“平移”命令。

（3）全图显示

双击滚轮全图缩放，所有图形都显示到当前窗口内，相当于“范围缩放”命令。

（4）动态平移

按【Ctrl】键，同时按住滚轮向某个方向确定一下方向，图形就可以沿一个方向等速平移，直到松开滚轮。

1.5　参数的输入方法与动态输入法

1.5.1　参数的输入方法

在响应 AutoCAD 命令时，通常要输入各种参数，如点的坐标值、距离、角度等。参数可以在命令行中按提示输入，也可以在对话框中输入或进行选择。

命令行输入参数可以直接输入数值，并按照提示可以执行拓展命令。图 1.22 为“偏移命令”执行后的命令行，直接输入偏移值是默认模式，其他选项有通过、删除和图层，也可以选择后使用其他模式。

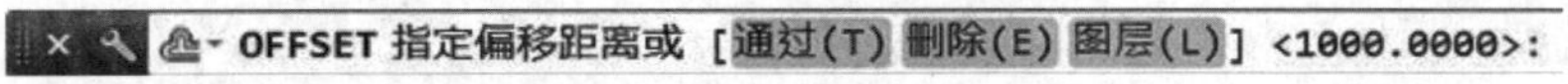

OFFSET 指定偏移距离或 [通过(T) 删除(E) 图层(L)] <1000.0000>:

图 1.22　“偏移命令”命令行

例题 1.1　用直线命令完成如图 1.23 所示的矩形绘制，尺寸要求为 20000mm× 10000mm。

绘图步骤如下：执行 Line 命令，启动命令后，命令行提示如下：

Line 指定第一个点：在绘图窗口范围内单击鼠标左键任选一点为 A 点。

D
C
10000
A
B
20000
单位：mm

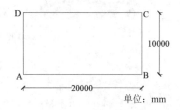

图 1.23　矩形绘制

指定下一点或 [放弃(U)]：@20000,0✓（在命令行中输入相对坐标，以确定 B 点）

指定下一点或 [放弃(U)]：@0,10000✓（在命令行中输入相对坐标，以确定 C 点）

指定下一点或 [闭合(C)/放弃(U)]：@-20000,0✓（在命令行中输入相对坐标，以确定 D 点）

指定下一点或 [闭合(C)/放弃(U)]：C✓（在命令行中输入 C，单击回车键闭合图形）

1.5.2　动态输入法

动态输入法是 AutoCAD 中一种高效的输入模式，它在绘图区域中的光标附近提供直观的命令界面。当启用动态输入模式时，工具提示将在光标附近直接看到命令提示或选择命令选项，还可以在光标旁提示小窗口中输入点坐标值、距离和角度等参数。动态输入法和命令行中的操作是一样的，区别在于动态输入可以让用户的注意力集中在光标附近，但动态输入不会取代命令行窗口。

打开或关闭动态输入模式，则在状态栏"动态输入"图标 ＋ 左键点击，高亮显示 ＋ 即为打开，或按【F12】键，为"动态输入"开关快捷键。

动态输入有 3 个组件，分别是指针输入、标注输入、动态提示。用户可以控制启用动态输入时每个组件所显示的内容，其方法是在菜单栏中选择"工具"→"绘图设置"命令，或命令行中输入"Dsettings"按【Enter】键，或在状态栏"动态输入"按钮上单击鼠标右键→动态输入设置，都可以弹出"草图设置"窗口，如图 1.24 所示，选择"动态输入"选项卡，在对应选项以鼠标左键点击"勾选"，有"勾选"则表示动态输入的选项已打开。

图 1.24　"草图设置窗口-动态输入"选项卡　　　图 1.25　"指针输入设置"对话框

（1）指针输入

勾选"启用指针输入"复选框则表示打开指针输入。如果同时打开指针输入和标注输入，标注输入在可用时将取代指针输入。如果在"指针输入"选项组中单击"设置"按钮，将打开图 1.25 所示的"指针输入设置"对话框，使用"指针输入"设置可以修改坐标的默认格式，以及控制指针输入工具栏提示何时显示。

若指针输入处于启用状态且命令正在运行，十字光标的坐标位置将显示在光标附近的工具提示输入框中，此时可以在工具提示中输入坐标，而不用在命令行上输入。在指定点时，第一个坐标是绝对坐标，第二个或下一个点的格式是相对极坐标，不需要输入@符号。如果需要输入绝对值，请在值前加上前缀井号（#）。

在第一个小方框中输入坐标后，按【Tab】键切换到第二个小方框，第一个坐标处将出现一个锁定图标，并且光标会受其约束。如果需要修改第一小方框中的值，再按【Tab】键切换到第一个小方框。

如果输入第一个坐标值直接按【Enter】键，则第二个值将被忽略，即当输入第一个坐标值时，第二个坐标的当前值被作为输入值（如输入 x=20.5 时，y 提示为 30.5，直接按回车，则把 30.5 当成输入值）。

（2）标注输入

启用标注输入时，当命令提示输入第二点时，工具栏将显示标注距离和角度值的提示，而且标注工具提示中的值会随着光标移动而动态更新。此时可以在工具提示中输入值，而不用在命令行中输入值。按【Tab】键可以在距离和角度之间切换。

在"标注输入"选项组中单击"设置"按钮，将打开图 1.26 所示的"标注输入的设置"对话框，从中控制标注输入工具提示的设置。

（3）动态提示

用于显示动态提示的样例及设置提示信息的显示位置。在"动态提示"选项组的预览区域显示了动态提示的样例，可以设置在十字光标旁边显示命令提示和命令输入，以及设置随命令提示显示更多的提示。

用户可以在工具提示（而不是在命令行）中输入相应的参数或选项。点击"↓"按钮，则弹出其他选项，与命令行参数设置一样，如图 1.27 所示。

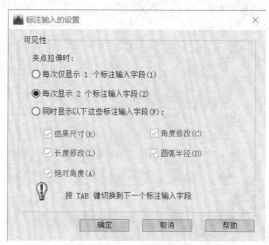

图 1.26　"标注输入的设置"对话框

例题 1.2 用动态输入法完成例题 1.1 矩形绘制。

绘图步骤如下：启用动态输入模式，执行 Line 命令，启动命令后，根据绘图窗口动态提示进行相关操作：

图 1.27 绘制圆时"动态提示"与指针输入

指定第一个点：在绘图窗口范围内用鼠标左键任选一点为 A 点。

20000 ▢ 0：移动光标至 A 点上方区域，在第一个小方框中输入长度值 20000，按下【Tab】键或【,】键切换到第二个小方框并输入角度值为"0"，以确定 B 点。如果光标在水平方向上，在第一个小方框中输入长度值 20000 后，按下【Enter】键即可绘制长度为 20000 的直线。

10000 ▢ 90：移动光标至 B 点右侧区域，在第一个小方框中输入长度值为 10000，按下【Tab】键或【,】键切换到第二个小方框并输入角度值为"90"，以确定 C 点。

20000 ▢ 180：移动光标至 C 点左侧区域，在第一个小方框中输入长度值为 20000，按下【Tab】键或【,】键切换到第二个小方框并输入角度值为"180"，以确定 D 点。

指定下一点或：移动光标至 A 点，直接捕捉到 A 点（如果对象捕捉中"端点"选项没有启动，需要启动"端点"选项），点击鼠标左键即可完成矩形的绘制。

1.6 图形文件管理

在 AutoCAD 中，图形文件默认扩展名为".dwg"。图形文件管理主要包括新建图形文件、打开图形文件、保存图形文件和关闭图形文件等。

1.6.1 新建图形文件

在 AutoCAD 2016 中，创建新图形文件的方法主要有以下几种。
- 在"快速访问"工具栏中单击"新建"按钮▢。
- 单击"应用程序"按钮Ⓐ，接着在弹出的应用程序菜单中选择"新建"→"图形"命令。
- 在命令窗口的命令行中输入"New"命令，并按【Enter】键。
- 在菜单栏中选择"文件"→"新建"命令。
- 按【Ctrl】+【N】组合键。

执行新建图形文件的上述操作之一后，系统将弹出如图 1.28 所示的"选择样板"（系统变量"Startup"初始值为 0、"Filedia"初始值为 1 时），通过"选择样板"选择合适的样板文件后单击"打开"按钮，便会以所选样板为模板建立一个新图形文件。

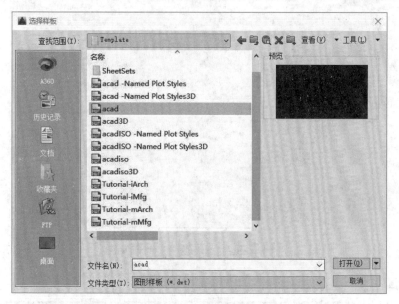

图 1.28　"选择样板"对话框

1.6.2　打开图形文件

通过 AutoCAD 2016 打开新图形文件的方法主要有以下几种。
- 在"快速访问"工具栏中单击"打开"按钮 。
- 单击"应用程序"按钮 ，接着在弹出的应用程序菜单中选择"打开"→"图形"命令。
- 在命令窗口的命令行中输入"Open"命令，并按【Enter】键。
- 在菜单栏中选择"文件"→"打开"命令。
- 按【Ctrl】+【O】组合键。

执行上述打开图形文件的命令操作之一后，系统将弹出如图 1.29 所示的"选择文件"对话框，从中选择要打开的图形文件，然后单击"打开"按钮即可打开该图形文件。

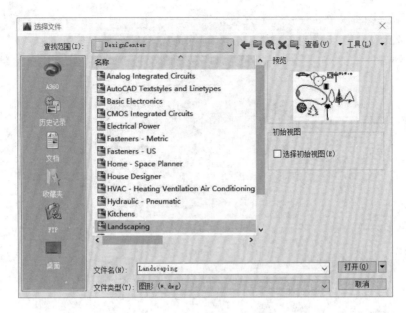

图 1.29　"选择文件"对话框

注意与技巧

> 　　打开 AutoCAD 图形时，有时需要同时打开多张图形进行对比操作，此时如果一张一张地打开，虽然能达到目的，但显然较慢。在执行"Open"命令时，可以按住【Ctrl】键来一次性选择要打开的多个图形，再单击"打开"按钮，从而打开多个图形文件。可以执行"水平平铺"或"垂直平铺"命令将多个图形同时显示。

1.6.3　保存图形文件

　　工作中用户要及时保存图形文件，以免意外情况而丢失图形设计数据。通过 AutoCAD 2016 保存图形文件的方法主要有以下几种。

- 在"快速访问"工具栏中单击"保存"按钮 ⬚。
- 单击"应用程序"按钮 Ａ，接着在弹出的应用程序菜单中选择"保存"命令。
- 在命令窗口的命令行中输入"Qsave"命令，并按【Enter】键。
- 在菜单栏中选择"文件"→"保存"命令。
- 按【Ctrl】+【S】组合键。

如果是第一次执行保存操作，将弹出如图 1.30 所示的"图形另存为"对话框，操作指定要保存的位置、文件名和文件类型，然后单击"保存"按钮。

图 1.30　"图形另存为"对话框

　　在应用程序菜单中单击"另存为"命令旁的"展开"按钮 ▶，打开其级联菜单，如图 1.31 所示，从中还可以选择以下的选项来执行其他需求的另存为操作。

　　（1）绘制到云："将当前图形保存到 A360（即 Autodesk 360）。

　　（2）图形样板：创建可用于创建新图形的图形样板（DWT）文件。

　　（3）图形标准：创建可用于检查图形标准的图形标准（DWS）文件。

　　（4）其他格式：将当前图形保存为 DWG、DWT、DWS 或 DXF 文件格式。

　　（5）将格局另存为图形：将当前布局中的所有可见对象保存到新图形的模型空间中。

　　（6）DWG 转换：转换选定图形文件的图形格式版本。

1.6.4　关闭图形文件

　　完成图形绘制并保存后，可以按照以下常用方法之

图 1.31　其他另存为命令

一关闭当前图形文件而不退出 AutoCAD 2016。

● 单击"应用程序"按钮，接着在弹出的应用程序菜单中选择"关闭"→"当前图形"命令。

● 在菜单栏中选择"窗口"→"关闭"或者"文件"→"关闭"命令。

● 单击当前图形窗口对应的"关闭"按钮。

要关闭当前打开的所有图形，则从应用程序菜单中选择"关闭"→"所有图形"命令，或者从菜单栏中选择"窗口"→"全部关闭"命令。

如果修改图形后没有保存操作便关闭该图形，系统将弹出如图 1.32 所示的"AutoCAD"警告对话框，询问是否将改动保存到该图形文件。此时单击"是"按钮，将保存当前图形文件并将其关闭；单击"否"按钮，将关闭当前图形文件但不保存；单击"取消"按钮，则取消关闭当前图形文件的操作，且不进行保存。

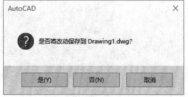

图 1.32　AutoCAD 警告对话框

1.7　坐标系

AutoCAD 2016 中的坐标系分为世界坐标系（Word Coordinate System，WCS）和用户坐标系（User Coordinate System，UCS）两种。

1.7.1　世界坐标系

世界坐标系为 AutoCAD 系统默认的坐标系，又称通用坐标系或固定坐标系，在坐标轴的交汇处显示有一个小方框型标记，如图 1.33 所示。它的位置是固定不变的，即始终以（0，0）或（0，0，0）为坐标原点。该坐标系沿 X 轴、Y 轴分别为水平、垂直距离的增加方向，Z 轴垂直于 XY 平面，沿 Z 轴垂直屏幕向外为距离的增加方向。默认情况下世界坐标系（WCS）和用户坐标系（UCS）是重合的。

在环境生态工程平面设计中常用二维点（X，Y）坐标表示。

1.7.2　用户坐标系

在 AutoCAD 中，为了能更好地辅助绘图，经常需要修改坐标系的原点和方向，这时的世界坐标系就变为用户坐标系，简称"UCS"，在坐标轴的交会处没有小方框标记，如图 1.34 所示。用户坐标系是可移动的坐标系，是用户参照世界坐标系自行定义的坐标系。实际绘图过程中，所有的坐标输入都是使用当前用户坐标系（UCS）。在绘制三维对象时非常有用。用户可以根据需要建立多个用户坐标系。

可以通过单击 UCS 图标并使用其夹点来移动 UCS，其方法是在图形窗口中单击 UCS 图标，接着单击并拖曳方形原点夹点（图 1.35）到其新位置，则 UCS 原点（0，0，0）被重新定义到指定的点处。

图 1.33　默认的世界坐标系　　　图 1.34　用户坐标系　　　图 1.35　单击 UCS 图标

可以使用 UCS 命令来更改当前 UCS 的位置和方向。在命令行的"输入命令"提示下输入"UCS"，按【Enter】键，命令窗口出现如图 1.36 所示的提示信息和提示选项。下面介绍这些提示选项的功能含义。

图 1.36　执行 UCS 命令

（1）指定 UCS 的原点：使用一点、两点或三点定义一个新的 UCS。如果指定单个点，当前 UCS 的原点将会移动，而不会更改 X、Y 和 Z 轴的方向；如果指定第二点，则 UCS 将旋转以使正 X 轴通过该点；如果指定第三点，则 UCS 将围绕新 X 轴旋转来定义正 Y 轴。

（2）面：将 UCS 动态对齐到三维对象的面。

（3）命名：保存或恢复命名 UCS 定义。

（4）对象：将 UCS 与选定的二维或三维对象对齐。UCS 可以与除了参照线和三维多段线之外的任何对象类型对齐。

（5）上一个：恢复上一个 UCS。可以在当前任务中逐步返回到最后 10 个 UCS 设置。对于模型空间和图纸空间，UCS 设置单独存储。

（6）视图：将 UCS 的 XY 平面与垂直于观察方向的平面对齐。原点将保存不变，而 X 轴和 Y 轴分别变为水平和垂直。

（7）世界：将 UCS 与 WCS 对齐。也可以单击 UCS 图标并从原点夹点菜单选择"世界"命令。

（8）X/Y/Z：设置绕指定轴旋转当前的 UCS。

（9）Z 轴：将 UCS 与指定的正 Z 轴对齐。UCS 原点移动到第一个点，其正 Z 轴通过第二个点。

1.7.3　坐标系的相互切换

在生态环境工程设计中，道路、河流的走向往往不是东西走向的，常需要建立并切换至用户坐标系，以方便图形绘制、查看和打印。

（1）用户坐标系的建立

CAD 2016 中建立用户坐标系的方法主要有以下几种。

- 命令行中输入 UCS✓，调出建立 UCS 坐标系的相应选项；
- 点击 UCS 工具栏上的图标 ↳| 按钮；
- 工具|新建 UCS（W）。

例题 1.3　如图 1.37 所示，世界坐标系中，预打印图框 ABCD 范围内的某设计路段 [图 1.37（a）]。以 AB 为 X 轴的对齐方向建立用户坐标系，并旋转视图至 AB 直线水平 [图 1.37（b）]。

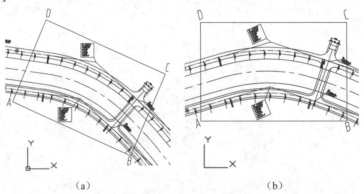

（a）　　　　　　　　　　　　（b）

图 1.37　用户坐标系的建立与切换

具体操作步骤如下：

命令：UCS✓

当前 UCS 名称：*世界*

输入选项：指定 UCS 的原点或 [面(F)/命名(NA)/对象(OB)/上一个(P)/视图(V)/世界(W)/X/Y/Z/Z 轴(ZA)]<世界>:E✓（在命令行输入字母 E，按【Enter】键确认。此时鼠标变为小方框，等待图形对象的选择。）

选择对齐 UCS 的对象：单击鼠标左键选中直线 AB，此时图形刷新为 X 轴与直线 AB 对齐的用户坐标系。

命令：Plan ✓（在命令行输入 PLAN，按【Enter】键确认。以旋转用户坐标系使 X
轴水平。）

输入选项 [当前 UCS(C)/UCS(U)/世界(W)]<当前 UCS>:✓

注意与技巧

> 1. 按对象选择方式新建并切换至 UCS 坐标系时，须结合命令行提示信息输入相应参
> 数进行操作。
> 2. 选择参照直线时，系统默认以拾取点较近的端点为旋转支点。因此，例题 1.3 中
> 选择直线 AB 时拾取点应靠近端点 A，否则会得到不同的 UCS。

（2）用户坐标系切换回世界坐标系

当用户需要切换回世界坐标系时，可在命令窗口依次输入如下命令进行操作：

● 命令行中输入 UCS：✓

当前 UCS 名称：指定 UCS 的原点或 [面(F)/命名(NA)/对象(OB)/上一个(P)/视图
(V)/世界(W)/X/Y/Z/Z 轴(ZA)]<世界>:W✓；

● 点击 UCS 工具栏上的图标 [图标] 按钮；

● 工具→新建 UCS（W）→世界(W)。

1.7.4　坐标输入法

在生态环境工程设计中需要确定的通常为二维点。精确输入点坐标的方法主要有四
种：绝对直角坐标、相对直角坐标、绝对极坐标和相对极坐标。

（1）绝对直角坐标

绝对直角坐标系又叫笛卡尔坐标系，是以原点（0，0，0）为参考点。输入点的坐
标值是相对于原点的坐标增量。当用户确切地知道点在世界坐标系中的位置时，就使用
绝对直角坐标。

在没有启用"动态输入"模式的情况下，绝对直角坐标的输入格式为"x，y，z"，
各坐标值之间用"，"隔开。对于单纯的二维绘图，则可以省略 z 坐标值，即只需按照
"x，y"的输入格式即可。

（2）相对直角坐标

相对直角坐标是指相对于前一个指定点的 X 轴、Y 轴和 Z 轴的位移，它们的位移
增量分别为 Δx，Δy，Δz。在没有启用"动态输入"模式的情况下，相对直角坐标的输
入格式为 "@Δx，Δy，Δz" 或"@Δx，Δy"，也就是需要在坐标位移表达式的前面加
符号"@"以表示相对坐标。例如，输入"@12，20"是指该点相对于当前点沿 X 方向

移动 12，沿 Y 方向移动 20。

（3）绝对极坐标

绝对极坐标使用距离和角度来定位点。无论是使用直角坐标还是极坐标，都可以基于原点（0，0）输入绝对坐标，或基于上一个指定点输入相对坐标。在没有启用"动态输入"模式的情况下，绝对极坐标的输入格式为"极径距离<角度"，极径距离是指相对于极点的距离，角度是以 X 轴正向为度量基准，逆时针为正，顺时针为负。绝对极坐标以原点为极点，如输入"25<30"，表示距原点距离为 25、方位角为 30°的点。

相对极坐标以上一个操作点为极点，其在非动态输入模式下的输入格式为"@极径距离<角度"。例如，输入"@15<30"，表示该点距上一点的距离为 15，以及和上一个点的连线与 X 轴成 30°。

1.7.5　在状态栏中显示坐标

在 AutoCAD 2016 中，图形窗口中的当前光标位置在状态栏上显示为坐标（可能需要用户自定义在状态栏上显示坐标）。坐标在状态栏上的显示类型有 3 种，即静态显示、动态显示以及距离和角度显示。

（1）静态显示：仅当指定新点时才更新。

（2）动态显示：随着光标移动而更新。

（3）距离和角度显示：随着光标移动而更新相对距离（距离<角度）。

此选项只有在绘制需要输入多个点的直线或其他对象时才可用。要更改状态栏中坐标显示，那么在提示输入点时单击位于应用程序状态栏左端的坐标显示，接着重复按【Ctrl】+【I】组合键以改变系统变量 Coords 的值。将 Coords 的值设定为 0 时是静态显示，设定为 1 时是动态显示，设定为 2 时是距离和角度显示。

1.8　图形显示控制

在 AutoCAD 2016 中，用户可对视图进行缩小、放大、平移等操作，以便更加快捷地显示并绘制图形。

1.8.1　视图缩放

视图缩放用于调整当前视图大小，这样用户可以根据需要选择相应的缩放选项，即可进行视图的缩放操作。执行"视图缩放"命令主要有以下几种方法：

● 菜单栏：选择"视图"→"缩放"子菜单下各命令，如图 1.38 所示。
● 导航栏：在绘图区右边的导航栏的"缩放"列表中选择各命令，如图 1.39 所示。

● 工具栏：单击如图 1.40 所示的 "缩放" 工具栏中的各工具按钮。
● 命令行：在命令行中输入 Zoom/Z 命令。

执行 "缩放" 命令后，命令行提示如图 1.41 所示：

图 1.38　"缩放" 子菜单　　　　　　　　图 1.39　"缩放" 列表

图 1.40　"缩放" 工具栏

图 1.41　"缩放" 命令行

缩放命令各选项的含义如下：

（1）范围缩放：使所有图形对象尽可能最大化显示，充满整个窗口。

（2）窗口缩放：选择该选项后，可以用鼠标拖出一个矩形区域，释放鼠标键后该矩形范围内的图形以最大化显示。

（3）实时缩放：实时缩放功能是根据绘图需要，将图纸随时进行放大或缩小操作。选择该选项后，按住鼠标左键并向上拖动鼠标，此时图形被放大；按住鼠标左键并向下拖动，则为缩小操作。

（4）全部缩放：在当前视窗中显示全部图形。当绘制的图形均包含在用户定义的图形界限内，以图形界限范围作为显示范围；当绘制的图形超过图形界限，则以图形范围作为显示范围。

（5）动态缩放：对图形进行动态缩放。选择该选项后，绘图区将显示几个不同颜色的方框，拖动鼠标移动当前视区框到所需位置，单击鼠标左键调整大小后按【Enter】键，即可将当前视区框内的图形最大化显示。

（6）比例缩放：按输入的比例值进行缩放。有 3 种输入方法：直接输入数值，表示相对于图形界限进行缩放；在数值后加 X，表示相对于当前视图进行缩放；在数值后加 XP，表示相对于图纸空间单位进行缩放。

（7）中心缩放：以指定点为中心点，整个图形按照指定的缩放比例缩放，缩放操作后这个点将成为新视图的中心点。

（8）缩放对象：选择的图形对象最大限度地显示在屏幕上。

（9）放大：单击该按钮一次，视图中的实体显示比当前视图大一倍。

（10）缩小：单击该按钮一次，视图中的实体显示比当前视图小一倍。

注意与技巧

> 1. 滚动鼠标滚轮，可以快速地实时缩放视图。
> 2. 双击鼠标滚轮可以快速显示出绘图区的所有图形，相当于执行"范围缩放"操作。

1.8.2　平移视图

在 AutoCAD 2016 中，当图形显示不全，可以进行视图平移使不可见区域可见。视图平移不改变视图的显示比例，只改变视图显示的区域，以便于观察图形的其他组成部分。执行"视图平移"命令主要有以下几种方法：

● 菜单栏：选择"视图"→"平移"命令，然后在弹出的子菜单中选择相应的命令，如图 1.42 所示。

● 导航栏：在绘图区右边的导航栏选择"平移"命令，如图 1.43 所示。

● 工具栏：单击"标准"工具栏上的"实时平移"按钮 。

● 命令行：在命令行中输入"Pan"或"P"命令。

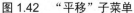

图 1.42　"平移"子菜单　　　　　　图 1.43　导航栏"缩放"命令

视图平移可以分为"实时平移""定点平移"和"上下左右"平移三种，其功能主要为：

（1）实时平移：光标形状变为手型 🖐 时，按住鼠标左键拖动可以使图像的显示位置随鼠标向同一方向移动。

（2）定点平移：光标变为十字形时，通过指定的平移起始点和目标点的方式进行平移。

（3）"上下左右"平移：上面四个平移命令表示将图形分别向上、下、左、右方向各平移一段距离。

1.8.3　重画与重生成视图

在 AutoCAD 中，某些操作完成后，其效果往往不会立即显示出来，或者在屏幕上留下了绘图的痕迹和标记。因此，需要通过刷新视图重新生成当前图形，以观察到最新编辑效果。

"重画"命令用于快速的刷新视图，以反映当前的最新修改，执行"重画"命令方法有如下两种：

● 菜单栏：选择"视图"→"重画"命令。

● 命令行：在命令行中输入"Redraw""Redrawall"或"Ra"命令。

"重生成"视图也是刷新当前视图，由于会计算图形后台的数据，因此会耗费比较长的计算时间。执行"重生成"命令方法有如下两种：

● 菜单栏：选择"视图"→"重生成"命令。

● 命令行：在命令行中输入"Regen"或"Re"命令。

当圆弧、圆等对象显示为直线段时，通常可重新生成视图，使圆弧显示更为平滑。

注意与技巧

调用 Redraw 命令会刷新当前视口，调用 Redrawall 命令会刷新当前图形窗口所有显示的视口。

1.9 绘图环境的设置

为了提高绘图的速度和质量，在进行绘图操作前，一般都要根据所绘图形对象的要求对绘图环境中的某些参数进行设置，如设置绘图区域的背景色、图形界限、单位尺寸等。

1.9.1 系统设置选项

如果用户对当前的绘图环境并不是很满意，可以通过系统设置选项来定制符合自己要求的工作方式。命令的执行方式如下：

- 下拉菜单："工具"→"选项"。
- 命令窗口："右键单击命令窗口"→"选项"。
- 命令行：Option(Op)↙。
- 单击应用程序按钮🔺·→"选项"。

命令启动后调出"选项"对话框（图 1.44）。

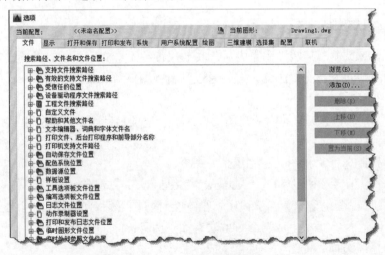

图 1.44 "选项"对话框

该对话框共有 11 个选项卡，下面对一些常用的设置进行介绍。

（1）文件选项卡：

用户可通过此选项卡指定 AutoCAD 搜索支持文件、驱动程序文件、菜单文件和其他文件的文件夹，同时还可以通过其指定一些可选的用户定义设置。

在"搜索路径、文件名和文件位置"列表中找到要修改的分类，然后单击要修改的分类旁边的"加号框"展开显示路径。

选择要修改的路径后，单击"浏览"按钮，然后在"浏览文件夹"对话框中选择所需的路径或文件，单击"确定"按钮。

选择要修改的路径，单击"添加"按钮就可以为该项目增加备用的搜索路径。系统将按照路径的先后次序进行搜索。若选择了多个搜索路径，则可以选择其中一个路径，然后单击"上移"或"下移"按钮提高或降低此路径的搜索优先级别，如图 1.45 所示。

图 1.45　"文件"选项卡

在"搜索路径、文件名和文件位置"列表中有"自动保存文件位置"选项，展开此选项，便可以看到文件的默认保存路径，如图 1.46 所示。由于篇幅有限，"文件"选项的其他功能请看帮助。

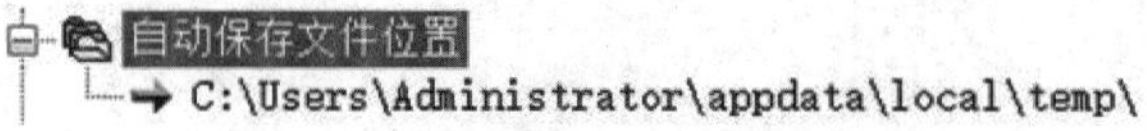

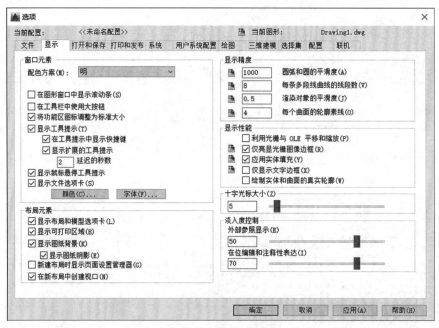

图 1.46　默认自动保存文件路径

（2）"显示"选项卡：

"显示"选项卡用于设置窗口元素、布局元素、十字光标大小、显示精度、显示性能、淡入控制等显示属性，常用于绘图环境的显示设置，如图 1.47 所示。

图 1.47　"显示"选项卡

①"窗口元素"选项组：该选项组中有配色方案（控制状态栏、标题栏、功能区栏、选项板和应用程序菜单边框等的颜色设置）、是否显示滚动条和显示工具提示等。

单击"颜色"按钮，启动"颜色"选项对话框，在此可以设置各种背景颜色。

单击"字体"按钮，启动显示"命令行窗口字体"对话框，可以设置命令行文字的字体、字号和样式等。

②"显示精度"选项组：控制对象的显示质量。如果设置较高的值提高显示质量，则性能将受到显著影响。

如"圆弧和圆的平滑度"文本框用于控制圆弧和圆的显示质量，其有效值为 1～20000，默认值为 1000。

③ "十字光标大小" 选项组：用于控制十字光标尺寸，默认值为 "5"，当将该值设置为 "100" 时，十字光标的两条线充满整个绘图区。

（3） "打开和保存" 选项卡：

"打开和保存" 选项卡用于控制打开和保存相关的设置。其中 "文件保存" 选项组的 "另存为" 下拉列表用于设置 Save、Saveas 等命令保存文件时使用的有效文件格式；在 "文件安全措施" 选项组中可以设置文件自动保存间隔时间； "文件打开" 选项组中还可以设置最近使用的文件个数，如图 1.48 所示。

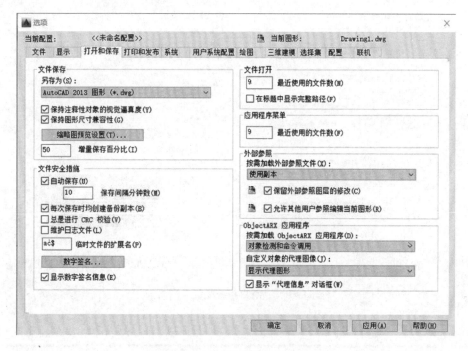

图 1.48　"打开和保存" 选项卡

如果将 "增量保存百分比" 设定为 0，则每次保存都是完全保存。要优化性能，可将此值设定为 50。如果将此值设定为 20 或更小，SAVE 和 Saveas 命令的执行速度将明显变慢。

注意与技巧

AutoCAD 2016 保存文件时有 "向下兼容" 的特点，选择图形文件默认的保存格式为较低版本格式，可以方便其他用户用 AutoCAD 2000 及以上版本打开 AutoCAD 2016 绘制的图形文件。

（4）"用户系统配置"选项卡：

该选项卡用于控制优化工作方式的选项。其中"Windows"标准选项组用于控制单击鼠标右键的操作。通常取消勾选"绘图区域中使用快捷菜单"复选框，这样单击鼠标右键就相当于回车键，起到了"确认"或"重复上一个命令"的作用，如图 1.49 所示。

图 1.49   "用户系统配置"选项卡

注意与技巧

> 命令执行完毕进行确认时，可单击【Enter】键，也可在绘图区域单击鼠标右键进行确认。单击鼠标右键进行确认会弹出快捷菜单，用户需要单击菜单中的"确认"选项才能进行最后的命令结束操作，即整个确认过程需要单击鼠标左右键各一次。如果取消勾选"绘图区域中使用快捷菜单"复选框，单击一次右键即可。

本章练习题

一、选择题

1. 中断正在执行的任何命令可以按（   ）。

A.【ECS】   B.【Enter】   C. 空格键   D. 鼠标右键

2．AutoCAD 软件保存图形文件的基本格式为（　　）。

A．.doc　　　　　　B．.dwg　　　　　　C．.exe　　　　　　D．.shp

3．启用动态输入法的快捷键是（　　）。

A．【F2】　　　　　　B．【F8】　　　　　　C．【F6】　　　　　　D．【F12】

4．AutoCAD 软件系统默认的角度以（　　）方向定义为正方向。

A．逆时针　　　　　　B．顺时针　　　　　　C．用户自定义　　　D．以上都对

5．下面是用相对坐标绘制点的是（　　）。

A．50，30　　　　　　B．@50，30　　　　　　C．@50<30　　　　　　D．50<30

6．AutoCAD 软件执行命令的方法通常有哪些？（　　）

A．命令行　　　　　　B．菜单栏　　　　　　C．工具栏按钮　　　D．热键方法

二、填空题

1．"快速访问"工具栏提供了若干个常用工具，包括_____按钮、_____按钮、_____按钮、_____按钮、_____按钮、_____按钮、_____按钮和"工作空间"下拉列表框等。

2．AutoCAD 软件坐标输入的方法有_____、_____、_____和_____。

3．在 AutoCAD 中，操作系统提供了_____和_____。

三、上机练习题

1．根据用户需要，如何向"快速访问"工具栏添加更多的工具按钮？菜单栏如何显示和隐藏？

2．启动 AutoCAD 2016 软件，新建一个图形文件，命名为"环境生态工程.dwg"。

3．AutoCAD 2016 软件缺少经典操作界面，如何定义一个自己满意的经典操作界面？

第 2 章　二维图形绘制

※**本章学习目标：**

使用二维绘图命令绘图是 AutoCAD 2016 软件的最基本命令之一。

◆　了解精确绘图辅助工具的重要性。

◆　掌握对象捕捉、极轴追踪、对象捕捉追踪使用方法。

◆　掌握绘制点、直线、曲线、多边形、复合线型对象和图案填充等命令的使用方法。

2.1　精确绘图辅助工具

在 AutoCAD 中，系统提供了栅格、捕捉、正交等精确绘图辅助工具，提高绘图效率，方便用户使用光标进行准确定位。

2.1.1　捕捉与栅格

为了在绘图过程中使用鼠标光标准确定位，可以启用 AutoCAD 2016 提供的捕捉模式和栅格显示模式等辅助定位。捕捉模式可用于设定光标移动间距，栅格显示模式可提供直观的距离和位置参考。通常捕捉模式与栅格模式在绘图时经常一起使用。

启用或关闭捕捉模式，可以在状态栏上单击"捕捉"按钮▧，也可以按【F9】键；要启用或关闭栅格模式，可以在状态栏上单击"栅格"按钮▦，也可以按【F7】键

设置捕捉与栅格选项及参数的方法是在 AutoCAD 2016 提供的"草图设置"对话框中进行设置。在状态栏上"捕捉"按钮▧或"栅格"按钮▦上单击鼠标右键或点击按钮右侧的"向下键"，从弹出的快捷菜单中选择"捕捉设置"或"网格设置"，可以打开"草图设置"对话框（图 2.1），并自动切换到"捕捉和栅格"选项卡。下面介绍该对话框中部分组成要素的功能含义。

（1）"启用捕捉"复选框：该复选框用于确定是否启用捕捉功能，选中则启用，否则不启用。在"捕捉间距"选项组中，"捕捉 X 轴间距"和"捕捉 Y 轴间距"文本框分别用于确定光标沿 X 方向和 Y 方向的移动间距，二者的值可以相等，也可以不等。

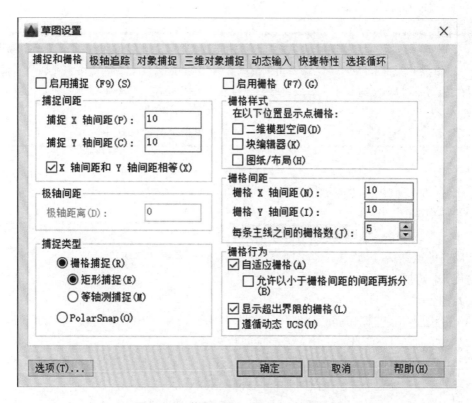

图 2.1 "草图设置"对话框—捕捉设置

（2）捕捉类型：有"栅格捕捉"和"极轴捕捉"两种。"栅格捕捉"又分为"矩形捕捉"和"等轴测捕捉"。"矩形捕捉"光标沿 X 和 Y 方向移动；"等轴测捕捉"可将捕捉方式设置成等轴测捕捉模式。如果选中"极轴捕捉"（PolarSnap），在启用捕捉功能并启用极轴追踪后，如果指定了一点，光标将沿极轴角或对象捕捉追踪角度方向捕捉，使光标沿指定的方向按指定的间距移动。启用"极轴捕捉"后，可通过"极轴距离"文本框设置极轴捕捉时的光标移动距离。

（3）"启用栅格"复选框：该复选框用于确定是否显示栅格功能，选中则启用，否则不启用。在"栅格间距"选项组中，"栅格 X 轴间距"和"栅格 Y 轴间距"文本框分别用于确定栅格点沿 X 方向和 Y 方向的间距（二者的值可以相等，也可以不等）。在"每条主线之间的栅格数"表示每隔一定距离的栅格数显示一条主栅格线。在绘图过程中可以根据需要随时启用或关闭捕捉功能。

（4）"栅格行为"："自适应栅格""允许以小于栅格间距的间距再拆分"复选框选中后，栅格间距会随页面放大或缩小而改变，栅格的密度不会再改变。

注意与技巧

1. 栅格线只是作为绘图时的辅助线，并不是图形对象，打印输出时不会显示栅格线。

2. 在绘图时将栅格间距设置为 0，当设置为 0 时，表示所显示栅格点之间的距离与捕捉设置中的对应距离相等，如果同时启动捕捉与栅格功能，移动光标时，光标正好落在栅格点上。

3. 在绘图过程中可以根据需要随时启用或关闭捕捉与栅格功能。

例题 2.1   利用捕捉与栅格功能绘制如图 2.2 所示的三视图。

本三视图中各条线均为直线，并且图形中各尺寸均为 5 的整数倍。因此利用本节所学的捕捉与栅格功能，不需要输入坐标值就能够方便绘制图形。

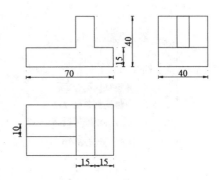

图 2.2   三视图

绘图步骤：

（1）设置捕捉与栅格间距。打开"草图"对话框，在"捕捉和栅格"选项卡中，将捕捉间距和栅格间距均设为 5，同时启动捕捉和栅格功能。

（2）单击"确定"按钮关闭对话框，AutoCAD 在屏幕上显示出栅格，此时利用 Line 命令绘制 3 个视图时，会看到光标只能位于各个栅格点上，因此能够容易地确定各直线的端点位置（通过栅格数来确定距离，过程略）。

2.1.2   正交

在工程图样的绘制中，使用正交命令可以快速准确地画出水平和垂直两个方向图形。

打开或关闭正交模式常用下列 2 种方法：

● 状态栏：单击状态栏上"正交限制光标"按钮█。

● 快捷键：【F8】键

启动命令后，图形绘制只能在水平和垂直两个方向上。

例题 2.2   嵌草砖面属于透水透气性铺装。通过铺设嵌草砖路面，既可以对雨水进行渗透截留，又可以增加绿化面积减少城市热岛效应。利用栅格捕捉和正交模式绘制嵌草砖路面平面图（图 2.3）。

绘图步骤如下：

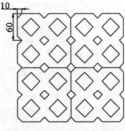

图 2.3   嵌草砖平面图

打开命令：分别打开"显示图形栅格"<F7>、"捕捉到图形栅格"<F9>、"正交限制光标"<F8>命令。

设置栅格捕捉参数：打开捕捉设置。捕捉 X 轴和 Y 轴间距为 10，栅格 X 轴和 Y 轴间距为 10，每条主线之间栅格数为 6。

绘制水平和垂直线段：执行"直线"命令(L)，先在每个主栅格线内绘制如图 2.4 所示的第一个砖外轮廓，再绘制其他三个砖外轮廓。

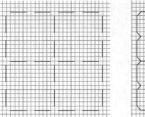
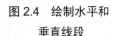
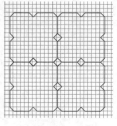

图 2.4　绘制水平和　　　　图 2.5　绘制砖块
　　　垂直线段　　　　　　　外斜线段

绘制砖块外斜线段：关闭"正交模式"<F8>，执行"直线"命令(L)，连接每块嵌草砖的外轮廓如图 2.5 所示。

绘制砖块内大斜线：执行"直线"命令(L)，根据已显示的图形栅格，如图 2.6 所示以水平线向下一个栅格，以垂直线向右 3 个栅格线作为起点绘制。

绘制砖块内小斜线：继续执行"直线"命令(L)，根据已显示的图形栅格补充绘制砖块内小斜线，绘制其他斜线段，执行结果如图 2.7 所示。

2.1.3　对象捕捉

在 AutoCAD 中，使用对象捕捉功能拾取一些特殊的几何点（如圆心、中点、端点等），用户可以将指定点快速、精确地限制在现有对象的确切位置上，而不必知道坐标或绘制辅助线。

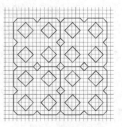
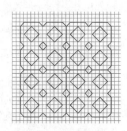

图 2.6　绘制砖块　　　　图 2.7　绘制砖块
　　　内大斜线　　　　　　　内小斜线

启用或关闭对象捕捉命令常用下列 2 种方法：

● **状态栏**：状态栏上单击"对象捕捉"按钮 。

● **快捷键**：【F3】键。

启用对象捕捉命令后，当光标在特征点附近时，光标会像磁铁一样吸附到几何特征点上，并且会显示特征标记框。在使用对象捕捉模式之前，通常需要对对象捕捉模式进行相关设置。

对象捕捉模式设置，通常在状态栏上，单击"对象捕捉"按钮 右侧的"向下键"，弹出"对象捕捉菜单"选项（图 2.8）（也可以在"对象捕捉"按钮上右击），然后选择"对象捕捉设置..."，弹出"草图设置"对话框（也可以单击菜单栏"工具"→"绘图设置"，打开"草图设置"对话框），并自动切换大"对象捕捉"选项卡，如图 2.9 所示。

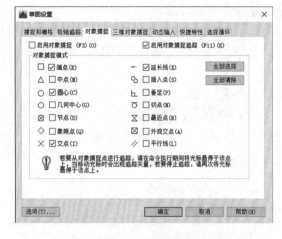

图 2.8　"对象捕捉菜单"选项　　　　图 2.9　"对象捕捉"选项卡

图 2.10　临时对象捕捉
快捷菜单

　　该选项卡中，可以通过"对象捕捉模式"选项组中的各复选框确定自动对象捕捉的捕捉模式，即可使 AutoCAD 自动捕捉到相应的点，使用以上方法设置的对象捕捉模式始终为运行下的捕捉模式，直到关闭它们为止，这种捕捉模式为自动对象捕捉模式。

　　另外一种对象捕捉模式为临时对象捕捉模式，就是在执行某些制图命令的过程中临时打开的对象捕捉模式，它仅对本次捕捉有效。要打开临时对象捕捉模式，通常是按住【Shift】键的同时在屏幕上单击鼠标右键，从弹出的快捷菜单中选择相应的捕捉方式（图 2.10）。

　　通过"工具"栏菜单→"工具栏"→AutoCAD→"对象捕捉"，调出"对象捕捉"工具栏，如图 2.11 所示。在进行二维图形绘制时，还可以通过在命令行输入几何点对象捕捉代号进行临时捕捉，对象捕捉工具及代号如表 2.1 所示。

图 2.11　"对象捕捉"工具栏

表 2.1 对象捕捉工具及代号

捕捉按钮	代号	功能
	Tt	临时追踪
	From	捕捉自
	End	捕捉端点
	Mid	捕捉中点
	Int	捕捉交点
	App	捕捉到两个对象的外观交点
	Ext	捕捉到延长线
	Cen	中心点捕捉（圆、圆弧、椭圆中心）
	Qua	象限点捕捉
	Tan	切断捕捉
	Per	垂足捕捉
	Par	平行捕捉
	Ins	捕捉到插入点
	Nod	捕捉到节点
	Nea	捕捉到最近点
	Non	无捕捉
	Osnap	对象捕捉设置

注意与技巧

> 各对象捕捉工具依据其在菜单栏所在位置，会有优先选择次序。端点捕捉的优先级最高。中点比交点优先级高，比如，鼠标附近的图形既有中点，又有交点，鼠标会优先捕捉到中点上。所以在绘制图形时并不是所有的对象捕捉都打开才好，而是根据需要打开或关闭相应的捕捉命令。

2.1.4 极轴追踪

极轴追踪是指鼠标光标按指定角度进行移动。当使用"PolarSnap"时，光标将沿极轴角度按指定增量进行移动。创建或修改对象时，可以使用"极轴追踪"来显示由指定的极轴角度所定义的临时对齐路径。极轴角度是相对于当前用户坐标系（UCS）的方向和图形中基准角度约定的设置（在"图形单位"对话框中设置）。

启用极轴追踪功能命令：

● 状态栏：状态栏上单击"极轴追踪"按钮🄶。

● 快捷键：【F10】键。

使用"PolarSnap"沿极轴对齐路径按指定距离进行捕捉。例如，在图 2.12 中绘制一条从点 1 到点 2 的两个单位的直线，然后绘制一条到点 3 的两个单位的直线，并与第一条直线成 45°角。如果打开了 45°极轴角增量，当光标跨过 0°或 45°角时，将显示对齐路径和工具提示。当光标从该角度移开时，对齐路径和工具提示消失（图 2.12）。

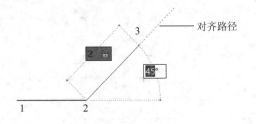

图 2.12　显示极轴追踪

在状态栏上右击"极轴追踪"按钮🄶或点击按钮🄶▾右侧的"黑色箭头"选择"正在追踪设置"选项，弹出"草图设置"对话框并自动切换到"极轴追踪"选项卡，从中可以设置启用极轴追踪、极轴角增量和极轴追踪角测量方式等，如图 2.13 所示。下面介绍"极轴追踪"选项卡中各主要选项的功能含义。

（1）"启用极轴追踪"复选框：用于打开或关闭极轴追踪，将光标移动限制为指定的极轴角度。

（2）"极轴角设置"选项组：用于设定极轴追踪的对齐角度。在"增量角"下拉列表框中设定用来显示极轴追踪对齐路径的极轴角增量，既可以输入任何角度，也可以从该下拉列表框中选择

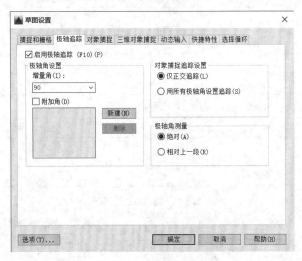

图 2.13　"极轴追踪"选项卡

90、45、30、22.5、18、15、10 或 5 等常用角度。当勾选"附加角"复选框时，则对极轴追踪使用列表中设定的附加角度，单击"新建"按钮可添加新的角度（最多可以添加 10 个附加极轴追踪对齐角度）。附加角度是绝对的，而非增量的。

（3）"对象捕捉追踪设置"选项组：在该选项组中设定对象捕捉追踪选项。选择"仅正交追踪"单选按钮时，若对象捕捉追踪已打开，则仅显示已获得的对象捕捉点的正交（水平或垂直）对象捕捉追踪路径；选择"用所有极轴角设置追踪"单选按钮时，将极轴追踪设置应用于对象捕捉追踪，使用对象捕捉追踪时光标将从获取的对象捕捉点起沿

极轴对齐角度进行追踪。

（4）"极轴角测量"选项组：在该选项组中设定测量极轴追踪对齐角度的基准，"绝对"单选按钮用于根据当前 UCS 确定极轴道踪角度，"相对上一段"单选按钮用于根据上一个绘制线段确定极轴追踪角度。

注意与技巧

> "正交"模式和极轴追踪不能同时打开。同样，PolarSnap 和栅格捕捉也不能同时打开。

例题 2.3 利用极轴追踪功能绘制图 2.14 所示的示例图形。

从图 2.14 可以看出，各尺寸均为 10 的倍数，而且有一条斜线沿 45°方向。利用极轴追踪功能，可以方便地绘制出此图形。

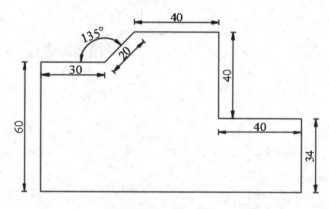

图 2.14 示例图形

操作步骤如下：

（1）极轴追踪设置

在"极轴追踪"选项卡中，将"增量角"设为 45。在"捕捉和栅格"选项卡中，选中"极轴捕捉"复选框，并将"极轴距离"设为 10。

关闭与"捕捉和栅格"选项卡对应的对话框，并启用捕捉和极轴功能（在状态栏按下捕捉按钮和极轴按钮即可）。

（2）绘图

执行 Line 命令，AutoCAD 提示：

指定第一点：指定点作为图形的左下角点，在屏幕上指定一点。

指定下一点或[放弃(U)]：在该提示下，向上拖动光标，AutoCAD 显示出极轴追踪矢量，（请注意，此时沿该方向移动光标时，光标以 10 为步距移动）。提示下输入 60 后按【Enter】键（或当在标签中显示出 60 时单击鼠标拾取键），即可绘制出左垂直线。

指定下一点或[放弃(U)]：在该提示下，向右拖动光标，AutoCAD 又会显示出对应的极轴追踪矢量，提示下输入 30 后按【Enter】键（或当在标签中显示出 30 时单击鼠标拾取键），即可绘制出水平线。

指定下一点或[闭合(C)/放弃(U)]：在该提示下，向右上方拖动光标，AutoCAD 显示出沿 45°方向的极轴追踪矢量，提示下输入 20 后按【Enter】键（或当在标签中显示出 20 时单击鼠标拾取键）。

指定下点或[闭合(C)/放弃(U)]：用类似的方法依次确定其他直线的各端点，即可绘制出图形（最后一条直线通过"闭合(C)"选项封闭）。

2.1.5 对象捕捉追踪

对象捕捉追踪是对象捕捉与极轴追踪的综合，用于捕捉一些特殊点。例如，已知图 2.18（a）中有一个圆和一条直线，当执行 Line 命令确定新绘直线的起点时，利用对象捕捉追踪则可以找到一些特殊点，如图 2.15（b）、图 2.15（c）所示。

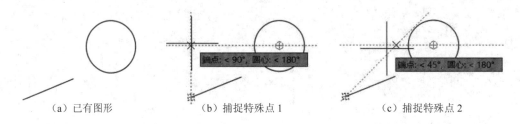

| （a）已有图形 | （b）捕捉特殊点 1 | （c）捕捉特殊点 2 |

图 2.15 对象捕捉追踪

启用对象捕捉追踪功能命令：
- 状态栏：状态栏上单击"对象捕捉追踪"按钮。
- 快捷键：【F11】键。

使用对象捕捉追踪，可以沿着基于对象捕捉点的对齐路径进行追踪。已获取的点将显示一个小加号（+）。获取点之后，当在绘图路径上移动光标时，将显示相对于获取点的水平、垂直或极轴对齐路径。例如，可以基于对象端点、中点或者对象的交点，沿着某个路径选择一点。默认情况下，对象捕捉追踪将设定为正交。对齐路径将显示在始于已获取的对象点的 0°、90°、180°和 270°方向上，可以使用极轴追踪角度代替。

与临时追踪点一起使用对象捕捉追踪。在提示输入点时，输入 tt，然后指定一个临时追踪点。该点上将出现一个小的加号(+)。移动光标时，将相对于这个临时点显示自动追踪对齐路径。要将这点删除，请将光标移回到加号（+）上面。

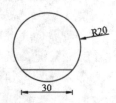

图 2.16 示例图

例题2.4 使用对象捕捉追踪和临时追踪点绘制 2.16 示例图。

绘制步骤：

（1）执行"Circle"命令，绘制一个半径为 20 的圆；

（2）执行"Line"命令，找到圆心，不要点击，向右拉，出现绿色虚线时，输入 tt 回车；

（3）指定临时对象追踪点：15↙（这时水平向右"15"个单位处的点就会被设为临时追踪对象）；

（4）捕捉"15"个单位处临时追踪点垂直向下的直线与圆的"交点"，在"交点"处单击鼠标左键，直线与圆相交；

（5）从"交点"处作为直线的起点，向左与圆的交点是直线的"终点"，在"终点"处单击鼠标左键，并按回车键，完成图形绘制。

2.1.6　使用动态输入

（详见第 1 章中 1.5.2 动态输入法）

2.2　绘制点

点是所有图形对象中最基本的对象，在环境生态工程中，点可以用于图面效果的表达，如单棵树木的平面图，还可以用作对象捕捉的参考点。

2.2.1　设置点的样式

设置点的样式及大小输入命令：

● 下拉菜单："格式"→"点样式"。

● 命令行：Ddptype↙。

执行该命令激活"点样式"对话框，如图 2.17 所示。

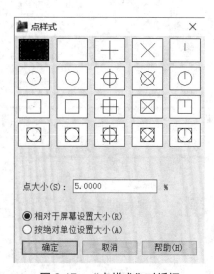

图 2.17　"点样式"对话框

（1）用鼠标在图标书中选择点的样式。

有 20 种可供使用。默认样式是"·"。

（2）设置"点"的大小

①相对于屏幕设置尺寸按钮：以屏幕尺寸的百分比设置点的显示大小。点的大小会随绘图窗口的缩放而改变。

②用绝对单位设置尺寸按钮：以指定的实际单位值来显示点。点的大小不受绘图窗口缩放的影响。

设置点的样式和大小后，单击"确定"按钮，已绘制的点会自动进行对应的更新，在之后绘制的点均会采用新设置的点样式。

2.2.2　绘制单点和多点

执行绘制点的命令有下列 4 种方法：

- 下拉菜单："绘图"→"点"→单点或多点。
- 功能区：草图与注释空间下，功能区默认选项卡中"绘图"面板中单击"点"按
钮 ▫ 。
- 绘图工具栏：在"绘图"工具栏上单击"点"按钮 ▫ 。
- 命令行：Po↙ 或 Point↙ 。

启动命令后，命令行提示如下：

当前点模式：Pdmode=0　Pdsize=0.0000

指定点

用户可以通过输入坐标值或在绘图窗口中单击鼠标左键
来确定点的位置。绘制单点和多点的效果如图 2.18 所示。

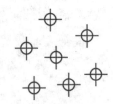

图 2.18　绘制单点和多点

注意与技巧

在图形只能保持一种"点样式"和"点尺寸"。在执行重生成命令时，系统会将先前
所有的点改变为当前设置的样式与尺寸。

2.2.3　绘制定数等分点

该命令可将所选择对象按指定段数进行等分。

命令的执行方式如下：

- "绘图"下拉菜单："点"→"定数等分"
- 命令行：Divide

启动命令后，命令行提示如下：

选择要定数等分的对象：（选择要进行定数等分的对象）

输入线段数目或 [块(B)]：（输入等分数后按回车键，或输入 B）

默认选项为输入段数，若执行选项[块（B）]，则插入块作为等分标记。有关块的
相关操作见第 7 章。

例题 2.5　已知如图 2.19 所示的圆，对其进行定数等分，为圆均匀标记处 6 等分。

绘图步骤如下：

执行 Divide 命令

启动命令后，命令行提示如下：

选择要定数等分的对象（选择图 2.19）

输入线段数目或 [块(B)]：6↙

执行结果如图 2.20 所示。

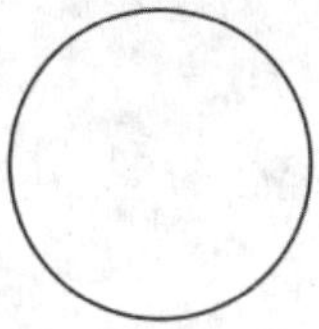

2.2.4　绘制定距等分点

该命令可将所选对象按指定长度进行等

图 2.19　圆　　　图 2.20　绘定数等分点

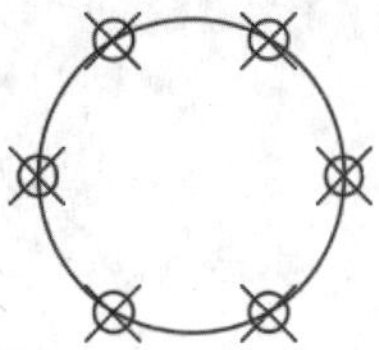

分。当剩余长度不能被"指定长度"整除时，

其最后一段小于指定线段长度。命令的执行方式如下：

- "绘图"下拉菜单："点"→"定距等分"

- 命令行：Measure↙

启动命令后，命令行提示如下：

选择要定距等分的对象：选择要进行定距等分的对象。

指定线段长度或 [块(B)]：输入等分长度后按回车键，或输入 B。

例题 2.6　绘制平面图形，如图 2.21 所示，行道树的定距种植穴，行道树之间的距

离为 5 m。

绘图步骤如下：

执行 Measure 命令

启动命令后，命令行提示如下：

选择要定距等分的对象：选择上面

直线，直线长度为 4200。

图 2.21　行道树种植穴

输入等分长度或 [块(B)]：500↙

同样的步骤，选择下面直线。

执行结果如图 2.21 所示。

注意与技巧

定距等分起始点的确定：对直线、圆弧等非闭合对象，离拾取点最近的端点位置开始绘定距等分点（图 2.21）；对闭合多段线，起点是多段线的起点；对于圆，起点为零度象限点。

2.3 绘制直线型对象

直线型对象是 AutoCAD 绘图中最为基础的绘制命令之一，直线型对象包括直线、射线、构造线。

2.3.1 绘制直线段

"直线"命令是进行二维绘图时最常用的命令之一。调用直线命令后，在绘图区域指定起点和终点，即可绘制出一条以这两点为端点的直线。

命令调用方式：

● 下拉菜单："绘图" → "直线"。

● 功能区：草图与注释空间下，功能区默认选项卡中"绘图"面板中单击"直线"按钮 ✓。

● 绘图工具栏：在"绘图"工具栏上单击"直线"按钮 ✓。

● 命令行：L✓ 或 Line✓。

启动命令后，命令行提示如下：

命令：_Line

指定第一个点：指定直线的起点，可以给出点的坐标，也可以用鼠标拾取点。

指定下一点或 [放弃(U)]：指定直线的下一点，或执行"放弃(U)"选项取消前一次操作。

指定下一点或 [放弃(U)]：指定直线的下一点，或执行"放弃(U)"选项取消前一次操作。

指定下一点或 [闭合(C)/放弃(U)]：指定直线的下一点，或执行"放弃(U)"选项取消前一次操作，或执行"闭合(C)"选项绘制封闭多边形。

……

例题 2.7 用直线命令绘制边长为 150 个单位的等边三角形，三角形底边为水平放置。

绘图步骤如下：

执行 Line 命令，命令行提示如下：

指定第一个点：用鼠标在绘图区域任意拾取一点；

指定下一点或 [放弃(U)]：@150, 0✓；

指定下一点或 [放弃(U)]：@150<120✓；

指定下一点或 [闭合(C)/放弃(U)]：C✓ 。

2.3.2　绘制射线

射线是沿单方向无线延长的直线，一般用于绘制辅助线。

命令调用方式：

● 下拉菜单："绘图"→"射线"。

● 功能区：草图与注释空间下，功能区默认选项卡"绘图"面板中单击"射线"按钮 ↗。

● 绘图工具栏：在"绘图"工具栏上单击"射线"按钮 ↗。

● 命令行：Ray✓。

启用命令后，命令行提示如下：

命令：Ray

指定起点：指定射线的起点。

指定通过点：指定射线延伸方向所通过的任意一点。确定该点后，AutoCAD 绘制出起始于起点并通过该点的射线。

指定通过点：指定第二个通过点，生成第二条射线；若已完成绘制，可直接单击鼠标右键取消。

2.3.3　绘制构造线

构造线是一条沿两方向无限延长的直线，一般也用于绘制辅助线。

命令调用方式：

● 下拉菜单："绘图"→"构造线"。

● 功能区：草图与注释空间下，功能区默认选项卡"绘图"面板中单击"构造线"按钮 ↗。

● 绘图工具栏：在"绘图"工具栏上单击"构造线"按钮 ↗。

● 命令行：Xl✓ 或 Xline✓。

启用命令后，命令行提示如下：

命令：Xline

指定点或[水平(H)/垂直(V)/角度(A)/二等分(B)/偏移(O)]：（指定点为指定所有构造线共同通过的一个点）

指定通过点：指定第二个通过点从而生成第一条构造线。

指定通过点：指定第三个通过点从而生成第二条构造线；若已完成绘制，可直接单击鼠标右键取消。

其他各选项含义如下：

（1）水平(H)：创建一条通过选定点的水平构造线，平行于 *X* 轴。

（2）垂直(V)：创建一条通过选定点的垂直构造线，平行于 *Y* 轴。

（3）角度(A)：以指定的角度创建一条构造线。选择该提示选项后，命令行将出现"输入构造线的角度（0）或[参照]："的信息提示，此时可以指定放置线的角度，或者选择"参照"选项并接着指定与选定参考线之间的夹角，此角度从参照线开始按逆时针方向测量。

（4）二等分(B)：创建一条构造线，它经过选定的角顶点，并且将选定的两条线之间的夹角平分。

（5）偏移(O)：创建平行于另一个对象的构造线。选择该提示选项后，命令行将出现"指定偏移距离或[通过]<通过>："的提示信息，此时指定新构造线偏离选定对象的距离，或者选择"通过"选项以创建从一条直线偏移并通过指定点的构造线。

例题 2.8 用构造线绘制例题 2.7 中等边三角形的角平分线。绘图步骤如下：

执行 Xline 命令，命令行提示如下：

命令：_Xline

指定点或 [水平(H)/垂直(V)/角度(A)/二等分(B)/偏移(O)]：b↙

指定角的顶点：指定等边三角形任意顶点（第一个点）

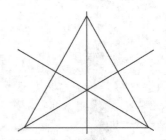

指定角的起点：指定等边三角形除选定顶点外的其他两点中的任意一点（第二个点）

指定角的端点：指定等边三角形的第三个点，完成第一条角平分线绘制。

用同样的步骤继续绘制另外两条角平分线，结果如图 2.22 所示。

图 2.22　绘制等边三角形角平分线

2.4　绘制多边形对象

2.4.1　绘制矩形

矩形是一种常见的几何图形，利用矩形命令可以很容易地绘制出直角矩形，也可以绘制带有倒角、圆角、带厚度及宽度的矩形（图 2.23）。

直角矩形　　　倒角矩形　　　圆角矩形　　　有宽度矩形　　　有厚度矩形

图 2.23　不同样式矩形

绘制矩形命令的调用方式如下：

● 下拉菜单："绘图"→"矩形"。

● 功能区：草图与注释空间下，功能区默认选项卡"绘图"面板中单击"矩形"按钮 ▭。

● 绘图工具栏：在"绘图"工具栏上单击"矩形"按钮 ▭。

● 命令行：Rec↙或 Rectang↙。

启动命令后，命令行提示如下：

指定第一个角点或[倒角(C)/标高(E)/圆角(F)/厚度(T)/宽度(W)]：

各选项含义：

（1）指定第一个角点：指定矩形的第一个顶点。

（2）指定另一个角点：指定矩形的另一个顶点。

（3）倒角(C)：指定矩形的倒角距离.

（4）标高(E)：指定矩形的高度。

（5）圆角(F)：指定矩形的圆角半径。

（6）厚度(T)：指定矩形的厚度。

（7）宽度(W)：指定矩形的线宽。

在绘图区内单击鼠标左键指定第一个角点后，命令行提示如下：

指定另一个角点或[面积(A)/尺寸(D)/旋转(R)]：

①面积(A)：根据面积绘制矩形。

②尺寸(D)：根据矩形的长和宽绘制矩形。

③旋转(R)：绘制按指定倾斜角度放置的矩形。

注意与技巧

（1）当绘制带倒角、圆角或宽度等的矩形时，一般应先进行对应的设置，然后再确定矩形的角点位置。

（2）绘制带倒角、圆角或宽度等的矩形之后，若再次执行绘制矩形命令，系统将默认之前的有关倒角、圆角或宽度等的数值。

例题 2.9　绘制图 2.24 示例图。

绘图步骤如下：

（1）绘制矩形边长为 220×140 的矩形

执行 Rectang 命令，启动命令后，命令行提示如下：

指定第一个角点或[倒角(C)/标高(E)/圆角(F)/厚度(T)/宽度(W)]：在绘图区内任意位

置单击鼠标左键（作为矩形的第一个角点）

指定另一个角点或[面积(A)/尺寸(D)/旋转(R)]：@220，140✓

（2）绘制圆角矩形

按回车键重复执行 Rectang 命令，启动命令后，命令行提示如下：

指定第一个角点或[倒角(C)/标高(E)/圆角(F)/厚度(T)/宽度(W)]：F✓

指定矩形的圆角半径<0.0000>：18✓

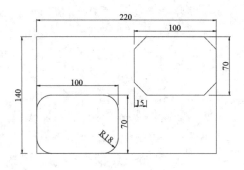

图 2.24　示例图

指定第一个角点或[倒角(C)/标高(E)/圆角(F)/厚度(T)/宽度(W)]：捕捉矩形左下角点位置（作为圆角矩形的第一个角点）

指定另一个角点或[面积(A)/尺寸(D)/旋转(R)]：@100，70✓

（3）绘制倒角矩形

按回车键重复执行 Rectang 命令，启动命令后，命令行提示如下：

指定第一个角点或[倒角(C)/标高(E)/圆角(F)/厚度(T)/宽度(W)]：C✓

指定矩形的第一个倒角距离<0.0000>：15✓

指定矩形的第二个倒角距离<0.0000>：15✓

指定第一个角点或[倒角(C)/标高(E)/圆角(F)/厚度(T)/宽度(W)]：捕捉矩形右上角点位置（作为倒角矩形的第一个角点）

指定另一个角点或[面积(A)/尺寸(D)/旋转(R)]：@-100，-70✓

完成图形绘制，结果如图 2.24 所示。

2.4.2　绘制正多边形

正多边形是由三条或三条以上长度相等的线段首尾相接形成的闭合图形，其边数范围在 3～1024，应用比较广泛。命令的调用方式如下：

● 下拉菜单："绘图"→"多边形"。

● 功能区：草图与注释空间下，功能区默认选项卡"绘图"面板中单击"多边形"按钮。

● 绘图工具栏：在"绘图"工具栏上单击"多边形"按钮。

● 命令行：Pol✓ 或 Polygon✓。

启动命令后，命令行提示如下：

输入侧面数<4>：输入多边形边数

指定正多边形的中心点或[边(E)]：

各选项含义：

（1）中心点：指定多边形的中心点的位置来绘制正多边形。选择该选项后，会提示"输入选项 [内接于圆(I)/外切于圆(C)]<I>"：

①内接于圆：指定外接圆的半径，正多边形的所有顶点都在此圆周上。

②外切于圆：指定从正多边形圆心到各边中点的距离。

（2）[边(E)]：通过指定第一条边的端点来定义正多边形。

例题 2.10　绘制图 2.25 示例图，此图形中包含正三边形、正四边形、正五边形和正六边形。

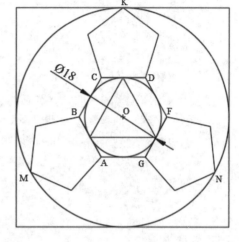

图 2.25　示例图

绘制步骤如下：

（1）绘制Φ18 的圆

（2）绘制圆内接正三角形

执行 Polygon 命令

输入侧面数<4>：3↙

指定正多边形的中心点或[边(E)]：单击鼠标捕捉圆心为中心点

输入选项[内接于圆(I)/外切于圆(C)]<C>：I↙

指定圆的半径：9↙

（3）绘制圆外切正六边形

执行 Polygon 命令

输入侧面数<3>：6↙

指定正多边形的中心点或[边(E)]：捕捉中心点

输入选项[内接于圆(I)/外切于圆(C)]<I>：C↙

指定圆的半径：9↙

（4）绘制指定边长的正五边形

执行 Polygon 命令

输入侧面数<6>：5↙

指定正多边形的中心点或[边(E)]：E↙

指定边的第一个端点：捕捉正六边形上点 A

指定边的第二个端点：捕捉正六边形上点 B

同理绘制出另外两个正五边形。

（5）绘制过 K、M、N 三点的圆

执行 Circle 命令

指定圆的圆心或[三点(3P)/两点(2P)/相切、相切、半径(T)]：捕捉中心点

指定圆的半径或[直径(D)]<9.0000>：捕捉 K、M、N 三点中的一个点

（6）绘制大圆的外切正四边形

执行 Polygon 命令

输入边的数目<5>：4↙

指定正多边形的中心点或[边(E)]：捕捉中心点

输入选项[内接于圆(I)/外切于圆(C)]<C>：↙

指定圆的半径：捕捉圆上 K、M、N 三点中的一点

执行结果如图 2.25 所示。

2.5　绘制曲线对象

2.5.1　绘制圆

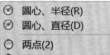

图 2.26　圆的绘制方式

"圆"（Circle）命令用于在指定位置绘制圆。AutoCAD 提供了六种绘制圆的方式，如图 2.26 所示。

执行绘制圆的命令有下列几种方法：

● 下拉菜单："绘图" → "圆"。

● 功能区：草图与注释空间下，功能区默认选项卡"绘图"面板中单击"圆"按钮。

● 绘图工具栏：在"绘图"工具栏上单击"圆"按钮。

● 命令行：C↙ 或 Circle↙。

用户采用不同的方法绘制圆，绘图结果如图 2.27 所示。

绘图步骤如下：

执行 Circle 命令

启动命令后，命令行提示如下：

指定圆的圆心或[三点(3P)/两点(2P)/切点、切点、半径(T)]：

（1）圆心-半径

指定圆的圆心或[三点(3P)/两

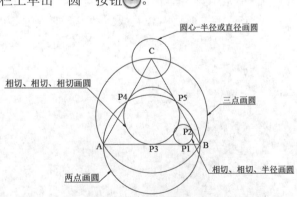

图 2.27　圆的绘制应用

点(2P)/切点、切点、半径(T)]：（指定 C 点）

　　指定圆的半径或[直径(D)]：10↙

　　1）指定圆的圆心时，可输入坐标，也可直接拾取一点作为圆心。

　　2）指定圆的半径时，可输入半径值，也可直接拾取一点，系统自动以该点到圆心的距离作为圆的半径。

　　（2）圆心-直径

　　指定圆的圆心或[三点(3P)/两点(2P)/切点、切点、半径(T)]：指定 C 点

　　指定圆的半径或[直径(D)]：D↙

　　指定圆的直径：20↙

　　指定圆的直径时，可输入直径值，也可直接拾取一点，系统自动以该点到圆心的距离作为圆的直径。

　　（3）三点

　　指定圆的圆心或[三点(3P)/两点(2P)/切点、切点、半径(T)]：3P↙

　　指定圆上的第一个点：指定 A 点

　　指定圆上的第二个点：指定 B 点

　　指定圆上的第三个点：指定 C 点

　　系统过这三个指定点来绘制圆。

　　（4）两点

　　指定圆的圆心或[三点(3P)/两点(2P)/切点、切点、半径(T)]：2P↙

　　指定圆直径的第一个端点：指定 A 点

　　指定圆直径的第二个端点：指定 B 点

　　系统将这两点作为圆上直径的两个端点来绘制圆。

　　（5）相切、相切、半径

　　指定圆的圆心或[三点(3P)/两点(2P)/切点、切点、半径(T)]：T↙

　　指定对象与圆的第一个切点：指定 P1 点

　　指定对象与圆的第二个切点：指定 P2 点

　　指定圆的半径：5↙

　　（6）相切、相切、相切

　　指定圆的圆心或[三点(3P)/两点(2P)/切点、切点、半径(T)]：3P

　　指定圆上的第一个点：_TAN 到指定 P3 点

　　指定圆上的第二个点：_TAN 到指定 P4 点

　　指定圆上的第三个点：_TAN 到指定 P5 点

　　相切、相切、相切画圆可认为是三点画圆中的一种特殊情况。

注意与技巧

> 相切、相切、半径画圆，指定切点时，选择目标点的位置不同，作图结果可能不同。如果半径不合适，系统将提示"圆不存在"。

2.5.2　绘制圆弧

"圆弧"（Arc）命令用于在指定位置绘制圆弧。AutoCAD 提供了 11 种绘制圆弧的方式，如图 2.28 所示。

执行绘制圆的命令有下列几种方法：

● 下拉菜单："绘图"→"圆"。

● 功能区：草图与注释空间下，功能区默认选项卡"绘图"面板中单击"圆弧"按钮。

● 绘图工具栏：在"绘图"工具栏上单击"圆弧"按钮。

图 2.28　圆弧的绘制方式

● 命令行：A↙ 或 Arc↙。

用户采用不同方法绘制圆弧，绘制图 2.29 示例图。

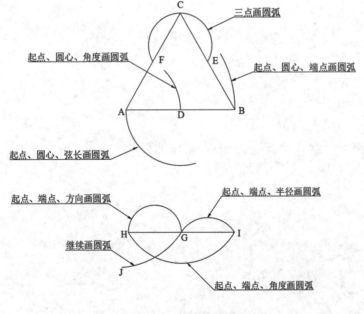

图 2.29　圆弧示例图

绘图步骤如下：

执行 Arc 命令

启动命令后，命令行提示如下：

指定圆弧的起点或[圆心(C)]：

（1）三点

指定圆弧的起点或[圆心(C)]：指定 E 点

指定圆弧的第二个点或[圆心(C)/端点(E)]：指定 C 点

指定圆弧的端点：指定 F 点

系统过这三个指定点来绘制圆弧，其中第一点和第三点分别为圆弧的起点和端点。

（2）起点、圆心、端点

指定圆弧的起点或[圆心(C)]：指定 B 点

指定圆弧的第二个点或[圆心(C)/端点(E)]：_C

指定圆弧的圆心：指定 A 点

指定圆弧的端点（按住 Ctrl 键以切换方向）或[角度(A)/弦长(L)]：指定 E 点

系统默认由起点到端点按逆时针方向绘制圆弧，如果要按顺时针方向绘制圆弧，需在指定端点的同时按下 Ctrl 键。

（3）起点、圆心、角度

指定圆弧的起点或[圆心(C)]：指定 D 点

指定圆弧的第二个点或[圆心(C)/端点(E)]：_C

指定圆弧的圆心：指定 A 点

指定圆弧的端点（按住 Ctrl 键以切换方向）或[角度(A)/弦长(L)]：_A

指定夹角（按住 Ctrl 键以切换方向）：45↙

系统以给定的起点、圆心和圆心角绘制圆弧。

（4）起点、圆心、弦长

指定圆弧的起点或[圆心(C)]：指定 A 点

指定圆弧的第二个点或[圆心(C)/端点(E)]：_C

指定圆弧的圆心：指定 D 点

指定圆弧的端点（按住 Ctrl 键以切换方向）或[角度(A)/弦长(L)]：_L

指定弦长（按住 Ctrl 键以切换方向）：40↙

系统以给定的起点、圆心和弦长绘制圆弧。

（5）起点、端点、角度

指定圆弧的起点或[圆心(C)]：指定 H 点

指定圆弧的第二个点或[圆心(C)/端点(E)]：_E

指定圆弧的端点：指定 I 点

指定圆弧的中心点（按住 Ctrl 键以切换方向）或[角度(A)/方向(D)/半径(R)]：_A

指定夹角（按住 Ctrl 键以切换方向）：120↙

（6）起点、端点、方向

指定圆弧的起点或[圆心(C)]：指定 G 点

指定圆弧的第二个点或[圆心(C)/端点(E)]：_E

指定圆弧的端点：指定 H 点

指定圆弧的中心点（按住 Ctrl 键以切换方向）或[角度(A)/方向(D)/半径(R)]：_D

指定圆弧起点的相切方向（按住 Ctrl 键以切换方向）：90↙

由起点到端点按给定的起始方向绘制圆弧。

（7）起点、端点、半径

指定圆弧的起点或[圆心(C)]：指定 I 点

指定圆弧的第二个点或[圆心(C)/端点(E)]：_E

指定圆弧的端点：指定 G 点

指定圆弧的中心点（按住 Ctrl 键以切换方向）或[角度(A)/方向(D)/半径(R)]：_R

指定圆弧的半径（按住 Ctrl 键以切换方向）：20↙

（8）继续

指定圆弧的起点或[圆心(C)]：

指定圆弧的端点（按住【Ctrl】键以切换方向）：指定 G 点

系统自动以上一段直线或圆弧的端点和终止方向作为新圆弧的起点和起始方向来绘制圆弧。

另外三种绘制圆弧的方式"圆心、起点、端点""圆心、起点、角度""圆心、起点、长度"与前面介绍的"起点、圆心、端点""起点、圆心、角度""起点、圆心、长度"操作类似，此处不再重复。

注意与技巧

（1）起点、圆心、端点绘制圆弧时，圆弧终止于过端点的径向线上，但不一定通过端点。

（2）在角度默认正方向设置下，当提示"指定包含角度："时，可以直接输入角度的数值，正角逆时针画圆弧，负角顺时针画圆弧。在拖动鼠标的同时按下【Ctrl】键，可顺时针画圆弧。

（3）指定弦长时，可以直接输入弦长数值，弦长为正画小圆弧，弦长为负画大圆弧。也可直接拖动鼠标以确定弦长，系统默认按逆时针方向绘制小圆弧，在拖动鼠标的同时按下【Ctrl】键，可顺时针画圆弧。

2.5.3　绘制椭圆和椭圆弧

（1）椭圆

椭圆为特殊样式的圆，与圆相比，椭圆的半径长度不一。其形状由定义其长度和宽度的两条轴决定，长轴和短轴。AutoCAD 提供了 3 种绘制椭圆的方式，如图 2.30 所示。

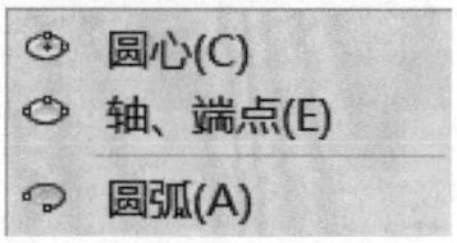

执行绘制椭圆的命令有下列 4 种方法：

- 下拉菜单："绘图" → "椭圆"。
- 功能区：草图与注释空间下，功能区默认选项卡"绘图"面板中单击"椭圆"按钮◐。
- 绘图工具栏：在"绘图"工具栏上单击"椭圆"按钮◐。
- 命令行：El✓ 或 Ellipse✓ 。

绘图步骤如下：

执行 Ellipse 命令

启动命令后，命令行提示如下：

指定椭圆的轴端点或[圆弧(A)/中心点(C)]：

图 2.30　椭圆、椭圆弧的
绘制方式

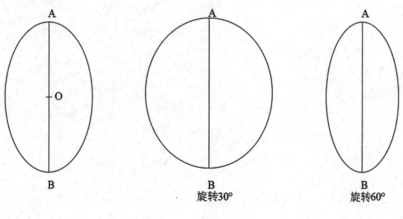

图 2.31　椭圆示例图

①指定轴端点

根据椭圆一条轴上的两个端点及另一条轴的半长绘制椭圆（图 2.31）。

指定椭圆的轴端点或[圆弧(A)/中心点(C)]：指定 A 点

指定轴的另一个端点：指定 B 点

指定另一条半轴长度或[旋转(R)]：30✓

②根据椭圆长轴的两个端点及旋转角绘制椭圆

指定椭圆的轴端点或[圆弧(A)/中心点(C)]：指定 A 点

指定轴的另一个端点：指定 B 点

指定另一条半轴长度或[旋转(R)]：R↙

指定绕长轴旋转的角度：30↙

③指定中心点

指定椭圆的轴端点或[圆弧(A)/中心点(C)]：_C

指定椭圆的中心点：指定 O 点

指定轴的端点：指定 A 点

指定另一条半轴长度或[旋转(R)]：30↙

（2）绘制椭圆弧

椭圆弧是椭圆的一部分，类似于椭圆，不同的是它的起点和终点没有闭合。

执行绘制椭圆弧的命令有下列 4 种方法：

● 下拉菜单："绘图" → "椭圆" → "椭圆弧"。

● 功能区：草图与注释空间下，功能区默认选项卡"绘图"面板中单击"椭圆弧"按钮。

● 绘图工具栏：在"绘图"工具栏上单击"椭圆弧"按钮。

● 命令行：El↙ 或 Ellipse↙。

绘图步骤如下（图 2.32）：

执行 Ellipse 命令

启动命令后，命令行提示如下：

指定椭圆的轴端点或[圆弧(A)/中心点(C)]：_A

指定椭圆弧的轴端点或[中心点(C)]：指定 A 点

指定轴的另一个端点：指定 B 点

指定另一条半轴长度或[旋转(R)]：30↙

指定起点角度或[参数(P)]：15↙

指定端点角度或[参数(P)/夹角(I)]：60↙

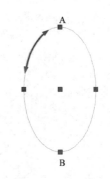

图 2.32　椭圆弧示例图

注意与技巧

> 采用旋转方式绘制的椭圆，其形状最终由其长轴的旋转角度决定。若旋转角度为 0°，将绘制出一个圆；若角度为 45°，将成为一个从视点看上去呈 45°的椭圆，旋转角度的最大值为 89.4°，大于此角度后，命令无效。

2.5.4　绘制样条曲线

样条曲线是经过或接近一系列给定点的平滑曲线，它能够自由编辑，可以控制曲线与点的拟合程度。默认情况下，样条曲线是一系列 3 阶（也称为"三次"）多项式的过渡曲线段。这些曲线在技术上称为非均匀有理 B 样条（Nurbs），但为简便起见，称为样条曲线，三次样条曲线是最常用的。在环境生态工程设计中，常用此命令来绘制图形的打断线（或边界线）、水体、流线形的道路等。用户既可以使用拟合点绘制样条曲线，也可以使用控制点的方式来绘制样条曲线。

执行绘制样条曲线的命令有下列 4 种方法：

- 下拉菜单："绘图"→"样条曲线"。
- 功能区：草图与注释空间下，功能区默认选项卡"绘图"面板中单击"样条曲线"按钮 。
- 工具栏："绘图"→"样条曲线"。
- 命令行：Spl✓ 或 Spline✓。

执行该命令，命令行提示如下：

命令：_Spline

当前设置：方式=拟合　　节点=弦

指定第一个点或 [方式(M)/节点(K)/对象(O)]：_M

输入样条曲线创建方式 [拟合(F)/控制点(CV)]<拟合>：_Fit

当前设置：方式=拟合　　节点=弦

指定第一个点或 [方式(M)/节点(K)/对象(O)]：

输入下一个点或 [起点切向(T)/公差(L)]：

输入下一个点或 [端点相切(T)/公差(L)/放弃(U)]：

输入下一个点或 [端点相切(T)/公差(L)/放弃(U)/闭合(C)]：

其各选项含义如下：

①方式：控制是使用拟合点还是使用控制点来创建样条曲线（Splmethod 系统变量）。

②拟合：通过指定样条曲线必须经过的拟合点来创建 3 阶（三次）B 样条曲线。在公差值大于 0 时，样条曲线必须在各个点的指定公差距离内。

③控制点：通过指定控制点来创建样条曲线。使用此方法创建 1 阶（线性）、2 阶（二次）、3 阶（三次）直到最高为 10 阶的样条曲线。通过移动控制点调整样条曲线的形状通常可以提供比移动拟合点更好的效果。

④对象：将二维或三维的二次或三次样条曲线拟合多段线转换成等效的样条曲线。根据 DELOBJ 系统变量的设置，保留或放弃原多段线。

⑤起点相切：指定在样条曲线起点的相切条件。

⑥端点相切：指定在样条曲线终点的相切条件。

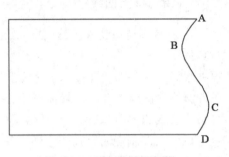

⑦公差：指定样条曲线可以偏离指定拟合点的距离。公差值 0 要求生成的样条曲线直接通过拟合点。公差值适用于所有拟合点（拟合点的起点和终点除外），始终具有为 0 的公差。

图 2.33　样条曲线示例图

例题 2.11　用样条曲线绘制图 2.33 所示的示例图。

绘图步骤如下：

①打开正交模式，启动 LINE 命令绘制图中直线部分。

②启动 SPLINE 命令，命令行提示如下：

当前设置：方式=拟合节点=弦

指定第一个点或[方式(M)/节点(K)/对象(O)]：指定 A 点

输入下一个点或[起点切向(T)/公差(L)]：指定 B 点

输入下一个点或[端点相切(T)/公差(L)/放弃(U)]：指定 C 点

输入下一个点或[端点相切(T)/公差(L)/放弃(U)/闭合(C)]：指定 D 点

输入下一个点或[端点相切(T)/公差(L)/放弃(U)/闭合(C)]：↙

SPLINE 创建称为非均匀有理 B 样条曲线 (NURBS) 的曲线，为简便起见，称为样条曲线。

2.5.5　绘制修订云线

"修订云线"（Revcloud）是由连续圆弧组成的多段线，用来构成云线形状的对象。它用于提醒用户注意图形的某些部分。在环境生态工程制图中常用绘制灌木等图形（图 2.34）。AutoCAD 提供了 3 种绘制"修订云线"的方式，如图 2.35 所示。

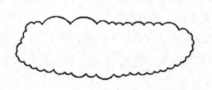

图 2.34　"修订云线"绘制　　　　　图 2.35　"修订云线"的绘制方式

执行绘制修订云线的命令有下列 4 种方法：

● 下拉菜单："绘图"→"修订云线"。

● 功能区：草图与注释空间下，功能区默认选项卡"绘图"面板中单击"修订云线"按钮 。

● 工具栏："绘图"→"修订云线"。

● 命令行：Revcloud✓。

执行该命令，命令行提示如下：

命令：_Revcloud

最小弧长：0.5　　最大弧长：0.5　　样式：普通　　类型：矩形

指定第一个角点或 [弧长(A)/对象(O)/矩形(R)/多边形(P)/徒手画(F)/样式(S)/修改(M)]<对象>：

各选项含义如下：

（1）弧长(A)：默认的弧长最小值和最大值为 0.5。所设置的最大弧长不能超过最小弧长的 3 倍。

（2）对象(O)：指定要转换为云线的对象。

（3）矩形(R)：使用指定的点作为对角点创建矩形修订云线。

（4）多边形(P)：创建非矩形修订云线（由作为修订云线的顶点的 3 个点或更多点定义）。

（5）徒手画(F)：绘制徒手画修订云线。

（6）样式(S)：指定修订云线的样式。选择"样式(S)"后，命令行出现"选择圆弧样式 [普通(N)/手绘(C)]<普通>："普通"使用默认字体创建修订云线。"手绘"像使用画笔绘图一样创建修订云线。

（7）修改(M)：从现有修订云线添加或删除侧边。

例题 2.12　将半径为 600 的圆转换为修订云线（设置最大弧度为 300，最小弧度为 100）。

绘制步骤：

（1）绘制圆。单击功能区草图与注释空间下，功能区默认选项卡"绘图"面板中单击"圆"按钮 。绘制一个半径为 600 的圆。结果如图 2.36 所示。

（2）选择菜单栏上"绘图"→"修订云线"。将绘制的圆转换成修订云线，命令行操作过程如下：

Revcloud

最小弧长：0.5　　最大弧长：0.5　　样式：普通　　类型：徒手画

指定第一个点或 [弧长(A)/对象(O)/矩形(R)/多边形(P)/徒手画(F)/样式(S)/修改

(M)]<对象>：A ✓

　　指定最小弧长<0.5>：100✓

　　指定最大弧长<100>：300✓

　　指定第一个点或 [弧长(A)/对象 (O)/矩形(R)/多边形(P)/徒手画(F)/样式 (S)/修改(M)]<对象>：O✓

　　选择对象：选择绘制的圆

　　反转反向【是（Y）/否（N）】<否>： ✓

结果如图 2.37 所示，修订云线完成。

图 2.36　绘制的圆　　图 2.37　修订云线 转换结果

2.5.6　绘制圆环

　　"圆环"（DONUT）是由两个同心圆组成的组合图形，默认情况下圆环的两个圆形中间的面积填充为实心，如图 2.38（a）所示。绘制圆环时，首先要确定两个同心圆的直径，也就是内径和外径，然后再确定圆环的圆心位置。

（a）圆环　　　　　　　　　　　（b）实心圆

图 2.38　圆环的绘制应用（默认填充模式为 On）

　　执行绘制圆环的命令有下列 3 种方法：

● 下拉菜单："绘图" → "圆环"。

● 功能区：草图与注释空间下，功能区默认选项卡 "绘图" 面板中单击 "圆环" 按钮◎。

● 命令行：Do 或 Donut。

绘图步骤如下：

执行 Donut 命令

启动命令后，命令行提示如下：

　　指定圆环的内径<0.5000>：5✓

　　指定圆环的外径<1.0000>：10✓

指定圆环的中心点或<退出>：指定圆心或输入圆心坐标

指定圆环的中心点或<退出>：✓（命令结束之前可连续绘制相同的圆环）

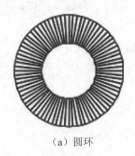　　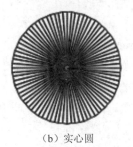

（a）圆环　　　　　　　　　　　　　（b）实心圆

图 2.39　圆环的绘制应用（填充模式为 Off）

注意与技巧

（1）"指定圆环的内径"为 0 时可绘制实心圆，如图 2.38（b）所示。

（2）如果设置"填充"（Fill）模式为 Off，则绘制的圆环或实心圆将不被填充，如图 2.39 所示。已经绘制的圆环或实心圆需要使用"重生成"（Regen）命令才能将填充结果显示出来。

2.6　绘制复合线型对象

2.6.1　多段线

多段线是由多段直线段或圆弧段组成一个独立对象。在 AutoCAD 中，"多段线"既可以一起编辑，也可以分别编辑，用户可以设置各直线段的线宽和圆弧段的曲率，同时可以绘制闭合或不闭合的多段线。

2.6.1.1　绘制多段线

执行多段线命令有下列 4 种方法：

● 下拉菜单：“绘图”→“多段线”。

● 功能区：草图与注释空间下，功能区默认选项卡“绘图”面板中单击“多段线”按钮 。

● “绘图”工具栏：工具栏中单击“多段线”按钮 。

● 命令行：Pl✓ 或 Pline✓。

执行"多段线"命令，并在绘图窗口中指定了多段线的起点后，命令行提示：

指定下一个点或[圆弧(A)/闭合(C)/半宽(H)/长度(L)/放弃(U)/宽度(W)]：

默认情况下，当指定了多段线另一端点的位置后，将从起点到该点绘制出一段多段线。该命令提示中各选项的功能如下。

（1）"圆弧(A)"：从绘制直线方式切换到绘制圆弧方式。

（2）"半宽(H)"：设置多段线的半宽度，即多段线的宽度等于输入值的 2 倍。另外，可以分别指定对象的起点半宽和端点半宽。

（3）"长度(L)"：指定绘制的直线段的长度。如果前一段是直线，延长方向则与该直线相同；如果前一段是圆弧，延长方向则为端点处弧的切线方向。

（4）"放弃(U)"：用于取消前面刚绘制的一段直线段或圆弧段，可逐次回溯，以方便及时修改在绘制多段线过程中出现的错误。

（5）"宽度(W)"：用于设定多段线线宽，默认值为 0。对多段线的初始宽度和结束宽度可分别设置不同的值，从而绘制出诸如箭头之类的图形。

（6）"闭合(C)"：封闭多段线并结束命令。此时，系统将以当前点为起点，以多段线的起点为端点，以当前宽度和绘图方式（直线方式或圆弧方式）绘制一段线段，以封闭该多段线，然后结束命令。

在绘制多段线时，如果在"指定下一个点或[圆弧(A)/闭合(C)/半宽(H)/长度(L)/放弃(U)/宽度(W)]："命令提示下输入 A，可以切换到圆弧绘制方式，此时命令行提示：

指定圆弧的端点或[角度(A)/圆心(CE)/闭合(CL)/方向(D)/半宽(H)/直线(L)/半径(R)/第二个点(S)/放弃(U)/宽度(W)]：

该命令提示中各选项的功能如下。

（1）"角度(A)"：根据圆弧对应的圆心角来绘制圆弧段。选择该选项后，在命令行提示下输入圆弧的包含角。

（2）"圆心(CE)"：根据圆弧的圆心位置来绘制圆弧段。选择该选项后，在命令行提示下指定圆弧的圆心。当确定了圆弧的圆心位置后，可以再指定圆弧的端点、包含角或对应弦长中的一个条件来绘制圆弧。

（3）"闭合(CL)"：根据最后点和多段线的起点为圆弧的两个端点，绘制一个圆弧，以封闭多段线。闭合后，将结束多段线命令。

（4）"方向(D)"：根据起始点出的切线方向来绘制圆弧。选择该选项，可通过输入起始点方向与水平方向的夹角来确定圆弧的起点切向。也可以在命令行提示下确定一点，系统将圆弧的起点与该点的连线作为圆弧的起点切向。当确定了起点切向后，再确定圆弧的另一个端点即可绘制圆弧。

（5）"半宽(H)"：设置圆弧起点的半宽度和终点的半宽度。

（6）"直线(L)"：将多段线命令由绘制圆弧方式切换到绘制直线的方式。

（7）"半径(R)"：可根据半径来绘制圆弧。选择该选项后，需要输入圆弧的半径，并通过指定端点和包含角中的一个条件来绘制圆弧。

（8）"第二个点(S)"：可根据 3 点来绘制一个圆弧。

（9）"放弃(U)"：取消前面刚绘制的圆弧。

（10）"宽度(W)"：设置起点宽度和终点宽度。

例题 2.13　使用"多段线"命令绘制如图 2.40 所示排水设备存水弯，水弯线宽为 40。

绘制步骤：

执行 Pline 命令，同时把对象捕捉和极轴追踪打开。

指定起点：

当前线宽为 0.0000

指定下一个点或 [圆弧(A)/半宽(H)/长度(L)/放弃(U)/宽度(W)]：W↙

指定起点宽度<0.0000>：40↙

指定端点宽度<40.0000>：↙

指定下一个点或 [圆弧(A)/半宽(H)/长度(L)/放弃(U)/宽度(W)]：@0，1000↙

指定下一点或 [圆弧(A)/闭合(C)/半宽(H)/长度(L)/放弃(U)/宽度(W)]：A↙

指定圆弧的端点（按住【Ctrl】键以切换方向）或

[角度(A)/圆心(CE)/闭合(CL)/方向(D)/半宽(H)/直线(L)/半径(R)/第二个点(S)/放弃(U)/宽度(W)]：CE↙

指定圆弧的圆心：@100，0↙

指定圆弧的端点（按住【Ctrl】键以切换方向）或 [角度(A)/长度(L)]：A↙

指定夹角（按住【Ctrl】键以切换方向）：-180↙

指定圆弧的端点（按住【Ctrl】键以切换方向）或

[角度(A)/圆心(CE)/闭合(CL)/方向(D)/半宽(H)/直线(L)/半径(R)/第二个点(S)/放弃(U)/宽度(W)]：L↙

指定下一点或 [圆弧(A)/闭合(C)/半宽(H)/长度(L)/放弃(U)/宽度(W)]：@0，-300↙

指定下一点或 [圆弧(A)/闭合(C)/半宽(H)/长度(L)/放弃(U)/宽度(W)]：A↙

指定圆弧的端点（按住【Ctrl】键以切换方向）或

[角度(A)/圆心(CE)/闭合(CL)/方向(D)/半宽(H)/直线(L)/半径(R)/第二个点(S)/放弃

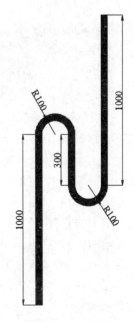

图 2.40　排水设备存水弯

(U)/宽度(W)]：CE↙

指定圆弧的圆心：@100，0↙

指定圆弧的端点（按住【Ctrl】键以切换方向）或 [角度(A)/长度(L)]：A↙

指定夹角（按住【Ctrl】键以切换方向）：180↙

指定圆弧的端点（按住【Ctrl】键以切换方向）或

[角度(A)/圆心(CE)/闭合(CL)/方向(D)/半宽(H)/直线(L)/半径(R)/第二个点(S)/放弃(U)/宽度(W)]：L↙

指定下一点或 [圆弧(A)/闭合(C)/半宽(H)/长度(L)/放弃(U)/宽度(W)]：@0，1000↙。

例题 2.14　使用"多段线"命令绘制如图 2.41 所示箭头，箭头的宽度自己定义。

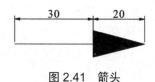

图 2.41　箭头

绘图步骤如下：

命令：_Pline，同时把对象捕捉和极轴追踪打开。

指定起点：

当前线宽为 0.0000

指定下一个点或 [圆弧(A)/半宽(H)/长度(L)/放弃(U)/宽度(W)]：@ 30，0（使用极轴追踪直接输入 30 回车即可） ↙

指定下一点或 [圆弧(A)/闭合(C)/半宽(H)/长度(L)/放弃(U)/宽度(W)]：W↙

指定起点宽度<0.0000>：10↙

指定端点宽度<10.0000>：0↙

指定下一点或 [圆弧(A)/闭合(C)/半宽(H)/长度(L)/放弃(U)/宽度(W)]：@0，20↙

2.6.1.2　编辑多段线

在 AutoCAD 2016 中，选择"修改"｜"对象"｜"多段线"命令（Pedit），对二维多段线进行编辑，一次可以编辑一条或多条多段线。

如果只选择一条多段线，命令行提示：

输入选项[闭合(C)/合并(J)/宽度(W)/编辑顶点(E)/拟合(F)/样条曲线(S)/非曲线化(D)/线型生成(L)/反转(R)/放弃(U)]：

如果选择多条多段线，命令行提示：

输入选项[闭合(C)/打开(O)/合并(J)/宽度(W)/拟合(F)/样条曲线(S)/非曲线化(D)/线型生成(L)/反转(R)/放弃(U)]：

编辑多段线时，命令行中主要选项的功能如下。

（1）"闭合(C)"：封闭所编辑的多段线，自动以最后一段的绘图模式（直线或圆弧）连接原多段线的起点和终点。

（2）"打开(O)"：打开闭合的多段线，第一个顶点和最后一个顶点之间的线段会被删除。

（3）"合并(J)"：可将直线段、圆弧或多段线连接到指定的非闭合多段线上。如果编辑的是单个多段线，系统将连续选取首尾连接的直线段、圆弧或多段线等对象，并将它们连成一条多段线。选择该选项时，要连接的各相邻对象必须在形式上彼此首尾相连；如果编辑的是多个多段线，系统将提示输入合并多段线的允许距离。

（4）"宽度(W)"：重新设置边界的多段线的宽度。输入新的线宽值后，所选的多段线变成该宽度。

（5）"编辑顶点(E)"：编辑多段线的顶点，只能对单个的多段线操作。

在编辑多段线的顶点时，系统将在屏幕上使用小叉标记出多段线的当前编辑点，命令行显示：

输入顶点编辑选项

[下一个(N)/上一个(P)/打断(B)/插入(I)/移动(M)/重生成(R)/拉直(S)/切向(T)/宽度(W)/退出(X)]<N>：

该提示中各选项的功能如下：

①打断(B)：删除多段线上指定两顶点之间的线段。

②插入(I)：在当前编辑的顶点后面插入一个新的顶点，只需要确定新顶点的位置即可。

③移动(M)：将当前编辑的顶点移动到新位置，需要指定标记顶点的新位置。

④重生成(R)：重新生成多段线，常与"宽度"选项连用。

⑤拉直(S)：拉直多段线中位于指定两个顶点之间的线段。

⑥切向(T)：改变当前所编辑顶点的切线方向。可以直接输入表示切线方向的角度值。也可以确定一点，之后系统将以多段线上的当前点与该点的连线方向作为切线方向。

⑦宽度(W)：修改多段线中当前编辑顶点之后的那条线段的起始宽度和终止宽度。

（6）"拟合(F)"：采用双圆弧曲线拟合多段线的拐角。

（7）"样条曲线(S)"：用样条曲线拟合多段线，且拟合时以多段线的各顶点作为样条曲线的控制点。

（8）"非曲线化(D)"：删除在执行"拟合"或者"样条曲线"选项操作时插入的额外顶点，并拉直多段线中的所有线段，同时保留多段线顶点的所有切线信息。

（9）"线型生成(L)"：设置非连续线型多段线在各顶点处的绘线方式。

（10）"反转(R)"：可以切换多段线的方向。

（11）可重复使用该选项。

注意与技巧

> 1. 具有宽度的多段线填充与否可以通过系统变量 Fill 命令来设置。如果设置成"开(On)",则绘制的多段线是填充的,如图 2.42(b)所示,如果设置成"关(Off)",则绘制的多段线是不填充的,如图 2.42(a)所示。
>
> 2. 多段线的宽度大于 0 时,如果绘制闭合的多段线,一定要用"闭合"选项才能使其完全封闭,如图 2.43(a)所示。否则起点与终点会出现一段缺口,如图 2.43(b)所示。
>
> 3. 当使用"分解"命令对多段线进行分解时,多段线的线宽信息将会丢失。

(a)　　　　(b)　　　　　　　　(a)　　　　(b)

图 2.42　多段线填充的区别　　　　图 2.43　封口的区别

2.6.2　多线

多线是一种由 1～16 条平行线组成的组合对象。平行线之间的间距和数目是可以调整的,类似于将多段线平行偏移一次或多次。多线常用于绘制建筑图中的墙体、规划设计道路、管道工程、电子线路图等。

2.6.2.1　创建多线样式

系统默认的多线样式为 Standard 样式,它由两条直线组成。在绘制多线前,通常会根据不同的需要对样式进行专门设置。

设置多线样式的方法有 2 种:

● 下拉菜单:"格式"→"多线样式"

● 命令行:Mlstyle✓。

绘制多线以前,往往需要设置多线样式。下面以创建厚度为 240 且两端封闭的墙体样式为例,讲述多线样式的设置。

设置步骤如下:

(1)选择"格式"→"多线样式",AutoCAD 将激活如图 2.44 所示的"多线样式"对话框。

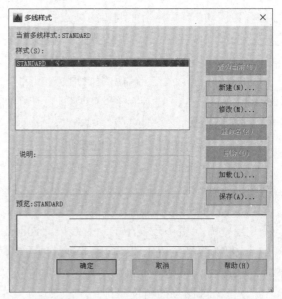

图 2.44　"多线样式"对话框

（2）命名多线样式。点击"新建"按钮打开"创建新的多线样式"对话框，如图 2.45 所示。在"新样式名称"中输入"墙体 240"后点击"继续"按钮。

（3）设置"墙体 240"多线样式。点击"继续"按钮后弹出"新建多线样式：墙体 240"对话框（图 2.46）。在"封口"区勾选直线的起点和端点复选框。

图 2.45　"创建新的多线样式"对话框

（4）设置墙厚度。在"图元"选项中，点击"0.5"的线型样式，在"偏移"文本框内输入 120，再次点击"–0.5"的线型样式，修改为–120，结果如图 2.46 所示。

（5）点击"确定"按钮，返回"多线样式"对话框，在"样式"选项中显示刚刚创建的"墙体 240"线型，并在"预览"区域显示"墙体 240"（图 2.47），单击"置为当前"按钮，将"墙体 240"样式置为当前。单击"确定"按钮，完成多线样式的设置。

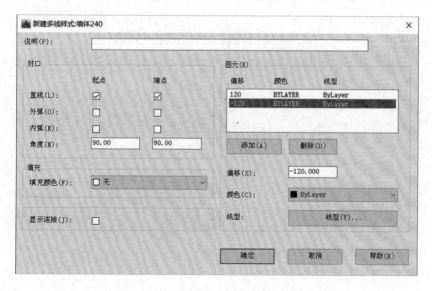

图 2.46　"新建多线样式：墙体 240"对话框

下面分别介绍"多线样式"对话框（图 2.47）和"新建多线样式"对话框（图 2.46）中各选项的含义。"多线样式"对话框各选项含义如下：

（1）"样式"区：显示已经加载多线样式。当前使用的多线样式突出显示。

（2）"说明"区：显示被选定的多线样式的说明文字。

（3）"预览"区：显示被选定的多线样式的名称和图像示例。

（4）"置为当前"按钮：在"样式"列表中选择需要使用的多线样式后，单击该按钮，可以将其设置为当前样式。

（5）"新建"按钮：单击该按钮，打开"创建新的多线样式"对话框，可以创建新多线样式，如图 2.45 所示。

（6）"修改"按钮：单击该按钮，打开"修改多线样式"对话框，可以修改创建的多线样式。

（7）"重命名"按钮：重命名"样式"列表中选中的多线样式名称，但不能重命名标准（Standard）样式。

图 2.47　"多线样式"对话框

（8）"删除"按钮：删除"样式"列表中选中的多线样式。

（9）"加载"按钮：单击该按钮，打开"加载多线样式"对话框，如图 2.48 所示。可以从中选取多线样式并将其加载到当前图形中，可以单击"文件"按钮，打开"从文件加载多线样式"对话框，选择多线样式文件。默认情况下，AutoCAD 提供的多线样式文件为 acad.mln。

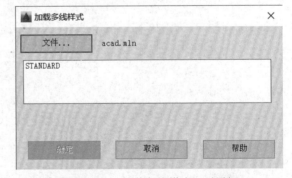

图 2.48　"加载多线样式"对话框

（10）"保存"按钮：打开"保存多线样式"对话框，可以将当前的多线样式保存为一个多线文件（*.mln）。

"新建多线样式"对话框各选项含义：

（1）"说明"区：用于输入多线样式的说明信息。当在"多线样式"列表中多线时，说明信息将显示在"说明"区域中。

（2）"封口"区域栏：用于控制多线起点和端点处的样式。可以为多线的每个端点选择一条直线或弧线，并输入角度。其中，"直线"穿过整个多线的端点，"外弧"连接最外层元素的端点，"内弧"连接成对元素，如果有奇数个元素，则中心线不相连，如图 2.49 所示。

（3）"填充"区域栏：用于设置多线样式的背景填充颜色。可以从"填充颜色"下拉列表框中选择所需的填充颜色作为多线的背景，默认为不填充背景颜色。

（4）"显示连接"选框：选中该复选框，可以在多线的拐角处显示连接，否则不显示，如图 2.50 所示。

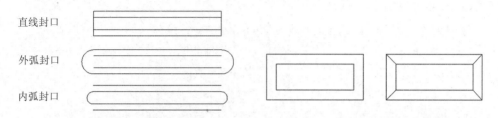

图 2.49　多线的封口样式　　　　　图 2.50　不显示连接与显示连接对比

（5）"图元"区域栏：用于设置多线的元素特性，包括多线的线条数目、每条线的颜色和线型等特性。其中，"图元选项组"的上部是一个元素列表框，列出了多线样式中各元素的特性。每个元素占一行，按偏移量从大到小的顺序自上而下排列。

2.6.2.2　绘制多线

绘制的每一条多线都是一个完整的整体，不能对其进行偏移、延伸、修剪等编辑操作，只能将其进行分解为条直线后才能编辑。执行多段线命令有下列 2 种方法：

● 下拉菜单："绘图"→多线"。

● 命令行：Ml 或 Mline。

执行"多线"命令后，命令行提示：

当前设置：对正=上，比例=20.00，样式=Standard

指定起点或[对正(J)/比例(S)/样式(ST)]：

在提示信息中，第一行说明当前的绘图格式：对正方式为上，比例为 20.00，多线样式为标准型（Standard）；第二行为绘制多线时的选项，各选项含义如下。

（1）"对正(J)"：指定多线的对正方式，命令行提示"输入对正类型[上(T)/无(Z)/下(B)]<上>:"。"上(T)"选项表示当从左向右绘制多线时，多线最顶端的线将随着光标移动；"无(Z)"选项表示绘制多线时，多线的中心线将随着光标点移动；"下(B)"选项表示当从左向右绘制多线时，多线最底端的线将随光标移动。

（2）"比例(S)"：指定所绘制的多线的宽度相对于多线的定义宽度的比例因子，该比例不影响多线的线型比例。例如，如果比例为 3.0，多线样式中设定偏移量为 0.5 和−0.5

的元素将分别以 4.5 和–4.5 的偏移量画出；如果比例为负值，那么实际偏移量将变号，使得在画线时各元素的偏移方向与多线样式中设定的相反；比例为 0，则各元素的偏移量均为 0，重合为一直线。

（3）"样式(ST)"：指定绘制的多线的样式，默认为标准（Standard）型。当命令行显示"输入多线样式名或[?]："提示信息时，可以直接输入已有的多线样式名，也可以输入"?"，显示已定义的多线样式。

2.6.2.3　编辑多线

多线编辑命令是一个专用于多线对象的编辑命令。选择"修改"→"对象"→"多线"命令（Mlstyle）后，打开"多线编辑工具"对话框，可以使用其中的 12 种编辑工具编辑多线，如图 2.51 所示。

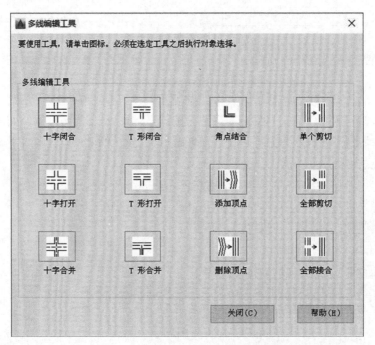

图 2.51　"多线编辑工具"对话框

例题 2.15　使用"墙体 240"多线样式和"多线"命令绘制图 2.52 所示房屋平面图的墙体结构。

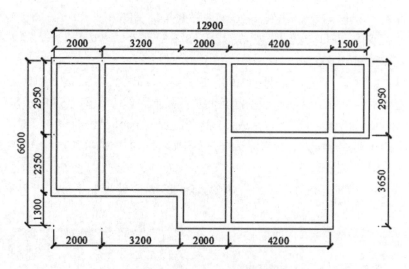

图 2.52 房屋平面图的墙体结构

绘图步骤：

（1）在"绘图"工具栏中单击"直线"按钮，绘制水平直线 A、B、C、D，其间距分别为 1300、2350 和 2950；绘制垂直直线 1、2、3、4、5、6，其间距分别为 2000、3200、2000、4200 和 1500，可以通过偏移绘制这些直线，结果如图 2.53 所示。

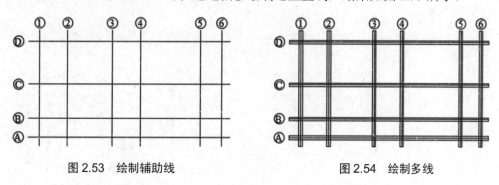

图 2.53 绘制辅助线　　　　　　　　图 2.54 绘制多线

（2）选择多线样式。在"多线样式"对话框中，选择"墙体 240"样式并置为当前。

（3）执行多线命令。修改当前设置：

命令：_Mline

当前设置：对正 = 上，比例 = 20.00，样式 = 墙体 240

指定起点或 [对正(J)/比例(S)/样式(ST)]：J↙

输入对正类型 [上(T)/无(Z)/下(B)]<上>：Z↙

当前设置：对正 = 无，比例 = 20.00，样式 = 墙体240

指定起点或 [对正(J)/比例(S)/样式(ST)]：S↙

输入多线比例<20.00>：1↙

当前设置：对正 = 无，比例 = 1.00，样式 = Standard

修改完毕后，单击辅助线直线的起点和端点绘制多线，如图2.54所示。

（4）"角点结合"修改多线。完成多线绘制之后，选择"修改"→"对象"→"多线"命令，打开"多线编辑工具"对话框，单击该对话框中的"角点结合"工具，修改多线，修改完毕后如图2.55所示。

（5）"修剪"多线。执行"修剪"命令，修剪多线，修剪完毕后如图2.56所示。

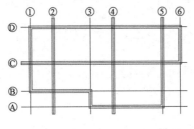 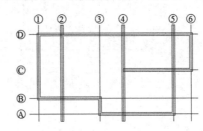

图2.55　"角点结合"修改多线　　　　图2.56　"修剪命令"修改多线

（6）选择"T型打开"工具修改多线。在"多线编辑工具"对话框中单击"T型打开"工具，修改多线，修改完毕后如图2.37所示。

（7）选择"十字合并"工具修改多线。在"多线编辑工具"对话框中单击"十字合并"工具，修改多线，修改完毕后如图2.58所示。

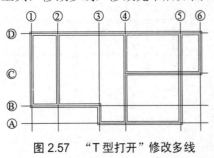 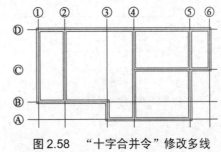

图2.57　"T型打开"修改多线　　　　图2.58　"十字合并令"修改多线

（8）选择绘制的所有直线，按【Delete】键删除或者关闭所在图层，即可得到如图2.52所示的图形。

2.7 图案填充与渐变色填充

在绘制环境生态工程平面图、立面图或剖面图中,经常要使用某种图案或颜色去重复填充图形中的某些区域,用以表达一定区域的材料特征(图 2.59)。在 AutoCAD 2016 中,可以使用选定的填充图案或渐变色来填充现有对象或封闭区域。

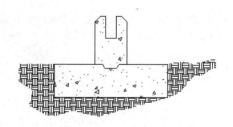

图 2.59　图案填充示例

2.7.1 图案的填充

通过 AutoCAD 2016 执行"图案填充"的方法主要有以下几种。

● 下拉菜单:选择"绘图"→"图案填充"命令。

● 功能区:草图与注释空间下,功能区默认选项卡"绘图"面板中单击"图案填充"按钮▨。

● "绘图"工具栏:工具栏中单击"图案填充"按钮▨。

● 命令行:Bh✓ 或 H✓ 或 Bhatch✓。

执行"图案填充"的上述操作之一后,在功能区系统将弹出图 2.60 所示的"图案填充创建"上下文选项卡。下面介绍该选项卡中部分面板功能含义:

图 2.60　"图案填充创建"功能面板

(1)边界面板:该面板中提供了"拾取点""选择""删除""重新创建"和"显示边界对象"等工具。

①拾取点:通过选择由一个或多个对象形成的封闭区域内的点,确定图案填充边界。

②选择:指定基于选定对象的图案填充边界。使用该选项时,不会自动检测内部对象。必须选择选定边界内的对象,以按照当前孤岛检测样式填充这些对象。为了在文字周围创建不填充的空间,请将文字包括在选择集中。

③删除:从边界定义中删除之前添加的任何对象。

④重新创建:围绕选定的图案填充或填充对象创建多段线或面域,并使其与图案填充对象相关联(可选)。

⑤显示边界对象：选择构成选定关联图案填充对象的边界的对象。使用显示的夹点可修改图案填充边界（仅在编辑图案填充时，此选项才可用）。

（2）"图案"面板：显示所有预定义和自定义图案的预览图像。

①预定义的填充图案。从提供的 70 多种符合 ANSI、ISO 和其他行业标准的填充图案中进行选择，或添加由其他公司提供的填充图案库。其中 ANSI 是美国国家标准组织建议使用的填充图案；ISO 是由国家标准化组织建议使用的填充图案；其他预定义选项是由 AutoCAD 系统提供的可用填充图案（图 2.61）。

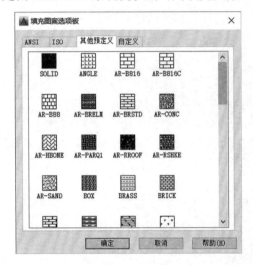

图 2.61　"填充图案选项板"对话框

②用户定义的填充图案。基于当前的线型以及使用指定的间距、角度、颜色和其他特性来定义您的填充图案。

③自定义填充图案。填充图案在 Acad.pat 和 Acadiso.pat（对于 AutoCAD LT，则为 Acadlt.pat 和 Acadltiso.pat）文件中定义。可以将自定义填充图案定义添加到这些文件。

④实体填充。使用纯色填充区域。

⑤渐变填充。以一种渐变色填充封闭区域。渐变填充可显示为明（一种与白色混合的颜色）、暗（一种与黑色混合的颜色）或两种颜色之间的平滑过渡。

（3）"特性"面板：在该面板中查看并设置图案填充类型、图案填充颜色或渐变色、背景色或渐变色、图案填充透明度、图案填充角度、填充图案缩放、图案填充间距、打开/关闭渐变明暗、渐变明暗、图层名、双向等。其中双向（仅当"图案填充类型"设定为"用户定义"时可用）将绘制第二组直线，与原始直线成 90°角，从而构成交叉线。

（4）"原点"面板：控制填充图案生成的起始位置。某些图案填充（图 2.62）需要与图案填充边界上的一点对齐。默认情况下，所有图案填充原点都对应于当前的 UCS 原点。

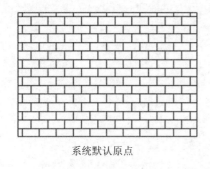
系统默认原点

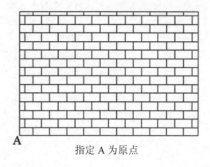
A　指定 A 为原点

图 2.62　指定填充原点

（5）"选项"面板：控制几个常用的图案填充或填充选项。如关联、注释性、特性匹配、允许的间隙、孤岛检测选项等。

①关联：指定图案填充或填充为关联图案填充。关联的图案填充或填充在用户修改其边界对象时将会更新。

②注释性：指定图案填充为注释性。此特性会自动完成缩放注释过程，从而使注释能够以正确的大小在图纸上打印或显示。

③特性匹配：使用当前原点。使用选定图案填充对象（除图案填充原点外）设定图案填充的特性。

④使用源图案填充的原点。使用选定图案填充对象（包括图案填充原点）设定图案填充的特性。

⑤允许的间隙：设定将对象用作图案填充边界时可以忽略的最大间隙。默认值为 0，此值指定对象必须封闭区域而没有间隙。移动滑块或按图形单位输入一个值（0~5000），以设定将对象用作图案填充边界时可以忽略的最大间隙。任何小于等于指定值的间隙都将被忽略，并将边界视为封闭。

⑥孤岛检测：普通孤岛检测。从外部边界向内填充。如果遇到内部孤岛，填充将关闭，直到遇到孤岛中的另一个孤岛。外部孤岛检测。从外部边界向内填充。此选项仅填充指定的区域，不会影响内部孤岛。忽略孤岛检测。忽略所有内部的对象，填充图案时将通过这些对象（图 2.63）。

在 AutoCAD 2016 中，如果关闭了功能区，那么从菜单栏中选择"绘图"→"图案填充"命令或点击工具栏上的"图案填充"按钮或者在不关闭功能区时，等命令行出现：拾取内部点或 [选择对象(S)/放弃(U)/设置(T)]：T↙，系统都将弹出如图 2.63 所示的"图案填充和渐变色"对话框。

图 2.63　"图案填充和渐变色"对话框

注意与技巧

目前网络上有很多的填充图案资源可供下载，将这些"*Pat"格式填充图案文件复制到 AutoCAD 的安装目录下的 Suppotr 文件夹中，在"填充图案选项板"对话框的"自定义"选项卡中即可看到这些填充图案。

例题 2.16　给例题 2.15 所绘制的墙体平面图地板砖铺装（图 2.64），铺装要求为：（1）A、B、C 区地板砖的尺寸为 600mm×600mm，D、E 区域地板砖的尺寸为 250mm×300mm。

填充步骤：

（1）在"草图注释"工作空间下，单击功能区默认选项卡"绘图"面板中单击"图案填充"按钮。状态栏命令

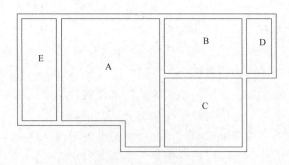

图 2.64　图案填充区域

行出现：

命令：_Hatch
拾取内部点或 [选择对象(S)/放弃(U)/设置(T)]：T↙

（2）回车之后系统将弹出如图 2.63 所示的"图案填充和渐变色"对话框。在该对话框"类型和图案"选项组中点击"类型"选项下拉框，选择"用户定义"。勾选"双向"复选框，在"间距"框中输入"600"，设置完毕（图 2.65）。

（3）在"边界"选项组中点击"添加：拾取点(K)"选项，移动鼠标，用左键分别点击 A、B、C 区域，然后按【Enter】键，自动完成 600×600 地板砖铺装。

（4）在"图案填充和渐变色"对话框中，不勾选"双向"复选框，在"间距"框中输入"250"，其他保持默认。设置完毕后，在"边界"选项组中点击"添加：拾取点(K)"选项，移动鼠标，用左键分别点击 D、E 区域，点击完成后按【Enter】键，完成"250"间距单向线填充。

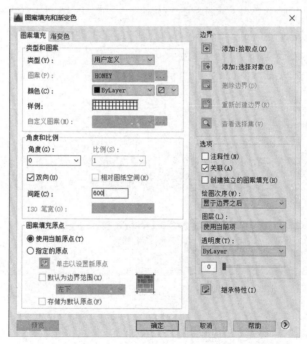

图 2.65　"图案填充和渐变色"对话框—设置间距

（5）用操作步骤（4）中同样的设置方法在"间距"框中输入"300"。在"角度和比例"选项中"角度"文本框中输入"90"，设置完毕后利用操作步骤（4）同样操作步骤，完成"300"间距单向线填充。最后填充结果如图 2.66 所示。

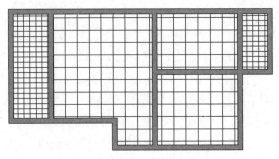

图 2.66　填充结果

2.7.2　渐变色的填充

在 AutoCAD 2016 中，除了可对图形进行图案填充，也可以对图形进行渐变色填充。渐变色填充可显示为明（一种与白色混合的颜色）、暗（一种与黑色混合的颜色）或两种颜色之间的平滑过渡。执行"渐变色填充"的方法主要有以下几种。

- 菜单栏：选择"绘图"｜"渐变色"命令。
- 功能区：草图与注释空间下，功能区默认选项卡"绘图"面板中单击"渐变色"按钮。
- 命令行：Gd✓ 或 Gradien✓。

执行"渐变色"的上述操作之后，系统将弹出如图 2.67 所示的"渐变色"上下文选项卡。该选项卡中有与"图案填充"类似的面板选项，可以根据需要设置渐变色颜色类型、填充样式以及方向，以获得绚丽多彩的渐变色填充效果。其他操作与"图案填充"命令类似，不再重复说明。

图 2.67　"渐变色"功能面板

例题 2.17　用"渐变色"填充功能，给图 2.68 所示的叶片填充绿色。

操作步骤：

（1）在"草图注释"工作空间下，单击功能区默认选项卡"绘图"面板中"渐变色"按钮。

图 2.68　叶片　　　图 2.69　叶片填充结果

（2）执行"渐变色"命令操作之后，系统弹出如图 2.69 所示的"渐变色"上下文选项卡。在"特性"面板中"渐变色 1"选择"绿色"，"渐变色 2"选择"19.155.72"，如图 2.70 所示。

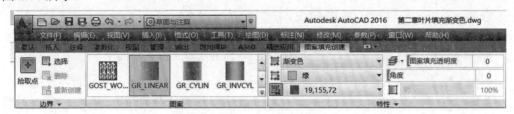

图 2.70　选择"渐变色"颜色

（3）在"渐变色"上下文选项卡中（图 2.70），选择"边界"面板，点击"拾取点"选项按钮，依次单击"叶片"中需要填充的区域，单击完毕，右键回车，完成叶片"渐变色"图案填充，填充结果如图 2.69 所示。

2.7.3　创建无边界图案填充

在 AutoCAD 2016 中，还可以创建无边界图案填充。下面以一个例子介绍如何创建无边界图案填充。

例题 2.18　利用无边界图案填充功能，填充图 2.71（a），填充后如图 2.71（b）所示。

（a）　　　　　　　　　　　（b）

图 2.71　无边界图案填充

操作步骤：

命令行中输入：-H↙

当前填充图案：ANSI31

指定内部点或 [特性(P)/选择对象(S)/绘图边界(W)/删除边界(B)/高级(A)/绘图次序(DR)/原点(O)/注释性(AN)/图案填充颜色(CO)/图层(LA)/透明度(T)]：W

是否保留多段线边界？[是(Y)/否(N)]<N>：↙

指定起点：按【F3】弹出对象捕捉界面，选择里面需要用的对象捕捉类型或全选。

正在恢复执行 -Hatch 命令。

指定起点：指定最下面要填充区域边界的起点（任意点击直线的一个端点），连续指定要填充区域边界上的点

指定下一个点或 [圆弧(A)/长度(L)/放弃(U)]：点击第二个点

指定下一个点或 [圆弧(A)/闭合(C)/长度(L)/放弃(U)]：点击第三个点

指定下一个点或 [圆弧(A)/闭合(C)/长度(L)/放弃(U)]：点击第四个点

指定下一个点或 [圆弧(A)/闭合(C)/长度(L)/放弃(U)]：c✓（指定结束输入 c 闭合）

指定新边界的起点或 <接受>：✓（接受之后，系统会继续弹出开始显示的各项参数，用户可以设置填充的特性、原点等各项参数）

当前填充图案：ANSI31

指定内部点或 [特性(P)/选择对象(S)/绘图边界(W)/删除边界(B)/高级(A)/绘图次序(DR)/原点(O)/注释性(AN)/图案填充颜色(CO)/图层(LA)/透明度(T)]：✓

完成最下面要填充区域。同样步骤完成上面要填充区域（需要修改已填充的 ANSI31 图案为 AR-CONC 图案）。

注意与技巧

> 图案填充后，如果用户要修改已经填充图案，打开特性面板（【Ctrl】+【1】键）可以快速调整相关参数。

本章练习题

一、选择题

1. 正交模式开关快捷键是（ ）。

A.【F6】   B.【F7】   C.【F8】   D.【F9】

2. 以下对象捕捉命令优先级最高的是（ ）。

A. 端点   B. 中点   C. 交点   D. 圆心

3. 移动圆对象，使其圆心移动到直线中点，需要应用（ ）。

A. 正交   B. 捕捉   C. 栅格   D. 对象捕捉

4. 在 AutoCAD 中圆弧快捷键是（ ）。

A. Tr   B. A   C. Rec   D. Pl

5. 在绘制多线时，如果要连接最外层元素的端点，应选择（ ）封口模式。

A. 外弧   B. 内弧   C. 直线   D. 线段

6. 在多边形工具中，多边形的边数最多可有（ ）条边。

A. 1024　　　　　　B. 17　　　　　　C. 30　　　　　　D. 无数

7. 用 Line 命令画出一个矩形，该矩形中有（　）图元实体。

A. 1 个　　　　　　B. 4 个　　　　　C. 不一定　　　　D. 5 个

8. CIRCLE 命令中的 3P 选项可以以（　）方式画圆。

A. 端点、端点、直径　　　　　　　　B. 端点、端点、半径

C. 切点、切点、切点　　　　　　　　D. 切点、切点、半径

9. 打开"对象捕捉"的快捷键是（　）。

A.【F3】　　　　　　B.【F5】　　　　　C.【F8】　　　　　D.【F2】

10. 打开"极轴追踪"的快捷键是（　）。

A.【F3】　　　　　　B.【F5】　　　　　C.【F8】　　　　　D.【F2】

11. 打开"对象捕捉追踪"的快捷键是（　）。

A.【F3】　　　　　　B.【F5】　　　　　C.【F8】　　　　　D.【F11】

12. 下面的哪个命令可以绘制角平分线（　）。

A. L　　　　　　　　B. Xl　　　　　　C. Pl　　　　　　D. Ml

二、上机练习题

1. 利用本章所学命令，绘制花钵示意图。

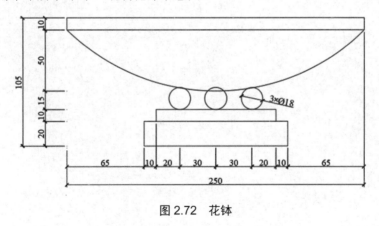

图 2.72　花钵

2. 利用本章所学命令，绘制排水沟和挡土墙断面图。

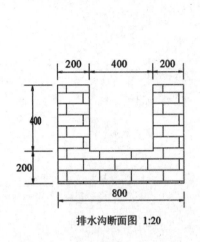
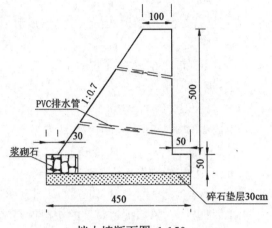

排水沟断面图 1:20　　　　挡土墙断面图 1:150

图 2.73　排水沟和挡土墙

3. 利用本章所学命令，绘制下面的四个练习图形。

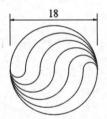
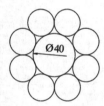

图 2.74　练习图形

第 3 章　图形编辑与修改命令

※本章学习目标：
◆ 了解图形编辑与修改命令的重要性。
◆ 熟悉图形编辑与修改命令的使用方法。
◆ 掌握选择对象、删除、复制、镜像、偏移、阵列、移动、缩放、旋转、倒角与倒圆等常用图形编辑与修改命令。

3.1　选择对象

在 AutoCAD 中，编辑图形的过程中，通常离不开选择对象的操作。方法有多种，如通过单击对象单个选择、利用实线矩形窗口或虚线矩形窗口选择、栏选方法和快速选择等。

3.1.1　通过单击对象来选择

通过单击对象来选择是 AutoCAD 绘图中最为常见的一种对象选择方法。该方法可以在执行某命令之前选择对象，也可以先选择某命令再选择对象。如果是在执行某命令之前选择对象，那么所选的对象将以特定加亮线或虚线显示，并显示其夹点，如图 3.1（a）所示。如果先选择某命令且系统提示"选择对象"，置于图形窗口中的鼠标指针会显示为一个小方框，该小方框被称为"拾取框"，使用拾取框区单击所需的对象，则所选的对象以特定加亮线或虚线显示，而没有显示其夹点，如图 3.1（b）所示。

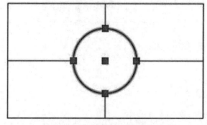
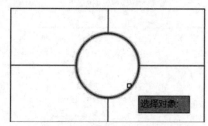

（a）先选择对象再选择命令　　　　　（b）先选择命令再选择对象

图 3.1　单击选择对象示例

要取消选择对象，常用方法是按住【Shift】键并单击对象以将该对象从选择集中移除。当然，按【Esc】键可以取消选择全部选定对象。

3.1.2　窗口选择

窗口选择是确定选择图形对象范围的一种典型选择方法，它是从左上（点 1）到右下（点 2）拖曳鼠标指定一个以实线显示的矩形选择框，以选择完全封闭在该矩形选择框中的所有对象，而位于窗口外以及与窗口边界相交的对象则不会被选中，如图 3.2 所示。

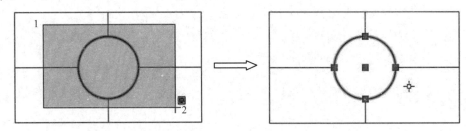

图 3.2　窗口选择示例

3.1.3　交叉窗口选择

该方法与窗口选择类似，也是使用鼠标拖动一个矩形窗口来选择对象，所不同的是鼠标拖动的方向是从右下（点 1）到左上（点 2），拖曳出来的是虚线矩形窗口，与该矩形选择框相交或被完全包含的对象均被选中，如图 3.3 所示。

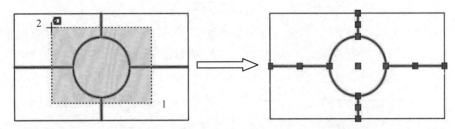

图 3.3　交叉选择示例

3.1.4　选择不规则形状区域中的对象

选择不规则形状区域中的对象分两种情形：一种是使用窗口多边形进行选择（窗口选择）；另一种则是使用交叉多边形进行选择（窗交选择）。

（1）使用窗口多边形（窗口选择）

在"选择对象"的提示下输入"Wp"并按【Enter】键以启用窗口多边形选择模式，接着指定几个点，这些点定义完全包围要选择的对象的区域，按【Enter】键闭合多边形选择区域并完成选择，示例如图 3.4 所示，完全位于窗口多边形里的对象被选中。

（2）使用交叉多边形（窗交选择）

在"选择对象"的提示下输入"Cp"并按【Enter】键以启用交叉多边形选择模式，接着分别指定几个点，这些点定义包围或交叉要选择的对象，按【Enter】键闭合多边形选择区域并完成选择，示例如图 3.5 所示，与交叉多边形相交或被交叉多边形完全包围的对象都被选中。

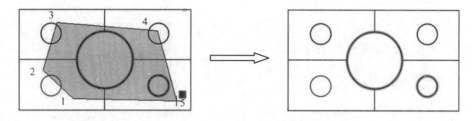

图 3.4　窗口多边形选择示例

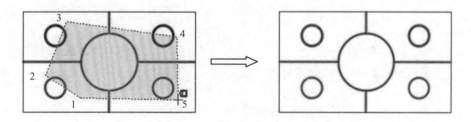

图 3.5　交叉多边形选择示例

3.1.5　栏选

栏选是指使用选择栏选择对象，所谓的选择栏其实是定义的一段或多段直线，它穿过的所有对象均被选中。在"选择对象"提示下，输入"F"并按【Enter】键以启动栏选模式，指定若干个栏选点，创建经过选择对象的选择栏，按【Enter】键完成选择，如图 3.6 所示。

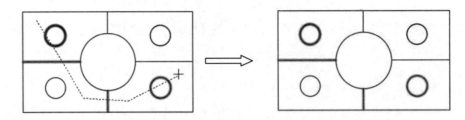

图 3.6　栏选示例

3.1.6　全选

在命令行中输入 ALL 并按【Enter】键或按【Ctrl】+【A】键，将选中图形中的所有对象（被锁定和被冻结的对象除外）。

3.1.7　剔除已选对象

选择多个对象后，按住键盘【Shift】键不放，同时按上述方法选择不需要的一个或多个对象，即可将对象剔除选择集。

3.1.8　快速选择

在 AutoCAD 2016 中选择具有某些共同特性的对象时，可以使用"快速选择"功能（Qselect 命令），此时可以根据对象的颜色、图层、线型、线宽及图案填充等特性和类型来创建选择集，其方法步骤如下：

- 命令行：Qselect ↙。
- "实用工具"面板中单击"快速选择"按钮

系统弹出如图 3.7 所示的"快速选择"对话框。对话框中各选项功能如下：

（1）"应用到"下拉列表：用于确定筛选条件的应用范围。"整个图形"表示在整个图形范围内进行筛选。用户也可以单击右上角的"选择对象"按钮，

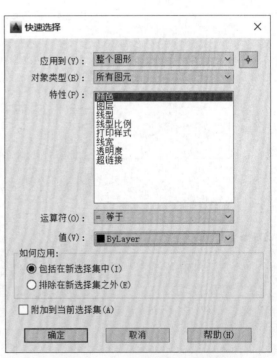

图 3.7　"快速选择"对话框

返回绘图窗口直接选择筛选范围，选择完毕后单击鼠标右键确认，返回对话框。此时，下拉列表自动显示为"当前选择"。

（2）"对象类型"下拉表：用于确定筛选的对象类型。对象类型显示的种类与确定的筛选范围有关。

（3）"特性"选项组：用于确定满足前两个选项条件要求的对象特性。可单击鼠标左键选择相应的特性条件。

（4）"运算符"下拉列表：用于确定"特性"条件的筛选范围。在下拉列表中有多种运算符供用户选择，包括"=等于""<>不等于"">大于""<小于"和"全部选择"。

（5）"值"下拉列表：用于确定满足条件的特性参数值，可以从下拉表中选择，也可输入表中没有的值。

（6）"如何应用"选项组：用于确定满足上述筛选条件的对象是被选中（包括在新选择集中），还是被排除在外（排除在新选择集之外）。

（7）"附加到当前选择集"复选框：用于确定是否将筛选出的对象附加到已选择的对象中去。

单击"确定"按钮，从而根据设定的过滤条件创建选择集。

3.2　删除对象

在 AutoCAD 中，绘图过程中删除对象也是常见的操作，删除对象主要有以下几种方法。

● 菜单栏：选择"修改"→"删除"命令。
● 功能区：草图与注释空间下，功能区默认选项卡中"修改"面板中单击"删除"按钮 ✐ 。
● 工具栏：单击"修改"工具栏中的"删除" ✐ 按钮。
● 命令行：E✓ 或 Erase✓ 。
● 键盘：选择完要删除的对象，按【Delete】键。

删除对象的选择通常要结合上面学习到的选择对象方法，比如单击对象单个选择、利用矩形窗口或交叉窗口选择、栏选方法和快速选择等。通常来说，可以先选择对象再执行"删除"命令，也可以先输入"删除"命令，再选择要删除的对象。

3.3　复制对象

复制对象是将原对象保留，移动原对象的副本图形，复制后的对象将继承原对象的属性。在 AutoCAD 中可单个复制，也可以连续复制，复制对象有以下几种方法。

● 菜单栏：选择"修改"→"复制"命令。

● 功能区：草图与注释空间下，功能区默认选项卡中"修改"面板中单击"复制"按钮 。

● 工具栏：单击"修改"工具栏中的"复制对象" 按钮。

● 命令行：Co✓ 或 Copy✓。

执行"复制对象"命令后，命令行提示如下：

命令：Copy✓

选择对象：指定对角点，找到 2 个（选择需要复制对象，当前已经找到 2 个）

选择对象：可继续选择对象，若已经选完则单击鼠标右键确定。

当前设置：复制模式 = 多个

指定基点或 [位移(D)/模式(O)]<位移>:

各选项含义为

（1）"基点"：确定复制基点，为默认选项。执行默认选项，即指定一点作为复制基点后，命令行会提示：

指定第二个点或 [阵列(A)]<使用第一个点作为位移>:

在此提示下再确定一点，AutoCAD 将所选对象按由两点确定的位移矢量复制到指定位置，而后 AutoCAD 继续提示：

指定第二个点或 [阵列(A)/退出(E)/放弃(U)]<退出>:

如果在这样的提示下再依次确定位移的第二点，AutoCAD 会将所选对象按基点与其他各点确定的各位移矢量关系进行多次复制；如果按"确认"键，结束 Copy 命令。

另外，在复制操作过程中，还可以使用"阵列(A)"选项来指定在线性阵列中排列的副本数量。

（2）"位移(D)"：使用坐标指定相对距离和方向。执行该选项，命令行提示：

指定位移:

在此提示下，输入相应坐标值即可。

（3）"模式(O)"：控制是否自动重复该命令。输入"O"后，命令行提示：

输入复制模式选项 [单个(S)/多个(M)]<多个>:

用户可以根据情况选择"单个"选项或"多个"选项来控制是否创建多个副本。

例题 3.1 利用 Copy 命令，对图 3.8 中坡耕地上林木种植设计图进行复制操作，株距为 6 个单位，结果如图 3.9 所示。

命令：_Copy

选择对象：（选择已有树）找到 1 个

选择对象：↙

当前设置：复制模式 = 多个

指定基点或 [位移(D)/模式(O)]<位移>：拾取已有树木根系端点

指定第二个点或 [阵列(A)]<使用第一个点作为位移>：A↙

输入要进行阵列的项目数：5↙

指定第二个点或 [布满(F)]：@6<18↙

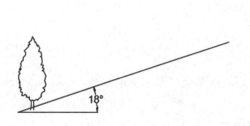

图 3.8　已有图形

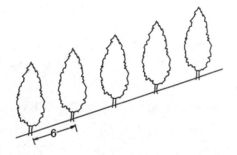

图 3.9　复制结果

注意与技巧

> 复制（Copy）命令的操作只能在当前的图形文件中进行；复制（Ctrl+C）命令配合粘贴（Ctrl+V）命令，则可在图形文件之间或图形文件与 Office 文件之间进行图形对象的复制与粘贴。

3.4　镜像对象

在 AutoCAD 2016 中，"镜像"命令一般用来做对称的图形，就像照镜子一样，可以将对象以镜像线作为对称中心线进行复制，镜像至少要有一个源对象和一个轴。

执行镜像命令有下列 4 种方法：

● 下拉菜单："修改"→"镜像"。

● 功能区：草图与注释空间下，功能区默认选项卡中"修改"面板中单击"矩形阵列" ⚎ 按钮。

● 工具栏：单击"修改"工具栏中的"镜像" ⚎ 按钮。

● 命令行：Mi↙ 或 Mirror↙ 。

执行该命令时，需要选择要镜像的对象，然后依次指定镜像线上的两个端点，命令行将提示"要删除源对象吗? [是(Y)/否(N)]<N>:",如果直接按【Enter】键(或输入 N),则镜像对象,并保留源对象,如图 3.10(b)图所示;如果输入 Y,则在复制源对象的同时删除源对象如图 3.10(c)图所示。

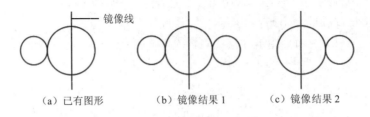

(a)已有图形　　　　(b)镜像结果 1　　　　(c)镜像结果 2

图 3.10　镜像命令

在 AutoCAD 中,使用系统变量 Mirrtext 可以控制文字对象的镜像方向。设置 Mirrtext 的值为 0 时,则文字对象方向不镜像,如图 3.11(a)所示;设置 Mirrtext 的值为 1 时,则文字对象完全镜像,镜像出来的文字变得不可读,如图 3.11(b)所示。

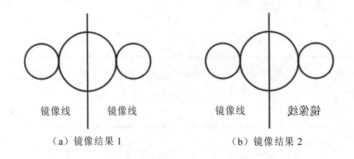

镜像线　　镜像线　　　　镜像线　　镜像线

(a)镜像结果 1　　　　　　　(b)镜像结果 2

图 3.11　使用 Mirrtext 变量控制镜像文字方向

注意与技巧

　　用户可根据需要确定是否绘制镜像线。有时可直接通过指定两点的方式确定镜像线,也可以直接以已有图形上的某条直线作为镜像线。

3.5　阵列对象

AutoCAD 2016 提供了三种阵列工具,分别为矩形阵列、环形阵列和路径阵列。

3.5.1 矩形阵列

矩形阵列是将图形对象复制多个并成矩形分布的阵列。

执行矩形阵列命令有下列 4 种方法：

● 下拉菜单："修改"→"阵列"→"矩形阵列"。

● 功能区：草图与注释空间下，功能区默认选项卡中"修改"面板中单击"矩形阵列"按钮 ▦。

● 工具栏：单击"修改"工具栏中的"矩形阵列"按钮 ▦。

● 命令行：Arrayrect✓。

执行"矩形阵列"命令，并选择阵列对象后，AutoCAD 命令行提示：

选择夹点以编辑阵列或[关联(AS)/基点(B)/计数(COU)/间距(S)/列数(COL)/行数(R)/层数(L)/退出(X)]<退出>：

各选项含义如下：

（1）"选择夹点以编辑阵列"：表示所形成的矩阵中的每个单元都是相互关联的，修改任何一个单元，其他的都跟着变化。

（2）"关联(AS)"：阵列后所有对象是一个整体。可以用阵列编辑进行再次编辑。选择其中任一对象都可以选中整体阵列。不关联：阵列后每个对象是独立的。可以分别删除各对象。

（3）"基点(B)"：图形对象阵列基准点，位置原则上是任意取的，根据绘图需要进行选取。

（4）"计数(COU)"：确定阵列的行数与列数，与后面的"行数(R)"以及"列数（COL）"作用相同。

（5）"间距(S)"：规定每列的列距与每行之间的行距。

（6）"列数(COL)"：设置矩形阵列的列数。

（7）"行数(R)"：设置矩形阵列的行数。

（8）"层数(L)"：表示 Z 轴方向的层数，该选项中还包含每层之间的距离，在 3D 绘图中使用。

在命令行提示的同时 AutoCAD 会调出"使用夹点调整阵列参数"和"阵列创建"选项卡，系统默认是 4 列 3 行矩阵等相关参数，如图 3.12 所示。

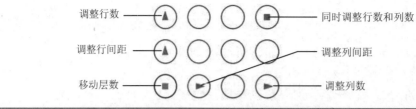

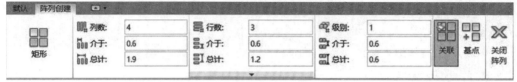

图 3.12　矩形阵列"阵列创建"选项卡

例题 3.2　已有如图 3.13 所示的单株树木平面图，对其进行矩形阵列，进行造林设计配置，结果及相关尺寸如图 3.14 所示。

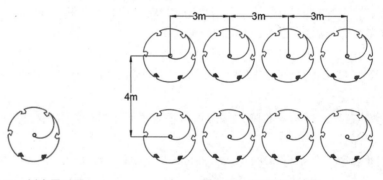

图 3.13　树木平面图　　　　　图 3.14　矩形阵列结果

操作步骤如下：

执行"矩形阵列"命令，命令行提示：

选择阵列对象：选择已有树木平面图↙。

调出"阵列创建"选项卡：在"阵列创建"选项卡中设置如图 3.15 所示的参数，点击"关闭阵列"按钮，完成矩形阵列。

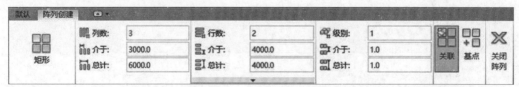

图 3.15　矩形"阵列设置"

3.5.2　环形阵列

环形阵列是指围绕某个中心点或旋转轴复制对象进行排列的阵列，阵列的图形呈环形排列。

执行环形阵列命令有下列 4 种方法：

● 下拉菜单："修改"→"阵列"→"环形阵列"。

● 功能区：草图与注释空间下，功能区默认选项卡中 "修改"面板中单击"环形阵列"按钮。

● 工具栏：单击"修改"工具栏中的"环形阵列"按钮。

● 命令行：Arraypolar✓。

执行"环形阵列"命令后，AutoCAD 命令行提示：

选择对象：找到 1 个

选择对象：✓

类型 = 极轴　关联 = 是：命令提示

指定阵列的中心点或 [基点(B)/旋转轴(A)]：选择阵列中心点

选择夹点以编辑阵列或 [关联(AS)/基点(B)/项目(I)/项目间角度(A)/填充角度(F)/行(ROW)/层(L)/旋转项目(ROT)/退出(X)]<退出>：

选择阵列中心点后，同时调出"矩阵创建"选项卡，默认项目数为 6，行数为 1，如图 3.16 所示。

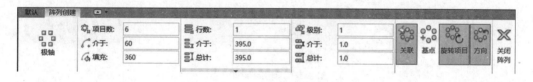

图 3.16　环形阵列"阵列创建"选项卡

各选项含义如下：

（1）"选择夹点以编辑阵列"和"关联"(AS)，同矩形阵列。

（2）"项目(I)"：设置对象阵列后的数目。默认为 6，根据作图的需要进行输入。

（3）"项目间角度(A)"：设置相邻两个单元之间与中心点之间的夹角。

（4）"填充角度(F)"：表示极轴阵列的夹角范围，默认填充角度为 360°，对于填充角度，若输入正值则按逆时针旋转来计算，若输入负值则按顺时针旋转来计算。

（5）"行(ROW)"：设置向外辐射的圈数。行间距则表示圈与圈之间的径向距离，而标量增高表示相邻圈之间在 Z 轴方向的垂直距离。

（6）"**层(L)**"：表示在 Z 轴方向的层数，包括层数与层间距两个参数。

（7）"**旋转项目(ROT)**"：表示对象在旋转过程中是否跟着旋转。默认为"是(Y)"，即对象跟着旋转，否则选"否(N)"。

例题 3.3　已有如图 3.17 所示的图形，对其进行环形阵列，结果如图 3.18 所示。

图 3.17　已有图形　　　　　　　图 3.18　环形阵列结果

操作步骤如下：

执行"环形阵列"命令，命令行提示：

选择阵列对象：选择已有图形↙。

指定阵列的中心点或 [基点(B)/旋转轴(A)]：选择已有图形最下方的端点。

选择阵列中心点后，调出"阵列创建"选项卡：在"阵列创建"选项卡中设置如图 3.19 所示的参数，点击"关闭阵列"按钮，完成环形阵列。如果点击"旋转项目"按钮，其结果如图 3.20 所示。

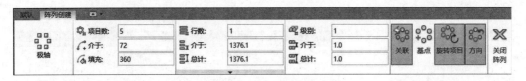

图 3.19　环形阵列设置

图 3.20　环形阵列时不旋转项目

3.5.3　路径阵列

沿某条路径（可能是直线、曲线包括圆、圆弧、多段线、样条线）分布对象。

执行路径阵列命令有下列 4 种方法：
- 下拉菜单："修改"→"阵列"→"路径阵列"。
- 功能区：草图与注释空间下，功能区默认选项卡中"修改"面板中单击"路径阵列"按钮 。
- 工具栏：单击"修改"工具栏中的"路径阵列"按钮 。
- 命令行：Arraypath↙。

执行"环形阵列"命令后，AutoCAD 命令行提示：

选择对象：找到 1 个

选择对象：↙

类型 = 路径　关联 = 是：命令提示

选择路径曲线：↙

选择夹点以编辑阵列或 [关联(AS)/方法(M)/基点(B)/切向(T)/项目(I)/行(R)/层(L)/对齐项目(A)/Z 方向(Z)/退出(X)]<退出>：

选择"路径曲线"后，同时调出"阵列创建"选项卡，行数默认为 1，如图 3.21 所示。

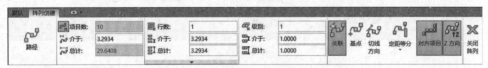

图 3.21　路径阵列"阵列创建"选项卡

各选项含义如下：

（1）"选择夹点以编辑阵列"和"关联(AS)"，同矩形阵列、环形阵列。

（2）"方法(M)"：控制沿路径分布项目，包括定数等分和定距等分。

（3）"基点(B)"：定义阵列的基点，路径阵列中的项目相对于基点放置。其中包括关键点。关键点：对于关联阵列，在源对象上指定有效的约束（或关键点）以与路径对齐。

（4）"切向(T)"：指定阵列中的项目如何相对于路径的起始方向对齐，见图 3.22。

（5）"项目(I)"：设置对象阵列后的项目数和项目之间的距离，根据作图的需要进行输入。

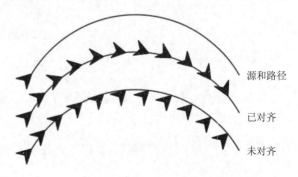

源和路径

已对齐

未对齐

图 3.22　相对于路径的起始方向

（6）"行（R）"：指定阵列中的行数、它们之间的距离以及行之间的增量标高。

（7）"层（L）"：表示在 Z 轴方向的层数，包括层数与层间距两个参数。

（8）"对齐项目(A)"：指定是否对齐每个项目以与路径的方向相切，对齐相对于第一个项目的方向。

（9）"Z 方向(Z)"：控制是否保持项目的原始 Z 方向或沿三维路径自然倾斜项目。

注意与技巧

（1）在矩形阵列中，行距和列距有正负之分，行距为正则向上的阵列，为负则向下的阵列；列距为正则向右阵列，为负则向左阵列。环形阵列中，填充角度为正时，沿逆时针方向复制，为负时则沿顺时针方向复制。

（2）在命令行输入 Arrayclassic↙，可以调出经典阵列对话框，如图 3.23 所示。

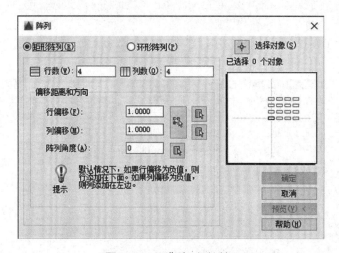

图 3.23　经典阵列对话框

3.6　偏移对象

偏移命令是一种特殊的复制对象的方法，它是根据指定的距离或通过点，建立一个与所选对象平行的形体，从而增加图形的数量。直线、多段线、样条曲线、构造线、射线、圆弧、圆、椭圆、椭圆弧、多边形等都可以进行偏移操作，如图 3.24 所示。

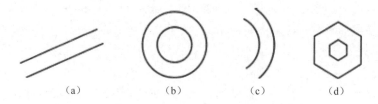

（a）　　　　　　（b）　　　　　　（c）　　　　　　（d）

图 3.24　"偏移"命令的应用

执行偏移命令有下列 3 种方法：

● 下拉菜单："修改"→"偏移"。

● 功能区：草图与注释空间下，功能区默认选项卡中"修改"面板中单击"偏移" 按钮。

● 工具栏：单击"修改"工具栏中的"偏移" 按钮。

● 命令行：O✓ 或 Offset✓。

执行"偏移"命令时，AutoCAD 命令行提示：

当前设置：删除源=否　　图层=源　　OFFSETGAPTYPE=0

指定偏移距离或[通过(T)/删除(E)/图层(L)]：

各选项含义如下：

（1）"指定偏移距离"：为默认选项，输入偏移距离并按【Enter】键，命令行提示如下：

①选择要偏移的对象，或 [退出(E)/放弃(U)]<退出>：拾取框选择要偏移对象。

②指定要偏移的那一侧上的点，或 [退出(E)/多个(M)/放弃(U)]<退出>：在偏移一侧任意位置单击鼠标左键。

③选择要偏移的对象，或 [退出(E)/放弃(U)]<退出>：继续选择偏移对象，或单击确认键退出。

（2）"通过(T)"：该选项可使偏移后的对象通过指定的某点。在命令行输入 T 并按【Enter】键，命令行提示如下：

①选择要偏移的对象，或 [退出(E)/放弃(U)]<退出>：拾取框选择要偏移对象。

②指定通过点或 [退出(E)/多个(M)/放弃(U)]<退出>：点击要通过的点。

③选择要偏移的对象，或 [退出(E)/放弃(U)]<退出>：继续选择偏移对象，或单击确认键退出。

（3）"删除(E)"：在命令行输入 E 并按【Enter】键，命令行提示如下：

要在偏移后删除源对象吗？[是(Y)/否(N)]<否>：输入 Y 或 N 确定是否删除源对象。

（4）"图层(L)"：确定将偏移后得到的对象创建在当前图层还是源对象所在图层。在命令行输入 L 并按【Enter】键，命令行提示如下：

输入偏移对象的图层选项 [当前(C)/源(S)]<源>：输入 C 或 S 后，按【确认】键。

3.7 旋转对象

该命令可将所选对象按指定角度进行旋转。操作时需指定旋转基点和旋转角度等。命令的调用方式如下：

● 下拉菜单："修改"→"旋转"。

● 功能区：草图与注释空间下，功能区默认选项卡中"修改"面板中单击"旋转"⟳ 按钮。

● 修改工具栏：在"修改"工具栏上单击"旋转"命令⟳ 按钮。

● 命令行：Ro✓ 或 Rotate✓。

执行"旋转"命令后，命令行提示如下：

选择对象：拾取框选择要旋转的对象，选择对象完毕则单击右键确认。

指定基点：单击鼠标左键选择基点。

指定旋转角度，或 [复制(C)/参照(R)]<0>

各选项含义如下：

（1）指定旋转角度：输入角度后按"确认"键，图形绕基点沿逆时针旋转该角度值。

（2）复制(C)：以复制形式旋转对象，旋转后保留原图形

（3）参照(R)：执行该选项后，命令行提示：

①指定参照角度：输入参照方向的角度值后按【Enter】键。

②指定新角度或[点(P)]：输入相对于参照方向的新角度，或通过"点(P)"选项确定角度。

执行结果：AutoCAD 旋转对象，且实际旋转角度为"新角度-参照角度"。

注意与技巧

（1）当使用角度旋转时，旋转角度有正负之分，逆时针为正值，顺时针为负值。

（2）使用参照旋转时，当出现最后一个提示"指定新角度："时，可直接输入要旋转的角度，X 轴正向为 0°。

例题 3.4 已知六边形的边 CD 和直线 AB[图 3.25（a）]，要求旋转矩形使 CD 落在直线 AB 上[图 3.25（e）]。

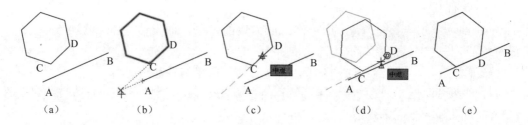

图 3.25　参照选项下的旋转命令操作

操作步骤如下：

命令：Ro✓

UCS 当前的正角方向：ANGDIR=逆时针　ANGBASE=0

选择对象：找到 1 个对象（选择六边形）。

选择对象：选择完毕，单击右键确认。

指定基点：利用对象捕捉追踪和对象捕捉功能，捕捉直线 DC 和 BA 的虚交点，如图 3.25（b）所示。

指定旋转角度，或 [复制(C)/参照(R)]<341>：R✓

指定参照角<42>：指定第二点：[再次捕捉直线 DC 和 BA 的虚交点，作为参考角的第一点，并在直线 CD 上捕捉任意一点，作为参考角的第二点，如图 3.25（c）所示]

指定新角度或 [点（P）]<23>：[移动光标并捕捉直线 CD 上的任意一点，如图 3.26（d）所示；单击鼠标左键确认完成操作，结果如图 3.26（e）所示]

3.8　修剪对象

该命令可方便地将草图以指定边界剪切为所需图形，就像用剪刀剪掉对象的某一部分一样。执行过程中需先选择剪刀口（剪切边），再选择修剪对象。命令的调用方式如下：

● 下拉菜单："修改" → "修剪"。

● 功能区：草图与注释空间下，功能区默认选项卡中"修改"面板中单击"修剪" ✂ 按钮。

● 修改工具栏：在"修改"工具栏上单击"修剪" ✂ 命令图标。

● 命令行：Tr✓ 或 Trim✓ 。

启动命令后，命令行提示如下：

当前设置：投影=UCS，边=无

选择剪切边...

选择对象或<全部选择>：选择作为剪刀口的对象，如果按【Enter】键则选择全部对象。

选择对象：↙（可继续选择对象，若选择完毕则单击右键确认）

选择要修剪的对象，或按住【Shift】键选择要延伸的对象，或[栏选(F)/窗交(C)/投影(P)/边(E)/删除(R)/放弃(U)]：

部分选项含义如下：

（1）选择要修剪的对象：为默认选项。用户可用拾取框或虚线窗口选择被修剪对象，单击鼠标左键后被切对象的拾取部分被剪切。

（2）按住【Shift】键选择要延伸的对象：为延伸模式，即相当于延伸(Extend)命令功能。按住【Shift】键的同时选择（被修剪）对象，对象将延伸到剪切边。

（3）栏选(F)、窗交(C)：这两个选项指分别用栏选或窗口相交的方式进行被修剪对象的选择。

（4）边(E)：输入隐含边延伸模式 [延伸(E)/不延伸(N)]<不延伸>：

（5）删除(R)：删除指定的对象，不参与裁剪。

（6）放弃(U)：取消上一次的操作。

注意与技巧

（1）选择剪刀口（剪切边）时，可以用鼠标点选逐个拾取，也可以用拾取框一次选择多个对象。此外，剪切边可同时作为被剪切对象。

（2）选择剪切边时，直接按【Enter】键将默认所有对象为剪切边和被修剪对象。

例题 3.5　将图 3.26（a）所示的图形修剪为图 3.26（c）所示的图形。

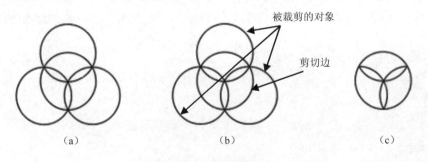

被裁剪的对象

剪切边

（a）　　　　　　　　（b）　　　　　　　　（c）

图 3.26　修剪平面图形

绘图步骤如下：

执行"修剪"命令，命令行提示如下：

命令：Trim↙

当前设置：投影＝UCS，边＝无

选择剪切边...

选择对象或<全部选择>：↙

选择要修剪的对象，或按住【Shift】键选择要延伸的对象，或[栏选(F)/窗交(C)/投影(P)/边(E)/删除(R)/放弃(U)]：依次以鼠标左键单击图 3.26（b）中标出的"被剪切的对象"

执行结果如图 3.26（c）所示。

3.9　延伸对象

延伸对象是指将指定的对象延伸到另一对象（称为边界边）上，如图 3.27 所示。

执行过程中需先选择边界，再选择需延长的对象。其选项含义及具体操作与修剪（Trim）相似。命令的调用方式如下：

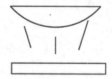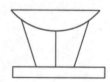

图 3.27　延伸对象示例

● 下拉菜单："修改"→"延伸"。

● 功能区：草图与注释空间下，功能区默认选项卡中"修改"面板中单击"延伸"━╱按钮。

● 修改工具栏：在"修改"工具栏上单击"延伸"━╱命令图标。

● 命令行：Ex↙或 Extend↙。

执行"延伸"命令，命令行提示如下：

命令：Extend↙

当前设置：投影＝UCS，边＝无

选择边界的边...

选择对象或<全部选择>：选择作为边界边的对象。也可以按【Enter】键选择全部对象。

选择对象：↙（可继续选择对象，若选择完毕则单击右键确认）

选择要延伸的对象，或按住【Shift】键选择要修剪的对象，或[栏选(F)/窗交(C)/投影(P)/边(E)/删除(R)/放弃(U)]：

部分选项含义如下：

（1）选择要延伸的对象：为默认选项。用户可用拾取框或虚线窗口选择被延伸对象，单击鼠标左键后延伸至所选边界。

（2）按住【Shift】键选择要修剪的对象：为修剪模式，即相当于修剪（Trim）命令功能。

其他选项的含义同修剪（Trim）命令。

（3）其他选项同修剪。

注意与技巧

> （1）可被延伸的对象包括直线、多段线和圆弧等，离拾取点近的一端将被延伸。
>
> （2）选择延伸边界时，可以用拾取框或虚线窗口方式一次选择多个对象。选择被延伸对象时，与修剪（TRIM）命令一样，应注意与虚线窗口相交的对象将被延伸。
>
> （3）选择延伸边界时，直接按【Enter】键将默认所有对象为延伸边界和被延伸对象。

3.10 拉伸对象

拉伸命令用于将图形对象沿指定方向，按照指定尺寸调整位置和大小，使对象形状发生改变，如图 3.28 所示。

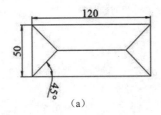 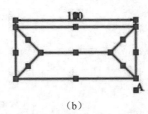 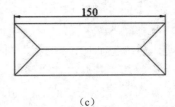

(a)　　　　　　　　(b)　　　　　　　　(c)

图 3.28 拉伸对象示例

命令的调用方式如下：

● 下拉菜单："修改" → "拉伸"。

● 功能区：草图与注释空间下，功能区默认选项卡中"修改"面板中单击"拉伸"按钮 。

● 修改工具栏："修改" → "拉伸" 按钮。

● 命令行：S↙ 或 Stretch↙。

执行"拉伸"命令，命令行提示如下：

命令：Stretch↙

以交叉窗口或交叉多边形选择要拉伸的对象...

选择对象：指定对角点：找到 7 个[选中之后如图 3.28（b）所示]

选择对象：↙（可继续选择对象，若选择完毕则单击回车或单击鼠标右键确认）

指定基点或 [位移(D)]<位移>：选择 A 点

指定第二个点或<使用第一个点作为位移>：30（鼠标水平向右）↙

部分选项含义如下：

（1）选择对象：必须以交叉窗口或交叉多边形方式选择要拉伸的对象。

（2）指定基点或 [位移(D)]：拉伸的方向和尺寸可以通过位移确定，也可以在指定基点后指定第二点，系统将根据从基点到第二点的位移进行拉伸。

（3）指定第二个点或<使用第一个点作为位移>：直接按回车键，则系统将使用基点的坐标作为位移进行拉伸。

3.11 拉长对象

拉长命令用于改变线的长度或弧的角度，适用于开放的直线、圆弧、椭圆弧、多段线等，如图 3.29 所示。

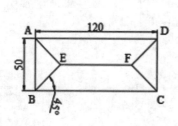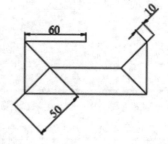

图 3.29 拉长对象示例

命令的调用方式如下：

● 下拉菜单："修改"→"拉长"。

● 功能区：草图与注释空间下，功能区默认选项卡中"修改"面板中单击"拉长"按钮。

● 修改工具栏："修改"→"拉长"按钮。

● 命令行：Lengthen↙。

执行"拉长"命令，命令行提示如下：

命令：Lengthen

选择要测量的对象或 [增量(DE)/百分比(P)/总计(T)/动态(DY)]<总计(T)>：DE↙

输入长度增量或 [角度(A)]<0.0000>：10↙

选择要修改的对象或 [放弃(U)]：选择线段 FD，在靠近 D 点一侧点击鼠标

选择要修改的对象或 [放弃(U)]：↙

命令：Lengthen

选择要测量的对象或 [增量(DE)/百分比(P)/总计(T)/动态(DY)]<增量(DE)>：T↙

指定总长度或 [角度(A)]<1.0000>：50↙

选择要修改的对象或 [放弃(U)]：选择线段 EB，在靠近 B 点一侧点击鼠标

选择要修改的对象或 [放弃(U)]：↙

命令：Lengthen

选择要测量的对象或 [增量(DE)/百分比(P)/总计(T)/动态(DY)]<总计(T)>：P↙

输入长度百分数<100.0000>：50↙

选择要修改的对象或 [放弃(U)]：选择线段 AD，在靠近 D 点一侧点击鼠标

选择要修改的对象或 [放弃(U)]：↙

部分选项含义如下：

（1）增量(DE)：用于指定对象的长度变化，增量为正值则拉长，为负值则剪短。

（2）百分比(P)：用于指定对象拉长之后的总长度与初始长度的百分比。

（3）总计(T)：用于指定对象拉长之后的总长度。

（4）动态(DY)：通过鼠标拖动对象的一个端点来动态改变其长度。

注意与技巧

（1）可被拉长的对象包括直线、圆弧、椭圆弧、多段线等开放线段。

（2）选择对象时离拾取点近的一端将被拉长。

3.12　倒角与圆角

3.12.1　倒角

创建倒角是在两条不平行的直线中绘制出倒角，也可以对射线、构造线和多段线创建倒角，如图 3.30 所示。

命令的调用方式如下：

● 下拉菜单："修改" → "倒角"。

● **功能区**：草图与注释空间下，功能区默认选项卡中"修改"面板中单击"倒角"按钮 。

● **修改工具栏**：在"修改"工具栏上单击"倒角"命令按钮 。

● **命令行**：Cha↙ 或 Chamfer↙。

（a）已有图形　　　　　　（b）创建倒角　　　　　　（c）倒角长度与角度

图 3.30　创建倒角示例

启动命令后，命令行提示如下：

命令：Cha↙

（"修剪"模式）　当前倒角距离 1 = 0.0000，距离 2 = 0.0000

选择第一条直线或 [放弃(U)/多段线(P)/距离(D)/角度(A)/修剪(T)/方式(E)/多个(M)]：

选项含义如下：

（1）（"修剪"模式）：当前倒角距离 1 = 0.0000，距离 2 = 0.0000：创建倒角的模式为修剪模型，倒角距分别为 1 和 2，系统默认均为 0。

（2）选择第一条直线：为默认选项，选择进行倒角的第一条直线。选择某一直线后，AutoCAD 提示：选择第二条直线，或按住【Shift】键选择要应用角点的直线。

（3）多段线(P)：对整条多段线按照设置的倒角距创建倒角。

（4）距离(D)：设置倒角距离。执行该选项，AutoCAD 提示：

指定第一倒角距离：输入第一倒角距离后按【Enter】键。

指定第二倒角距离：输入第二倒角距离后按【Enter】键。

（5）角度(A)：根据倒角长度和角度来设置倒角尺寸，图 3.28（c）所示。执行该选项，AutoCAD 提示：

指定第一条直线的倒角长度：指定第一条直线倒角长度值后按【Enter】键。

指定第一条直线的倒角角度：指定第一条直线的倒角角度值后按【Enter】键。

（6）修剪(T)：设置倒角的修剪模式，即倒角时是否对倒角边进行修剪，如图 3.31 所示。执行该选项，AutoCAD 提示：输入修剪模式选项 [修剪(T)/不修剪(N)]<修剪>：

（a）要倒角的矩形　　　　　（b）倒角后修剪　　　　　（c）倒角后不修剪

图 3.31　创建倒角示例

（7）方式(E)：以何种方式进行倒角。执行该选项，AutoCAD 提示：输入修剪方法 [距离(D)/角度(A)]<距离>：

（8）多个(M)：依次对多条边进行倒角。

注意与技巧

（1）执行倒角命令时，一般应先利用"距离（D）""角度（A）"等选项设置倒角的尺寸。

（2）如果将两个倒角距设置不同的值，选择的第一条直线为第一倒角距、第二条直线为第二倒角距进行倒角。

3.12.2　创建圆角

创建圆角是指在两个对象之间绘制出圆角。该命令可以在直线、构造线、射线、多段线、平行线等上创建圆角，如图 3.32 所示。

（a）已有图形　　　　　　　　　（b）创建圆角图形

图 3.32　创建圆角示例

命令的调用方式如下：
● 下拉菜单："修改"→"圆角"。
● 功能区：草图与注释空间下，功能区默认选项卡中"修改"面板中单击"圆角"按钮 。
● 修改工具栏：在"修改"工具栏上单击"圆角"命令按钮 。

● 命令行：F✓ 或 Fillet✓ 。

启动命令后，命令行提示如下：

命令：F✓

当前设置：模式 = 修剪，半径 = 0.0000

选择第一个对象或 [放弃(U)/多段线(P)/半径(R)/修剪(T)/多个(M)]：

选项部分含义如下：

（1）当前设置：模式 = 修剪，半径 = 0.0000：为系统默认模式，圆角半径为 0。

（2）半径(R)：设置圆角半径。

注意与技巧

（1）执行圆角命令时，一般应先利用"半径（R）"选项设置圆角半径。

（2）如果将圆角半径设置为 0，AutoCAD 将延伸或修剪所操作的两个对象，使它们相交（如果能相交的话）。

3.13　打断与合并对象

3.13.1　打断

打断命令可将原本是一个整体的图线对象分成两段，适用于直线、射线、圆、椭圆、弧、多段线、样条曲线等单独的图线。其中，"打断"命令需要在图线上指定两个打断点，通过剪掉这两点之间的部分将图线断开；"打断于点"命令只需在图线上指定一个打断点，以此点为界将图线断开。

命令的调用方式如下：

● 下拉菜单："修改" → "打断"。

● 功能区：草图与注释空间下，功能区默认选项卡中"修改"面板中单击"打断"按钮。

● 修改工具栏："修改" → "打断"按钮。

● 命令行：Br✓ 或 Break✓ 。

例题 3.6　绘制图 3.33（c）所示的图形。

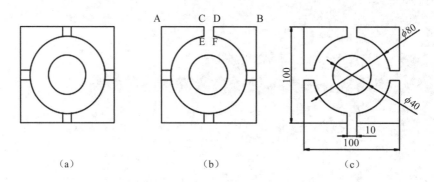

（a）　　　　　　　（b）　　　　　　　（c）

图 3.33　花坛平面图

绘图步骤如下：

（1）使用"直线""圆"等命令，绘制图 3.33（a）图形。

（2）启动"打断"命令，命令行提示如下：

命令：Break

选择对象：选择线段 AB

指定第二个打断点 或 [第一点(F)]：f↙

指定第一个打断点：捕捉 C 点

指定第二个打断点：捕捉 D 点

命令：Break

选择对象：选择大圆

指定第二个打断点 或 [第一点(F)]：f↙

指定第一个打断点：捕捉 F 点

指定第二个打断点：捕捉 E 点

打断结果如图 3.33（b）所示。

重复以上操作，完成图 3.33（c）。

部分选项含义如下：

（1）选择对象：通过点击鼠标选择对象时，系统在选中对象的同时会默认选择点为第一个打断点。

（2）指定第二个打断点或[第一点(F)]：输入 F↙，系统将取消前面默认的第一个打断点，用户可以按照后面的提示重新选择。

注意与技巧

（1）打断命令适用于直线、射线、圆、椭圆、弧、多段线、样条曲线等单独的图线，不能对块进行操作。

（2）打断对象为圆或椭圆时，两个打断点的选择顺序会影响打断结果，系统将按照逆时针方向剪掉第一点到第二点之间的部分。

除打断之外，AutoCAD 还提供了一个"打断于点"的工具，在草图与注释空间下，功能区默认选项卡中"修改"面板中单击"打断于点"按钮■即可使用。它用于在单个点处打断选定的对象，即单击"打断于点"按钮■后，选择对象并指定第一个打断点即可。该命令适合的对象包括直线、开放的多段线和圆弧，不能用于在一点打断闭合对象，例如，圆。

3.13.2　合并

合并命令可将几个图形对象合并，成为一个整体，适用于直线、圆弧、椭圆弧、多段线、样条曲线等。

命令的调用方式如下：

● 下拉菜单："修改"→"合并"。

● 功能区：草图与注释空间下，功能区默认选项卡中"修改"面板中单击"合并"按钮＋＋。

● 修改工具栏："修改"→"合并"按钮＋＋。

● 命令行：J↙或 Join↙。

执行"合并"命令，命令行提示如下：

命令：Join

选择源对象或要一次合并的多个对象：选择要合并的直线、圆弧、椭圆弧、多段线、样条曲线等

选择要合并的对象：↙

3.14　分解对象

在 AutoCAD 中，对于需要单独进行编辑的图形，要先将对象进行分解再进行操作。可以分解的对象有多段线、块、标注、面域、进行阵列后的图形以及组合的图形等。

执行分解命令有下列 4 种方法：

- 下拉菜单："修改"→"分解"。
- 功能区：草图与注释空间下，功能区默认选项卡中"修改"面板中单击"分解"按钮 。
- 修改工具栏：在"修改"工具栏上单击"分解"按钮 。
- 命令行：X✓。

注意与技巧

> 分解对象时，像圆、圆弧和椭圆等图形是无法进行分解操作的。

3.15　缩放对象

缩放命令可将所选对象按指定比例进行放大或缩小。操作时需指定缩放基点和缩放比例，如图 3.34 所示。

命令的调用方式如下：

- 下拉菜单："修改"→"缩放"。
- 功能区：草图与注释空间下，功能区默认选项卡中"修改"面板中单击"缩放"按钮 。
- 修改工具栏："修改"→"缩放"命令按钮 。
- 命令行：Sc✓ 或 Scale✓。

执行"缩放"命令后，命令行提示如下：

命令：Scale

选择对象：（选择矩形）找到 1 个

选择对象：✓

指定基点：选择 A 点

指定比例因子或 [复制(C)/参照(R)]：2✓

缩放结果如图 3.34（b）所示。

命令：Scale

选择对象：（选择矩形）找到 1 个

选择对象：✓

指定基点：选择 B 点

指定比例因子或 [复制(C)/参照(R)]：r✓

指定参照长度<1.0000>：选择 A 点

指定第二点：选择 C 点

指定新的长度或 [点(P)]<1.0000>：60↙

缩放结果如图 3.34（c）所示。

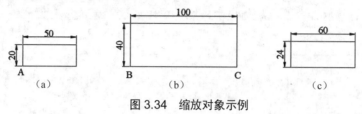

图 3.34　缩放对象示例

各选项含义如下：

（1）指定比例因子：输入比例因子后单击回车键，所选对象将在 X 轴和 Y 轴方向按统一的比例进行放大或缩小。

（2）复制(C)：以复制形式缩放对象，缩放后原图形保留。

（3）参照(R)：执行该选项后，命令行提示：

①指定参照长度：可以鼠标点击两点确定参照长度，也可以直接输入参照长度值。

②指定新的长度或[点(P)]：输入相对于参照长度的新长度，或通过"点(P)"选项确定长度。

注意与技巧

　　使用参照缩放时，系统根据参照长度和新长度自动计算比例因子，然后进行缩放。

3.16　使用夹点编辑对象

在 AutoCAD 中，夹点作为一种集成的编辑模式，为用户提供了一种方便快捷的编辑操作途径。当选择对象后，会在对象上显示蓝色的小方格，有些对象还显示小三角形，这便是夹点。对于不同的对象，用来控制其特征的夹点的位置和数量也不相同，如图 3.35 所示。

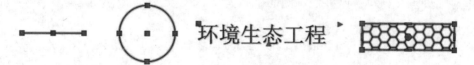

图 3.35　不同对象夹点数量和位置

当光标放在不同对象的不同夹点上时，蓝色方格或小三角形会变成红色方框或红色小三角形，夹点会根据对象特征表示其相应的快捷编辑操作。当鼠标单击夹点时，红色方框或红色小三角形又会高亮显示，此时成为热点，可以对图形进行快速修改。

关于夹点的显示与否以及如何显示，用户可以通过"选项"对话框中的"选择集"去设置，如图 3.36 所示。

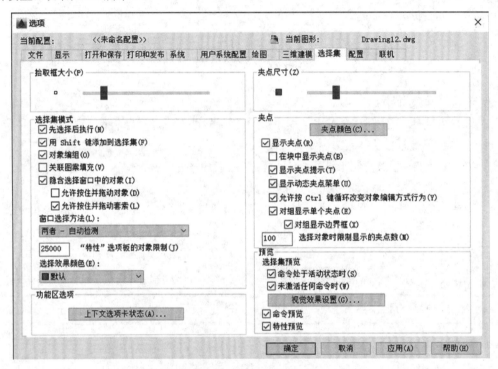

图 3.36　设计夹点选项

使用夹点编辑对象的方法步骤简述如下：

选择要编辑的对象，此时所选对象上显示相应的夹点。执行以下一项或多项操作。

（1）选择夹点，此时默认的夹点模式为"拉伸"，移动所选夹点来拉伸对象。对于某些对象夹点（如块参照夹点、圆的中心夹点等），此操作将移动对象，而不是拉伸对象。

（2）点击某夹点，按【Enter】键或空格键循环到"移动""旋转""缩放"或"镜像"夹点模式。

命令：

** 拉伸 **

指定拉伸点或 [基点(B)/复制(C)/放弃(U)/退出(X)]:

** MOVE **

指定移动点或 [基点(B)/复制(C)/放弃(U)/退出(X)]:

** 旋转 **

指定旋转角度或 [基点(B)/复制(C)/放弃(U)/参照(R)/退出(X)]:

** 比例缩放 **

指定比例因子或 [基点(B)/复制(C)/放弃(U)/参照(R)/退出(X)]:

** 镜像 **

指定第二点或 [基点(B)/复制(C)/放弃(U)/退出(X)]:

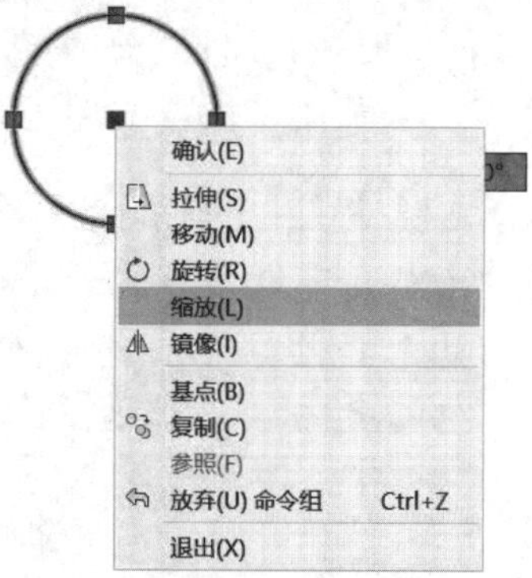

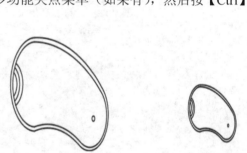

图 3.37　夹点快捷操作

（3）在选定夹点上点击鼠标右键以查看快捷菜单，该快捷菜单提供所有可用的夹点模式和其他选项，如图 3.37 所示。

（4）将光标悬停在夹点上以参看和访问多功能夹点菜单（如果有），然后按【Ctrl】键循环浏览可用的选项。

例题 3.7　利用夹点编辑功能，把图 3.38 中的（a）图游泳池缩放为原来的 1/2 为（b）图。

操作步骤如下：

（1）单击游泳池图块（a），接着选择游泳池图块上一个夹点作为基准点；

（2）按空格键或【Enter】键遍历浏览夹点模式，直到显示夹点模式为"比例缩放"。

（a）原图　　　　　　（b）缩放后图形

图 3.38　缩放图形示例

** 比例缩放 **

指定比例因子或 [基点(B)/复制(C)/放弃(U)/参照(R)/退出(X)]:

（3）指定比例因子或 [基点(B)/复制(C)/放弃(U)/参照(R)/退出(X)]: 0.5↙。

（4）按回车键后，游泳池缩小为原来的 1/2。

3.17　利用特性窗口与特性匹配编辑图形

3.17.1　利用特性窗口

对象特性控制着对象的外观和行为，在 AutoCAD 中可以通过特性窗口，快捷修改图形对象的特性和参数。

执行特性窗口命令有下列 5 种方法：

● 下拉菜单："修改"→"特性"。

● 快速访问工具栏：单击 特性按钮（此按钮需要用户手动添加到"快速访问"工具栏。

● 工具："选项版"→"特性"。

● 命令行：Pro✓ 或 Properties✓。

● 快捷键：【CTRL】+【1】。

执行特性命令后，AutoCAD 弹出特性窗口，如图 3.39 所示。

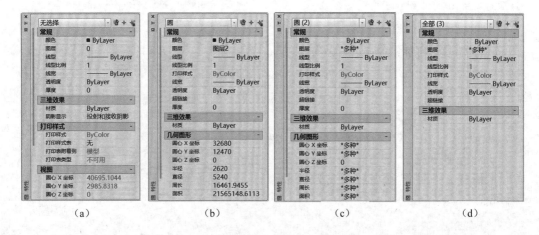

图 3.39　特性窗口

打开特性窗口后，如果没有选中图形对象，在特性窗口内会显示出当前的主要绘图环境设置[图 3.39（a）]；如果选择了单一对象，在特性窗口内会列出该对象的全部特性及当前设置[图 3.39（b）]；如果选择了同一类型的多个对象，在特性窗口内会列出这些对象的公共特性及当前设置[图 3.39（c）]；如果选择的是不同类型的多个对象，在特性窗口内会列出这些对象的基本特性以及它们的当前设置[图 3.39（d）]。可以通过特性窗口直接修改相关特性，即对图形进行编辑。

另外，双击某一图形对象，AutoCAD 一般会自动弹出特性窗口，并在窗口中显示该对象的特性，供用户修改。

3.17.2　特性匹配窗口

AutoCAD 还提供了一个与对象特性相关的实用工具，即"特性匹配"，又称为"格式刷"，它用于将所选对象的特性（源对象）应用于其他对象（目标对象）。可以应用的特性匹配类型包括颜色、图层、线型、线型比例、线宽、打印样式、透明度和其他指定的特性。

执行特性匹配命令有下列 3 种方法：

● 下拉菜单："修改"→"特性匹配"。

● 快速访问工具栏：单击 特性匹配按钮（此按钮需要用户手动添加到"快速访问"工具栏。

● 命令行：Ma✓ 或 Matchprop✓。

执行特性命令后，AutoCAD 提示如下：

命令：Ma✓

选择源对象：选择所需特性一个源对象。

当前活动设置：颜色、图层、线型、线型比例、线宽、透明度、厚度、打印样式、标注、文字、图案填充、多段线、视口、表格材质、阴影显示、多重引线。

选择目标对象或 [设置(S)]：指定要将源对象的特性复制到其他对象。

也可以在"选择目标对象或 [设置(S)]"提示下输入"设置(S)"，系统弹出特性设置对话框，如图 3.40 所示。从中控制要将哪些对象复制到目标对象上。默认情况下，AutoCAD 选择所有对象特性进行复制。

图 3.40　"特性设置"对话框

本章练习题

一、单选题

1. 下列关于交叉窗口选择所产生选择集的描述正确的是（　　）。

A. 仅为窗口内部的对象

B. 仅为与窗口相交的对象（不包括窗口的内部的对象）

C. 同时与窗口四边相交的对象加上窗口内部的对象

D. 与窗口相交的对象加上窗口内的对象

2. 在 AutoCAD 中一组同心圆可由一个已画好的圆用（　　）命令来实现。

A. 拉伸 Stretch 　　　　B. 移动 Move 　　　　C. 拉伸 Extend 　　　　D. 偏移 Offset

3. 在执行 FILLET 命令时，先应设置（　　）。

A. 圆弧半径 R 　　　　B. 距离 D 　　　　C. 角度值 　　　　D. 内部块 Block

4. 在 AutoCAD 中用拉伸（Stretch）命令编辑图形对象时，应采用的选择方式为（　　）。

A. 点选 　　　　B. 窗选 W 　　　　C. 压窗选 C 　　　　D. 全选 All

5. AutoCAD 中的 Copy 命令（　　）。

A. 只能在同一文件中复制

B. 可以在不同文件之间复制

C. 既可以在同一文件中复制，也可以在不同文件之间复制

D. 只能将对象以块的形式进行复制

二、多选题

1. 在 AutoCAD 中用阵列命令"Ar"阵列对象时有以下阵列类型（　　）。

A. 路径阵列 　　　　B. 矩形阵列 　　　　C. 正多边形阵列 　　　　D. 环形阵列

2. 在 AutoCAD 中用旋转命令"Rotate"旋转对象时，基点的位置（　　）。

A. 根据需要任意选择 　　　　　　B. 一般取在对象特殊点上

C. 可以取在对象中心 　　　　　　D. 不能选在对象之外

3. 用镜像命令"Mirror"镜像对象时（　　）。

A. 必须创建镜像线

B. 可以镜像文字，但镜像后文字不可读

C. 镜像后可选择是否删除源对象

D. 用系统变量"Mirrtext"控制文字是否可读

三、上机练习题

1. 用路径阵列、分解、延伸、删除等命令绘制土基符号。

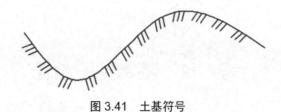

图 3.41　土基符号

2. 用倒角、镜像、阵列等命令绘制生物浮床。

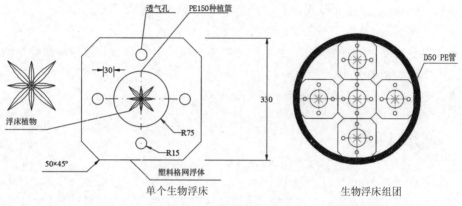

图 3.42　生物浮床及组团

3. 利用偏移、圆角、镜像、复制、移动等命令绘制复合垂直流人工湿地下行池布水管路图。

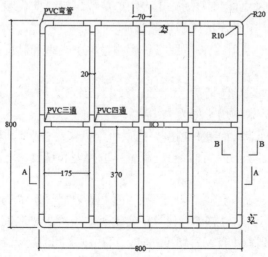

图 3.43　复合垂直流人工湿地下行池布水管路

第 4 章　基本绘图设置

※**本章学习目标：**

◆　了解 AutoCAD 中绘图单位、图形界限、系统变量设置。

◆　了解 AutoCAD 中图层概念与特点。

◆　熟悉图层特性管理器、"图层"管理工具栏、图层状态管理等对话框中相关选项的功能与作用。

◆　掌握创建图层、删除图层、图层重命令、图层特性设置等内容。

4.1　设置绘图单位

一般情况下，AutoCAD 使用的图形单位是十进制单位，有毫米、厘米、英尺、英寸等多种，可供不同行业的绘图需要。用户可在绘图图形前，设置绘图单位类型和数据精度。命令的执行方式有以下 2 种：

● 下拉菜单："格式"→"单位"。

● 命令行：Un✓ 或 Units✓ 。

启动命令后，AutoCAD 将自动弹出"图形单位"对话框（图 4.1），该对话框包含了一些下拉列表框和 4 个命令按钮。其各选项含义如下。

（1）"长度"选项组：用于设置图形长度测量单位类型和精度。设置效果见"输出样例"区域。

① "类型"下拉列表：包括"建筑""小数""工程""分数"和"科学"5 种格式类型。环境生态工程设计中常用类型为"小数"。

② "精度"下拉列表：有 9 种精度格式，可根据实际情况选取。

（2）角度选项组：用于设置图形角度测量单位类型和精度。设置效果见"输出样例"区域。

① "类型"下拉列表：包括"百分度""度分秒""弧度""勘测单位"和"十进制度数"5 种格式类型。环境生态工程设计中常用类型为"十进制度数"。

② "精度"下拉列表：有 9 种精度格式，可根据实际情况选取。

③ "顺时针"复选框：用来控制角度增角量的正负方向。默认值为不勾选"顺时针"

复选框，即以逆时针方向为正。环境生态工程设计中一般不勾选，即取默认值。

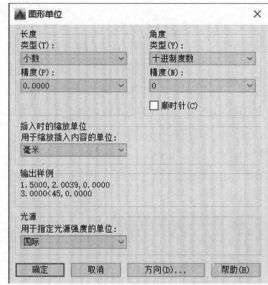

图 4.1　"图形单位"对话框　　　　　图 4.2　"方向控制"对话框

（3）插入时的缩放单位选项组：控制插入到当前图形中的块和图形的测量单位，如果块或图形创建时使用的单位与该选项指定的单位不同，则在插入这些块或图形时，将对其按比例缩放，所谓的插入比例是源块或图形使用的单位与目标图形使用的单位之比。如果插入块时不按指定单位缩放，那么从该选项组的"用于缩放插入内容的单位"下拉列表框中选择"无单位"选项。当源块或目标图形中的"用于缩放插入内容的单位"设定为"无单位"时，将使用"选项"对话框的"用户系统配置"选项卡中的"源内容单位"和"目标图形单位"设置。

（4）光源选项组：控制当前图形中光度控制光源的强度测量单位。一般设置为"国际"。为创建和使用光度控制光源，必须从选项列表中指定非"常规"的单位。如果"插入比例"设定为"无单位"，则将显示警告信息，通知用户渲染输出可能不正确。

（5）"方向"按钮：单击该按钮，系统弹出"方向控制"对话框，如图 4.2 所示，可以在该对话框中进行方向控制设置。

该对话框用于确定 0°角度的方向位置。默认方向为东（0°），因默认的角度增加方向是逆时针，故北方向为 90°、西方向为 180°、南方向为 270°。环境生态工程中一般取默认值东方向。

4.2　设置图形界限

利用图形界限功能可设置绘制图形时的绘图范围，与手工绘图时选择的图纸的大小相似。这是一个从老版本继承下来的命令，在早期版本中绘图流程是这样的：首先要知道所画图纸图幅是 A4 或 A3 的图纸，再根据图幅设置一个图纸界限（也就是图纸的左下角和右上角），栅格点只显示在图纸界限内，只能在这个图纸界限内绘图，在图纸极限外是无法定位点的，此外，通过图纸界限还可以控制缩放、打印等。

进入 Windows 时代以后，用户较少使用图形界限（Limits），虽然在 AutoCAD 里保留了这个命令，如"格式"菜单，在"打印"还可以按"图形界限"来设置打印范围，但 AutoCAD 的帮助中对于图形极限的描述也很有限。

该命令执行方式：
● 格式：图形界限
● 命令行：Limits✓。
命令输入后提示以下操作：
重新设置模型空间界限：
指定左下角点或 [开(On)/关(Off)]<0.0000，0.0000>：✓
指定右上角点<420.0000，297.0000>：✓
说明：
（1）指定左下角点和右上角点
默认方式，指定图纸的左下角和右上角的坐标值。
（2）开(On)
输入 On✓，便打开图形界限检查功能。此时如果输入的图形点必须在界限以内，超出图形界限的点将被拒绝接受，当拒绝时会有"超出图形界限"的提示。
（3）关(Off)
关闭图形界限检查，是 AutoCAD 的默认方式。

4.3　系统变量设置

所谓系统变量就是一些参数，这些参数有些是可以在"选项"或其他对话框中进行设置的，有些必须通过在命令行输入变量名进行设置。AutoCAD 提供有众多的系统变量，且每个系统变量有对应的数据类型，如整数型、实数型、点、开关或文本字符串等，各系统变量还有默认值。

用户可以根据需要浏览、更改系统变量的值（有些系统变量为只读变量，不允许更改）。浏览、更改系统变量的值的方法通常是：在命令行的"命令："提示后输入系统变量的名称，然后按【Enter】键或空格键，AutoCAD 会显示出系统变量的当前值，用户只需要输入新值（如果允许更改）即可。利用 AutoCAD 的帮助功能，可以浏览它提供的全部系统变量及值。

　　例如，系统变量 Savetime 用于控制系统自动保存 AutoCAD 图形的时间间隔，其默认值为 10（单位：分钟）。如果在"命令："提示下输入 Savetime 后按【Enter】键或空格键，AutoCAD 提示：

输入 Savetime 的新值<10>：

　　提示中，位于尖括号中的 10 表示系统变量的当前默认值。如果直接按【Enter】键或空格键，变量值保持不变；如果输入新值后按【Enter】键或空格键，则会对系统变量设置新值。

　　例如，Mirrtext 控制 Mirror 命令影响镜像时文字的显示方式。0 保持文字方向，1 镜像显示文字。

　　例如，Fill 或 Fillmode 指定图案填充（包括实体填充和渐变填充）、二维实体和宽多段线是否被填充。如果填充不显示，可输入此命令，将数值设置为 1。

　　例如，Viewres 圆或弧的显示圆滑度，控制圆或弧显示成多边形的段数（可在"选项"对话框中设置）。

4.4　图层

AutoCAD 中的每个图层就像一张透明的图纸，若干个图层重叠在一起就像若干张透明图纸叠放在一起，用户可在不同的图层上绘制、编辑、组织所需的图形对象，通常将类型或相似的对象绘制在同一图层中，而将类型不同的对象分别绘制在其他图层上。

4.4.1　图层的特点

AutoCAD 中的图层具有以下特点：

　　（1）用户可以在一幅图中指定任意数量的图层。AutoCAD 对图层的数量没有限制，对每一图层上的对象数量也没有限制。

　　（2）每一图层有一个名称。当开始绘一幅新图时，AutoCAD 自动创建名为"0"的图层，这是 AutoCAD 的默认图层，其余图层需用户来定义。

　　（3）图层有颜色、线型以及线宽等特性。一般情况下，同一图层上的对象具有相同的颜色、线型和线宽，这样便于管理图形对象、提高绘图效率。

（4）虽然 AutoCAD 允许用户建立多个图层，但只能在当前图层上绘图。因此，如果要在某一图层上绘图，必须将该图层置为当前层。

（5）各图层具有相同的坐标系、图形界限、显示缩放倍数。用户可以对位于不同图层上的对象同时进行编辑操作（如移动、复制等）。

（6）用户可以对各图层进行打开、关闭、冻结、解冻、锁定与解锁等操作，以决定各图层的可见性与可操作性。

4.4.2 管理图层和图层特性

命令的执行方式有以下 3 种：

● 下拉菜单："格式"→"图层"。

● 功能区：草图与注释空间下，功能区默认选项卡的"图层"面板中单击"图层特性"按钮。

● 工具栏：单击"图层"工具栏中的"图层特性"按钮。

● 命令行：La✓ 或 Layer✓。

执行 Layer 命令，AutoCAD 弹出"图层特性管理器"对话框，如图 4.3 所示。

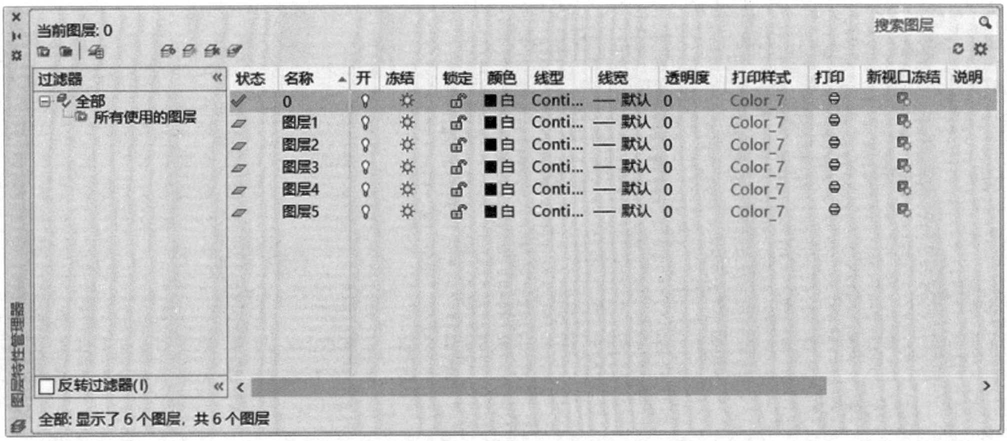

图 4.3 "图层特性管理器"对话框

该对话框中有"过滤器列表"和"图层列表"以及多个工具按钮等，下面介绍对话框中主要项的功能。

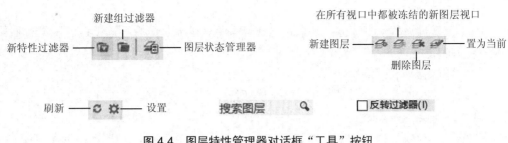

图 4.4　图层特性管理器对话框"工具"按钮

（1）图层特性管理器对话框"工具"按钮

①"新特性过滤器"按钮：单击此按钮，显示"图层过滤器特性"对话框，从中可以创建图层过滤器。图层过滤器将图层特性管理器中列出的图层限制为具有指定设置和特性的图层。例如，可以将图层列表限制为仅已打开和解冻的图层。

②"新建组过滤器"按钮：单击此按钮，创建图层过滤器，其中仅包含拖动到该过滤器的图层。

③"图层状态管理器"按钮：单击此按钮，显示图层状态管理器，从中可以保存、恢复和管理图层设置集（即图层状态集）。

④"新建图层"按钮：创建新图层，新图层将继承图层列表中当前选定图层的特性。

⑤"在所有视口中都被冻结的新图层视口"按钮：创建新图层，然后在所有现有布局视口中将其冻结。

⑥"删除图层"：删除选定图层。无法删除图层 0、Defpoints、包含对象（包括块定义中的对象）的图层、当前图层、在外部参照中使用的图层。

⑦"置为当前"按钮：将选定图层设定为当前图层，然后在当前图层上自动创建新对象。

⑧"刷新"按钮：刷新图层列表的顺序和图层状态信息。

⑨"设置"按钮：单击此按钮，弹出"图层设置"对话框（图 4.5），从中可以设置各种显示选项。

⑩"搜索图层"框：在框中输入字符时，按

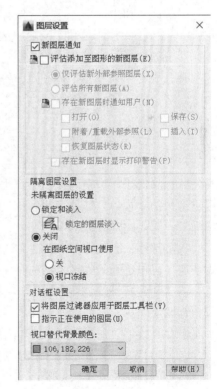

图 4.5　"图层设置"对话框

名称过滤图层列表。

⑪"反转过滤器"复选框：如果勾选此复选框，则显示所有不满足选定图层过滤器中条件的图层。

（2）过滤器列表

显示图形中的图层和过滤器的层次结构列表。单击 >> << 可展开或收拢过滤器列表。当"过滤器"列表处于收拢状态时，可使用位于图层特性管理器左下角的"图层过滤器"按钮（🖉▾）来显示过滤器列表。顶层节点"全部"可显示图形中的所有图层。"所有使用的图层"过滤器是只读过滤器。过滤器始终按字母顺序显示。过滤器列表树状窗口中单击右键，将弹出如图 4.6 所示的树状图快捷菜单，以提供用于树状图中选定项目的命令。

①"可见性"：更改选定过滤器（或"全部"或"所有使用的图层"过滤器，如果选定了相应的过滤器）中图层的可见性。可供选择的"可见性"选项有"开""关""解冻"和"冻结"。

②"锁定"：控制是锁定或解锁选定过滤器中的图层。可供选择的"锁定"选项有"锁定"和"解锁"。锁定时不能修改图层上的任何对象，解锁则可以修改图层上的对象。

③"视口"：在当前布局视口中，控制选定过滤器中图层的"视口冻结"设置。此选项对于模型空间视口不可用。可供选择的"视口"选项有"解冻"和"冻结"。

图 4.6　树状图快捷菜单

④隔离组：冻结所有未包括在选定过滤器中的图层。只有选定过滤器中的图层是可见图层。可供选择的隔离组选项有"所有视口"和"仅活动视口"。

⑤"新建特性过滤器"：选择该命令，则显示"图层过滤器特性"对话框，从中可以根据图层名称设置创建新的图层过滤器。

⑥"新建组过滤器"：创建图层组过滤器，并将其添加到树状图中。

⑦"转换为组过滤器"：将选定图层特性过滤器转换为图层组过滤器。更改图层组过滤器中的图层特性不会影响该过滤器。

⑧"重命名"：编辑选定的图层过滤器名称。

⑨ "删除"：删除选定的图层过滤器。无法删除"全部""所有使用的图层"或"外部参照"图层过滤器。

（3）图层列表

选择显示图层和图层过滤器及其特性和说明。如果在左侧树状图中选定了一个图层过滤器，则在右侧图层列表中将仅显示符合该图层过滤器中的图层。如果选中树状图中的"全部"过滤器，将显示图形中的所有图层和图层过滤器。当选定某个图层特性过滤器并且没有符合其定义的图层时，图层列表视图将为空。图层列表中各标题所对应列的含义如下：

① "状态"：通过图标显示图层的当前状态。当图标为 ✔ 时，该图层为当前层。

② "名称"：显示各图层或过滤器的名称。按【F2】键输入新名称。

③ "开"：打开和关闭选定图层。当图层打开时，它可见并且可以打印。当图层关闭时，它将不可见且不能打印，即使"打印"列中的设置已打开也是如此。图层打开状态时，以亮显的小灯泡 💡 来显示，图层关闭时以灰淡的小灯泡 💡 来显示。

④ "冻结"：冻结选定的图层。如果图层被冻结，该图层上的图形对象不能被显示出来，不能打印输出，而且不参与图形之间的运算。从可见性来说，冻结图层与关闭图层是相同的，但冻结图层上的对象不参与处理过程中的运算，关闭图层上的对象则要参与运算。一般冻结希望长期保持不可见的图层。如果经常切换可见性设置，可使用"开/关"设置，以避免重生成图形。所以在复杂图形中，可以冻结图层来提高性能并减少重生成时间。没有冻结的图层用太阳 ☀ 表示，被冻结的图层用雪花 ❄ 表示。用户不能冻结当前图层，也不能将冻结图层设置为当前图层。

⑤ "锁定"：锁定和解锁选定图层。一旦锁定某个图层无法修改锁定图层上的对象，但并不影响显示。如果锁定的是当前图层，用户仍可在该图层上绘图。图标符号 🔒 表示锁定状态，图标符号 🔓 表示解锁状态。

⑥ "颜色"：用于显示图层的颜色。单击对应的"颜色"图标，弹出显示"选择颜色"对话框，可以在其中指定选定图层的颜色。

⑦ "线型"：用于显示图层的线型。单击对应的线型名称，弹出显示"选择线型"对话框，可以在其中指定选定图层的线型。

⑧ "线宽"：用于显示图层的线宽。单击对应的线宽名称，弹出显示"选择线宽"对话框，可以在其中指定选定图层的线宽。

⑨ "透明度"：设置所有对象在选定图层上的可见性。单击对应的透明度值，弹出"透明度"对话框，可以在其中指定选定图层的透明度。有效值从 0 到 90，值越大，对象越透明。

⑩ "打印样式"：修改与选中图层相关联的打印样式。打印样式与图层颜色相对应。

默认状态下 AutoCAD 使用的是 CTB 文件，就是按颜色对应的打印样式表，打印样式自动按图层和对象颜色使用相应的打印样式，无须设置，也不能调整。

⑪ "打印"：控制是否打印选定图层上的图形。此功能只对可见图层起作用，即对没有冻结且没有关闭的图层起作用。

⑫ "新视口冻结"：在当前布局视口中冻结选定图层。可以在当前视口中冻结或解冻图层，而不影响其他视口中的图层可见性。当在图形区域的左下角选择"布局"选项时，打开的"图层特性管理器"对话框中将会显示"视口冻结列"。

⑬ "视口冻结"（仅在布局选项卡上可用）：仅在当前布局视口中冻结选定的图层。如果图层在图形中已冻结或关闭，则无法在当前布局视口中解冻该图层。

⑭ "说明"：描述图层或图层过滤器。

4.4.3 利用"图层"工具栏管理图层

AutoCAD 还提供了专门管理"图层"工具栏，如图 4.7 和图 4.8 所示。在实际工作中要及时地使用"图层"工具栏的下拉列表框，确保用户所建的对象位于正确的图层上。用户可通过该列表方便地将某图层设为当前层，设置方法是：从列表中单击对应的图层名即可；可以将指定的图层设成打开或关闭、冻结或解冻、锁定或解锁等状态，设置时在下拉列表中单击对应的图标即可，不再需要打开"图层特性管理器"对话框进行设置。此外，还可以利用列表方便地为图形对象更改图层。更改方法为：选中要更改图层的图形对象，在图层控制下拉列表中选择对应的图层项，而后按【Esc】键。

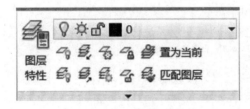

图 4.7　功能区"图层"面板工具栏　　　　图 4.8　"图层"工具栏

功能区"图层"面板工具栏和"图层"工具栏还提供了相应的实用工具按钮。下面介绍部分常用按钮的功能。

（1）功能区"图层"面板工具栏

① "置为当前"按钮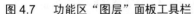：将当前图层设置为选定对象所在图层。可通过选择当前图层上的对象来更改图层。这是图层特性管理器中指定图层名的又一简单方法。

② "匹配图层"按钮：将选定对象的图层更改为与目标图层相匹配。

③ "隔离"按钮：隐藏或锁定除选定对象的图层之外的所有图层。该按钮对应

的命令为 Layiso。

④ "取消隔离" 按钮 ⬚：恢复使用 Layiso 命令隐藏或锁定的所有图层。

⑤ "冻结" 按钮 ⬚：冻结选定对象的图层。

⑥ "关" 按钮 ⬚：关闭选定对象的图层。

⑦ "打开所有图层" 按钮 ⬚：打开图形中的所有图层，即之前关闭的所有图层均被重新打开，在这些图层上创建的对象将变得可见，除非这些图层也被冻结。

⑧ "解冻所有图层" 按钮 ⬚：解冻图形中的所有图层，即之前所有冻结的图层都被解冻，在这些图层上创建的对象将变得可见，除非这些图层也被关闭或已在各个布局视口中被冻结。

⑨ "锁定" 按钮 ⬚：锁定选定对象的图层。

⑩ "解锁" 按钮 ⬚：解锁选定对象的图层。

⑪ "更改为当前图层" 按钮 ⬚：将选定对象的图层特性更改为当前图层。如果发现在错误图层上创建的对象，可以将其快速更改到当前图层上。

⑫ "将对象复制到新图层" 按钮 ⬚：将一个或多个对象复制到其他图层。也就是在指定的图层上创建选定对象的副本，用户还可以为复制的对象指定其他位置。

⑬ "图层漫游" ⬚：显示选定图层上的对象，并隐藏所有其他图层上的对象。

⑭ "视口冻结当前视口以外的所有视口" 按钮 ⬚：冻结除当前视口外的其他所有布局视口中的选定图层。此命令将自动化使用图层特性管理器中的 "视口冻结" 的过程。用户可以在每个要在其他布局视口中冻结的图层上选择一个对象。

⑮ "合并" 按钮 ⬚：将选定图层合并为一个目标图层，从而将以前的图层从图形中删除。可以通过合并图层来减少图形中的图层数，将所合并图层上的对象移动到目标图层，并从图层中清理原始图层。

⑯ "删除" 按钮 ⬚：删除图层上的所有对象并清除图层。

⑰ "锁定的图层淡入" 按钮 ⬚：启用或禁用应用于锁定图层的淡入效果。淡入锁定图层上的对象以将其与未锁定图层上的对象进行对比，并降低图形的视觉复杂程度。锁定图层上的对象仍对参照和对象捕捉可见。

（2）"图层" 工具栏按钮

① "图层特性管理器" 按钮 ⬚：此按钮用于打开 "图层特性管理器" 对话框，以便用户进行相关的操作。

② "将对象的图层置为当前" 按钮 ⬚：此按钮用于将所指定对象所在的图层置为当前层。

单击该按钮，AutoCAD 提示：选择将使其图层成为当前图层的对象：

在该提示下选择对应的图形对象，即可将该对象所在的图层置为当前层。

③ "上一个图层"按钮：此按钮用于返回到上一个图层。

④ "图层状态管理器"按钮：保存、恢复和管理命名的图层状态。

4.4.4　新建图层

系统提供了一个名为 "0" 的默认图层。用户可以根据设计需要新建若干个图层。新建图层的一般步骤简述如下。

（1）打开 "图层特性管理器"。

（2）在 "图层特性管理器" 中单击 "所建图层" 按钮。此时，新建图层的图层名自动添加到图层列表中，如图 4.9 所示。

图 4.9　新建图层

（3）在新建的图层名上可以输入新图层名。

（4）修改该图层的相关特性。单击该图层所在行的相关图层特性单元格（如 "颜色" "线型" "线宽" 等），从而修改这些特性。如果单击 "说明" 列单元格，则可以输入用于说明该图层特性的文字（输入图层说明信息属于可选操作）。

（5）在 "图层特性管理器" 中单击 "关闭" 按钮 ✖，退出 "图层特性管理器" 对话框。

4.4.5　重命名图层

AutoCAD 图形提供的名为 "0" 的图层不能被重新命名，而对于新建的各图层则可以被重命名。通常，要重命名图层，可以按照如下的典型步骤进行操作。

（1）在 "图层特性管理器" 图层列表中选择要重命名的一个图层，单击其名称进入名称编辑状态，或按【F2】键使 "名称" 框处于输入状态。

（2）在该"名称"框中输入新的名称，按【Enter】键。

图层名最多可以包含 255 个字符（双字节或字母数字），并且可以包含字母、数字、空格和几个特殊字符。图层列表默认按字母顺序排序，首先是特殊字符、按值的顺序排列的数字，然后是按字母顺序排列的 Alpha 字符。图层名不能包含的字符有"<""> ""/""\""""""："""；""？""*""｜""="和" "等。

4.4.6　设置图层对象特性

每个图层都可具有关联的特性（如颜色、线型、线宽和透明度），当将其对象特性设置为 ByLayer 而不是特定的值时，该图层上的所有新对象将采用这些图层特性。下面主要介绍图层颜色、图层线型、线宽等特性的设置。

（1）设置图层颜色

设置对象的颜色主要分两种情况，一种是随其图层（ByLayer）设置对象的颜色，另一种则是不依赖其图层而明确指定对象的颜色。随图层指定颜色可以使用户轻松识别图形中的每个图层，而明确指定颜色会使同一图层的对象之间产生其他差别。

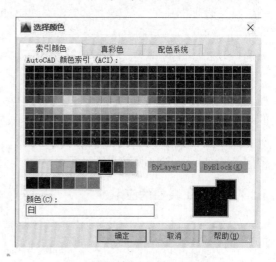

要想修改某图层的颜色可单击图层特性管理器中的"颜色"选项单元格，系统弹出如图 4.10 所示的"选择颜色"对话框。该对话框提供了"索引颜色"选项卡、"真彩色"选项卡和"配色系统"选项卡。用户从中指定所需要的一种颜色，然后单击该对话框的"确定"按钮即可。

图 4.10　"选择颜色"对话框

（2）设置图层线型

通常，需要为每个图层设置专门的线型，以满足在绘图时不同对象组所需的线型，如粗实线、细实线、中心线、虚线、点画线、双点画线等。

如果要改变某一图层的线型，可单击图层特性管理器中的"线型"单元格，系统弹出如图 4.11 所示的"选择线型"对话框。在"选择线型"对话框中显示了已加载的线型，用户从"已加载的线型"列表中选择一个所需要的线型。如果没有所需要的线型，则可以单击"加载"按钮，弹出"加载或重载线型"对话框（图 4.12），从中选择一种所要求的线型，单击"确定"按钮。

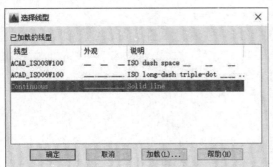
图 4.11　"选择线型"对话框

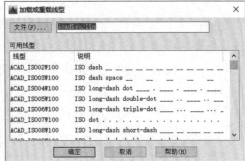
图 4.12　"加载或重载线型"对话框

（3）设置图层线宽

设置图层线宽，选择要修改的一个图层，可单击图层特性管理器中的"线宽"单元格，弹出如图 4.13 所示的"线宽"对话框，从中选择所需要的线宽，例如选择 0.20 mm 的线宽，然后单击"线宽"对话框的"确定"按钮。

我国工程制图标准对不同的绘图线型均有对应的线宽要求（详见 GB/T 50001—2017 房屋建筑制图统一标准），可以按照制图标准或推荐规范，并结合图层的线型，为图层所用图线设置合适的线宽。

图 4.13　"线宽"对话框

4.4.7　特性工具栏的应用

AutoCAD 提供了如图 4.14 所示的"特性"工具栏（工具→工具栏→AutoCAD→特性）和功能区默认选项卡"特性"面板（图 4.15），二者功能一致。利用它们可以快速、方便地设置绘图颜色、线型及线宽。

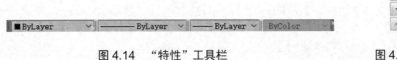
图 4.14　"特性"工具栏

图 4.15　"特性"面板

下面介绍"特性"工具栏上主要项的功能。

（1）"颜色控制"下拉列表框

设置绘图颜色。单击"Bylayer"列表框，AutoCAD 弹出下拉列表，如图 4.16 所示。

用户可通过该列表设置绘图颜色（一般应选择随层）或修改当前图形的颜色。修改图形对象颜色的方法是：首先选择图形，然后通过如图 4.16 所示的颜色控制列表选择对应的颜色即可。

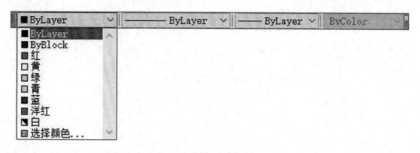

图 4.16　显示颜色控制列表

单击"颜色控制"下拉列表中的"选择颜色"项，AutoCAD 弹出如图 4.16 所示的"选择颜色"对话框，供用户选择颜色用。

（2）"线型控制"下拉列表框

设置绘图线型。单击此列表框，AutoCAD 弹出下拉列表，如图 4.17 所示。可通过该列表设置绘图线型（一般应选择随层）或修改当前图形的线型。修改图形对象线型的方法是：选择对应的图形，然后通过图 4.17 所示的线型控制列表选择对应的线型。

图 4.17　显示线型控制列表

单击"线型控制"下拉列表中的"其他"项，AutoCAD 弹出如图 4.23 所示的"线型管理器"对话框，供用户选择线型用。

（3）"线宽控制"列表框

设置绘图线宽。单击此列表框，AutoCAD 弹出下拉列表，如图 4.18 所示。可通过该列表设置绘图线宽（一般应选择随层）或修改当前图形的线宽。修改图形对象线宽的方法是：选择对应的图形，然后通过图 4.18 所示的线宽控制列表选择对应的线宽。

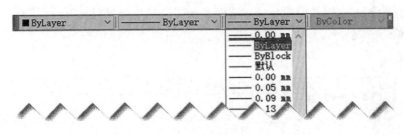

图 4.18   显示线宽控制列表

可以看出，利用"特性"工具栏和"特性"面板，可以方便地设置或修改绘图的颜色、线型与线宽。

注意与技巧

> 通过"特性"工具栏设置具体的绘图颜色、线型或线宽，而不是采用"随层"设置，那么在此之后用 AutoCAD 绘制出的新图形对象的颜色、线型或线宽均会采用新的设置，不再受图层颜色、图层线型或图层线宽的限制，但还是建议用户采用"随层"设置。

例题 4.1   按表 4.1 所示要求建立新图层，并绘制如图 4.19 所示的图形，把不同的图形放在相应的图层上。

表 4.1   图层设置要求

图层名	线型	线宽	颜色
粗实线	Continuous	0.7	白色
细实线	Continuous	0.25	黄色
细点划线	Center	0.25	红色
虚线	Dashed	0.25	蓝色
波浪线	Continuous	0.25	青色
双点划线	Divide	0.25	洋色
文字	Continuous	默认	绿色

操作步骤如下：

（1）创建图层

执行 Layer 命令，在弹出的"图形特性管理器"对话框中，单击 7 次新建图层按钮，创建 7 个新图层，如图 4.20 所示。

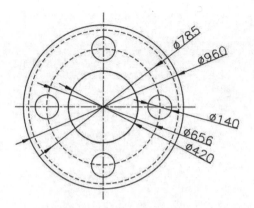

图 4.19　要绘制的图形

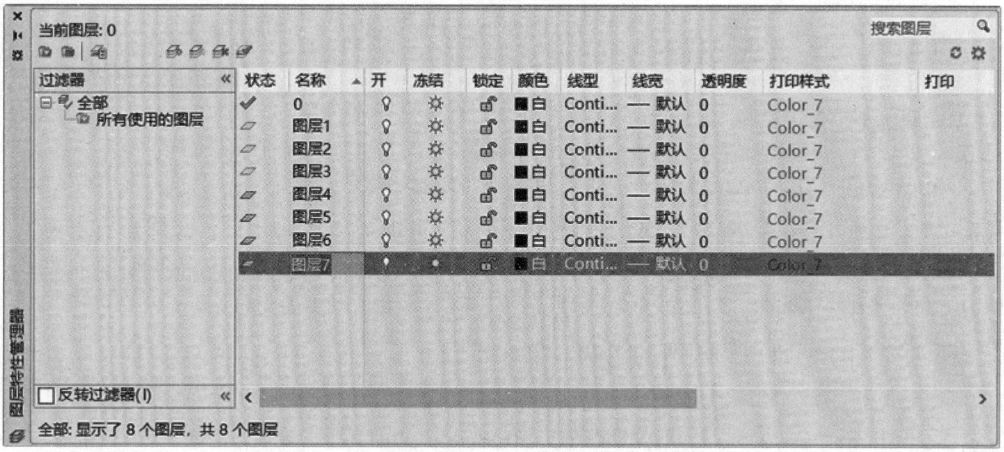

图 4.20　"图形特性管理器"对话框—新建图层

（2）更名、设置颜色、设置线型和线宽

将图 4.20 中的"图层 1"更名为"细点划线"，按照表 4.1 设置颜色、线型和线宽。同理其他图层按照"图层 1"更名、设置颜色、线型和线宽的方法进行设置，结果如图 4.21 所示。

（3）绘制图形

按照图中的尺寸要求绘制图形，并把各圆放到相应的图层上。用细点划线绘制图中中心线；虚线绘制图中虚线圆；粗实线绘制图中实线圆。

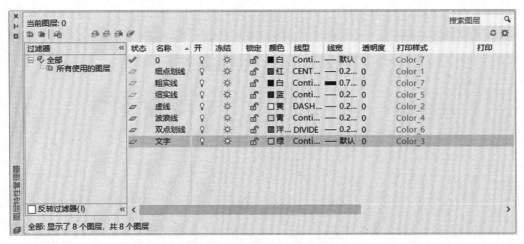

图 4.21　"图形特性管理器"对话框—完成图层设置

4.4.8　图层状态管理

AutoCAD 提供了图层状态的保存及调用功能。如果在操作复杂的图纸时要经常开关、冻结或锁定相同的图层，用户可以将设置好的图层状态利用"图层状态管理器"保存下来，这样下次就不必重复设置了，直接切换图层状态即可。设置好的图层状态不仅可以在当前图纸中使用，还可以保存后在图层设置相同的其他图纸中使用。

下面介绍图层状态管理器的用法，操作步骤如下：

（1）点击打开图形按钮 图标，打开 AutoCAD 2016 安装目录下自带的文件"Floor Plan Sample.dwg"（AutodeskAutoCAD 2016/Sample/Database Connectivity/Floor Plan Sample），打开该文件的"图形特性管理器"如图 4.22 所示，该文件共 29 个图层。在编辑、审图等过程中会经常开关、冻结或锁定某些图层，如果每次都是通过"图形特性管理器"进行操作，显得有点麻烦。下面选中图 4.22 中圈出的三个图层，并关闭三个图层，操作图层状态管理的应用。

（2）点击图 4.22 对话框中的"图层状态管理"按钮 ，或功能区"图层面板"中"未保存的图层状态"下拉框中"新建图层状态"或"管理图层状态"（图 4.23），弹出"图层状态管理器"对话框（图 4.24），点击"新建"按钮，弹出"要保存的新图层状态"对话框（图 4.25），在"新图层状态名"中输入"关闭"，点击"确定"按钮。

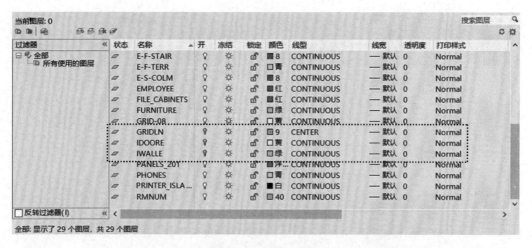

图 4.22　"图形特性管理器"—Floor Plan Sample

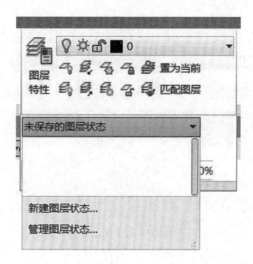

图 4.23　功能区"图层面板"

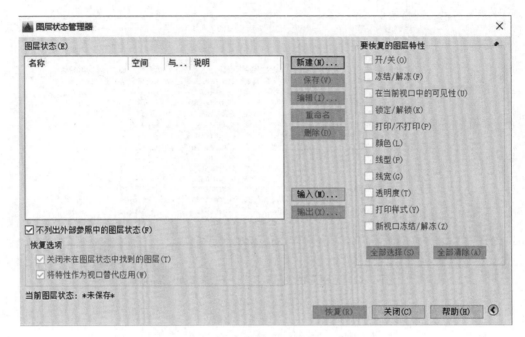

图 4.24   "图层状态管理器"对话框

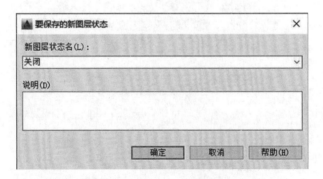

图 4.25   "要保存的新图层状态"对话框

（3）返回"图层状态管理器"对话框（图 4.26），点击"编辑"按钮，弹出"编辑图层状态"对话框，选中图 4.27 中圈出的三个图层，点击"确定"按钮。返回"图层状态管理器"对话框，点击"关闭"按钮。

图 4.26　"图层状态管理器"对话框

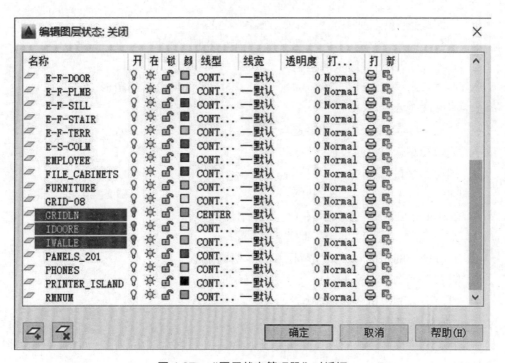

图 4.27　"图层状态管理器"对话框

（4）返回到"模型"空间状态下，点击功能区"图层面板"中"未保存的图层状态"下拉框，出现了刚刚建立的"关闭"图层状态（图 4.28），点击图 4.28 中的"打开所有图层"按钮 ，文件"Floor Plan Sample.dwg"中所有图层显示"开"状态，再点击功能区"图层面板"中"未保存的图层状态"下拉框中的"关闭"，"模型"空间中选中的"三个图层"显示"关"状态。

（5）也可以把建立的"关闭"图层状态输出，在具有相同图层名称的其他文件中应用。在图 4.26 中，点击"输出"按钮，把"关闭"图层状态保存为"关闭.las"文件，可以在具有相同图层名称的其他文件中应用。

图 4.28 功能区"图层面板"—图层状态

（6）"图层状态管理器"对话框中其他部分功能介绍，详见帮助。

本章练习题

一、选择题

1. 下面哪个层的名称不能被修改或删除（　　）。

A. 未命名的层　　　　　B. 标准层　　　　　C. 0 层　　　　　D. 缺省的层

2. 在 AutoCAD 中被锁定的层上（　　）。

A. 不显示本层图形　　　　　　　　B. 不能增画新的图形

C. 不可修改本层图形　　　　　　　D. 以上全不能

3. 在 AutoCAD 中，如果 0 层是当前层，则它不可以被（　　）。

A. 关闭和删除　　　B. 锁死和关闭　　　C. 删除和冻结　　　D. 冻结和锁死

4. 图层名字最长为（　　）个字符。

A. 100　　　　　　B. 1000　　　　　　C. 225　　　　　　D. 250

5. 在 AutoCAD 中，各个图层（　　）。

A. 是分离的，互相之间无关联关系

B. 具有统一的坐标系、绘图界限和显示时的缩放倍数

C. 具有统一的坐标系，但可以分别进行缩放显示

D. 具有各自独立的用户坐标系

二、上机练习题

按照表 4.2 图层设置要求建立图层，并按照尺寸要求绘制沉砂池平面图、纵断面图、横断面图（图中单位为 m）。

表 4.2　图层设置要求

图层名	线型	线宽	颜色
轴线层	Center	0.25	红色
结构线层	Continuous	0.4	绿色
标注层	Continuous	0.20	黑色
土壤符号层	Continuous	0.25	黄色
文字层	Continuous	0.25	青色
折断线层	Continuous	0.25	洋色

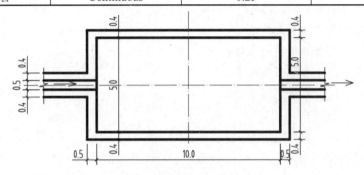

沉 砂 池 平 面 图
1:100

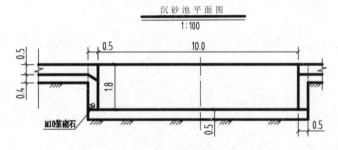

沉 砂 池 纵 断 面 图
1:100

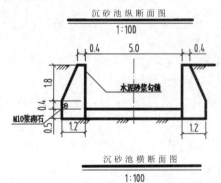

沉 砂 池 横 断 面 图
1:100

图 4.29　绘制沉砂池平面图、纵断面图和横断面图

第 5 章　创建文字与表格

※**本章学习目标：**

◆　了解 AutoCAD 中文字和表格的功能。

◆　掌握文字样式设置方法。

◆　掌握创建与编辑单行文字。

◆　掌握创建与编辑多行文字。

◆　掌握创建表格样式和表格。

　　文字对象是 AutoCAD 图形中重要的图形元素，是工程制图中不可缺少的组成部分，用以传递重要的非图形信息，如尺寸标注、图纸说明、技术要求、标题栏等。另外，使用表格功能可以创建不同类型的表格，还可以在其他软件中复制表格，以简化制图操作。

5.1　文字

5.1.1　设置文字样式

　　设置文字样式是进行文字和尺寸标注的首要任务。在 AutoCAD 中，文字样式用于控制图形中所使用文字的字体、高度和宽度系数等。在一幅图形中可定义多种文字样式，以适应不同对象的需要。

　　打开"文字样式"对话框，如图 5.1 所示，有下列 4 种方法：

●下拉菜单："格式" → "文字样式"。

●功能区：草图与注释空间下，功能区默认选项卡中单击"注释"按钮下单击文字样式 A 图标。

●文字工具栏：文字样式工具栏，点击文字样式 A 图标。

●命令行：St✓ 或 Style✓ 。

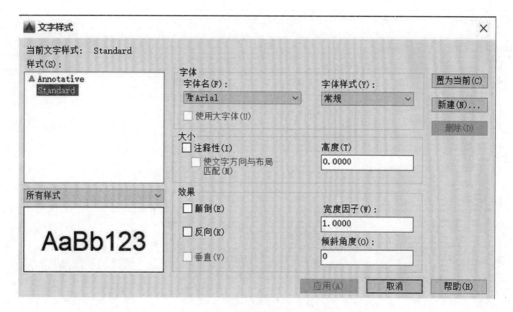

图 5.1 "文字样式"对话框

下面介绍该对话框中部分选项含义：

（1）样式选项组

列出了当前可以使用的所有文字样式，默认文字样式为 Standard（标准）。单击"新建"按钮，弹出"新建文字样式"对话框，在样式名中输入"文字样式名称"，如图 5.2 所示，单击"确定"按钮，返回到"文字样式"对话框，此时在"样式"列表中出现了刚创建的文字样式名，如图 5.3 所示。

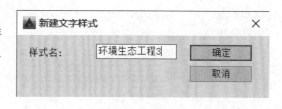

图 5.2 "新建文字样式"对话框

（2）字体选项组

确定所使用的字体的名称。AutoCAD 可使用的字体文件主要分为两类，一类是 AutoCAD 自定义的*.shx 字体；一类是 Windows 操作系统带的 Truetype 字体（*.ttf），如宋体、黑体等。

当用户在"字体名"列表中选择一种 AutoCAD 的字体（*.shx）时，下面的"使用大字体"勾选框就会被激活，只有"Shx"文件可以创建大字体。"Shx 字体"列表中显示的 Shx 字体也被称为小字体。勾选"使用大字体"后，右侧的"字体样式"列表会变成"大字体"，然后可以在列表中选择要使用的大字体，如图 5.3 所示。

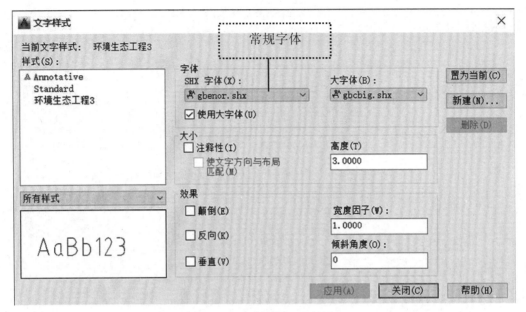

图 5.3 "文字样式"对话框

Shx 字体文件分为两种：字形和符号形。字形用于书写文本或符号，如 txt.shx、gbcbig.shx 等；字形又分两种：大字形与小字形，大字形定义的是双字节的亚洲文字，称大字体文件，如简体中文（hztxt.shx、tssdchn.shx、gbcbig.shx）、繁体中文、日文、韩文等；常规字体又叫小字体，用于书写一些单字节的文字和符号，如字母、数字、钢筋符号等，常用的有 txt.shx、simplex.shx、tssdeng.shx 等。表 5-1 和表 5-2 分别列出了常用的 shx 字体和大字体。

注意与技巧

（1）若要使用中文字体，则必须先关闭"使用大字体"前面的 ；
（2）选择中文必须选择前面没有@的，否则中文显示是躺倒的。
（3）有些字体，如 hztxt.shx、tssdchn.shx、tssdeng.shx 等字体，AutoCAD 自带的字体库中并没有，必须外部加载。

表 5-1 常用的 SHX 字体

序号	字体名称	特点说明
1	txt.shx	标准的 AutoCAD 西文字体，通过很少的矢量来描述，因而绘制速度很快。字体单薄，外形不够美观

序号	字体名称	特点说明
2	gbeitc.shx	西文倾斜字体,与汉字字高比例适当
3	gbenor.shx	西文直字体,与汉字字高比例适当
4	romans.shx	是 roman 字体的简体,单线绘制,无衬线,是比 txt 字体更为单薄的西文字体

表 5-2 常用的大字体

序号	字体名称	特点说明
1	chineset.shx	繁体中文字体
2	gbcbig.shx	简体中文字体,为符合国标的长仿宋体,其宽度比例已处理为 0.7,在"宽度比例"中输入 1 即可
3	@extfont2.shx	日文垂直字体
4	bigfont.shx	日文字体,还有 extfont.txt 和 extfont2.txt 日文Ⅰ、Ⅱ级扩展字体
5	whgdtxt.shx	韩文字体,还包括 whgtxt.shx、whtgtxt.shx 和 whtmtxt.shx

(3)大小选项组

该选项组有"注释性"和"高度"两个选项,高度是选定字体的高度大小。使用"注释性"很容易让同一图形在不同比例的布局视口里文字和标注文字显示的高度保持一致,不用繁琐的设置不同的全局比例和文字高度。对于有注释性的文字对象,会按照注释的比例进行自动大小的调整,比如当文字高度设置为 3 mm,注释比例 100,那么,该文字对象就会显示 300 的文字高度。勾选使用"注释性"后,高度变成了"图纸文字高度"(图 5.4),即用户准备在布局图纸里显示的文字高度。

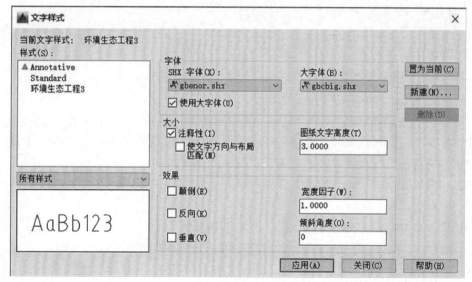

图 5.4 "文字样式"对话框

5.1.2 单行文字输入

单行文字的最大优点是每行文字均是一个独立的对象，用户可以对每行文字进行编辑处理。启用单行文字的命令有以下常用几种：

- **菜单栏**："绘图"→"文字"→"单行文字"（Dtext）。
- **功能区**：草图与注释空间下，功能区"默认"选项卡的"文字"面板下单击 **AI** 单行文字 图标。
- **命令行**：Te✓ 或 Text✓。

创建单行文字的操作步骤如下：

启动命令后，命令行提示如图 5.5 所示，第一默认文字样式和文字高度。下面介绍第二行部分选项含义：

> 当前文字样式："环境生态工程3" 文字高度：3.0000 注释性：否 对正：左
> AI▾ TEXT 指定文字的起点 或 [对正(J) 样式(S)]：

图 5.5 执行"TEXT"命令时命令行提示

（1）指定文字的起点

默认情况下，通过指定单行文字行基线的起点位置创建文字。AutoCAD 为文字行定义了顶线、中线、基线和底线 4 条线，用于确定文字行的位置。这 4 条线与文字串的关系如图 5.6 所示。

指定起点后，系统将显示"指定高度"：输入文字高度后，按【Enter】键，如果在文字样式中设置了高度，否则不显示该提示信息。

Text Sample （顶线/中线/基线/底线）

图 5.6 文字标注参考线定义

"指定文字的旋转角度<0>"：默认角度为0°，输入文字旋转角度后按【Enter】键。

而后在 AutoCAD 绘图屏幕上显示一个表示文字位置的方框，用户可直接输入文字。输入一行文字后，可以按【Enter】键换行输入文字。如果连续按两次【Enter】键，则结束命令执行，完成文字输入。

最后输入文字即可。

（2）对正

如果不接受默认的对齐方式，在提示选项中选择"对正(J)"，接着再输入选项"[左(L)/居中(C)/右(R)/对齐(A)/中间(M)/布满(F)/左上(TL)/中上(TC)/右上(TR)/左中(ML)/正中(MC)/右中(MR)/左下(BL)/中下(BC)/右下(BR)]："提示下选择所需的一个对齐选项（图 5.7）。

（3）样式(S)

如果不接受默认文字样式,在"指定文字的起点或[对正(J)/样式(S)]:"提示信息后输入 S,可以设置当前使用的文字样式。此时命令行提示:

输入样式名或 [？]<当前文字样式>:

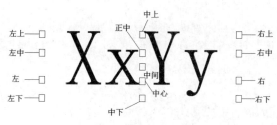

图 5.7　文字的对正方式

在此提示下,用户可直接输入当前要使用的文字样式名,也可用"？"响应来显示当前已有的文字样式。如果直接按【Enter】键,则采用默认样式。

在输入单行文字时,可以使用特定的代码组合来输入某些特殊的符号,例如输入"%%D"表示输入角度符号"°",这样的符号不能从键盘上直接输入。为了解决这样的问题,AutoCAD 提供了专门的控制符,以实现特殊输入的要求。AutoCAD 的控制符由两个百分号（%%）和紧接其后的一个字符构成。表 5-3 列出了 AutoCAD 常用的控制符。

表 5-3　常用的控制符

控制符	功能
%%O	打开或关闭文字上划线
%%U	打开或关闭文字下划线
%%D	标注度（°）符号
%%P	标注正负公差（±）符号
%%C	标注直径（Φ）符号

在 AutoCAD 的控制符中,%%O 和%%U 分别是上划线和下划线的开关。第 1 次出现此符号时,可打开上划线或下划线,第 2 次出现该符号时,则会关掉上划线或下划线。

例题 5.1　采用单行文字填写标题栏,如图 5.8 所示,文字样式由用户自己设置。

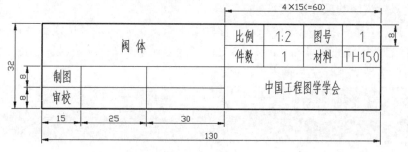

图 5.8　标题栏

（1）使用"直线"命令、"偏移"命令绘制出标题栏；

（2）画出辅助对角线 M、N（图 5.9）；

（3）启动单行文字命令，在命令行"指定文字的中间点或[对正(J)/样式(S)]："提示下，输入 J；

（4）在命令行"输入选项 [左(L)/居中(C)/右(R)/对齐(A)/中间(M)/布满(F)/左上(TL)/中上(TC)/右上(TR)/左中(ML)/正中(MC)/右中(MR)/左下(BL)/中下(BC)/右下(BR)]："提示

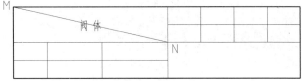

图 5.9　标题栏

下，输入 MC 或在提示的快捷菜单选项中选择"正中(MC)"；

（5）捕捉辅助线 MN 中点，指定文字的中间点；

（6）在"指定高度<2.5000>："提示下，输入文字高度 5；

（7）在"指定文字的旋转角度<0>："提示下，按回车键，选择默认旋转角度；

（8）输入"阀体"两个字，按两次回车键，结束命令，删除直线 MN；

（9）用同样的方法输入标题栏中的其他文字。

5.1.3　多行文字输入

"多行文字"又称为段落文字，是一种更易于管理的文字对象，可以由两行以上的文字组成，而且多行文字是一个单独对象。在环境生态工程制图中，使用多行文字功能创建较为复杂的文字说明。创建"多行文字"有下列几种常用方法：

● 菜单栏："绘图"→"文字"→"多行文字"。

● 功能区：草图与注释空间下，功能区"默认"选项卡的"文字"面板下单击 A 多行文字图标。

● 命令行：Mt↙ 或 Mtext↙。

创建多行文字的操作步骤如下：

（1）执行"多行文字"命令后，命令行提示如图 5.10 所示，指定第一角点和对角点来确定多行文字的宽度，此时 AutoCAD 在功能区上显示"文字编辑器"选项卡（图 5.11），在绘图窗口出现"多行文字输入框"（图 5.12）。

```
命令: _mtext
当前文字样式: "环境生态工程3"  文字高度:  3  注释性: 否
指定第一角点:
指定对角点或 [高度(H)/对正(J)/行距(L)/旋转(R)/样式(S)/宽度(W)/栏(C)]:
```

图 5.10　执行"Mtext"命令时命令行提示

图 5.11　功能区"文字编辑器"选项卡

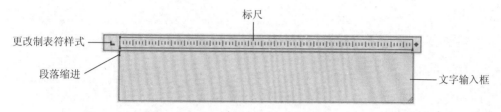

图 5.12　多行文字输入框

（2）在"多行文字输入框"内输入文字，使用功能区"文字编辑器"选项卡可以更改文字字体、高度、应用颜色、加粗、倾斜或加下划线等效果等（图 5.13），并可以定义多行文字对正方式、段落缩进情况等，最后单击"关闭文字编辑器" ✕ 按钮，保存更改并退出编辑器。

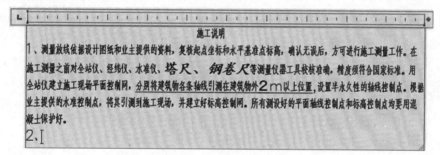

图 5.13　输入多行文字

（3）多行文字中的堆叠字符

在多行文字中，表示分数或公差的字符可以按照对应的标准设置格式，则形成了堆叠字符。堆叠文字是指应用于多行文字对象和多重引线中的字符的分数、文字和公差格式式。常用的文字堆叠方式如图 5.14 所示。

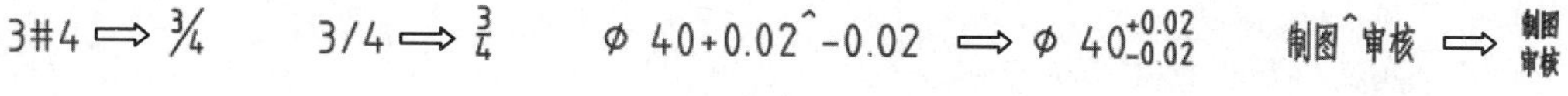

$3\#4 \Rightarrow \frac{3}{4}$　　　$3/4 \Rightarrow \frac{3}{4}$　　　$\phi\,40+0.02\hat{}-0.02 \Rightarrow \phi\,40^{+0.02}_{-0.02}$　　　制图^审核 $\Rightarrow$ 制图/审核

图 5.14　常见的文字堆叠示例

在使用时，需要分别输入分子和分母，其间使用/、# 或 ^ 分隔，然后选择这一部分文字，单击 按钮，即可对文字进行堆叠。

文字堆叠后，在堆叠文字旁出现 符号可以对该自动堆叠对象进行相应的设置，包括"非堆叠特性"和"堆叠特性"，如图 5.15 所示。用鼠标点击"堆叠特性"，弹出"堆叠特性"对话框（图 5.16），可以对堆叠符号进行相关设置。

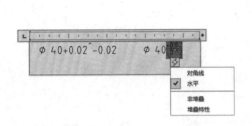

图 5.15　自动堆叠文字示例　　　　图 5.16　"堆叠特性"对话框

（4）设置缩进、制表位和多行文字宽度

在文字输入窗口的标尺上右击，从弹出的标尺快捷菜单中选择"段落"命令，打开"段落"对话框，如图 5.17 所示，可以从中设置缩进和制表位位置。其中，在"制表位"选项区域中可以设置制表位的位置，单击"添加"按钮可设置新制表位，单击"清除"按钮可清除列表框中的所有设置；在"左缩进"选项区域的"第一行"文本框和"悬挂"文本框中可以设置首行和段落的左缩进位置；在"右缩进"选项区域的"右"文本框中可以设置段落右缩进的位置。

在标尺快捷菜单中选择"设置多行文字宽度"命令，可打开"设置多行文字宽度"对话框，在"宽度"文本框中可以设置多行文字的宽度。

图 5.17　"段落"对话框

（5）在文字窗口使用快捷菜单

在多行文字输入窗口中右击，将弹出一个快捷菜单，可以对多行文本进行更多的设置，如图 5.18 所示。

在多行文字窗口快捷菜单中，部分选项的功能如下：

①"插入字段"命令：选择该命令将打开"字段"对话框，可以选择需要插入的字段。

②"符号"命令：选择该命令的子命令，同单行文字一样，通过输入%%D、%%P、%%C 可以在实际设计绘图中插入一些特殊的字符"°""±"和"Φ"。如果选择"其他"命令，将打开"字符映射表"对话框，可以插入其他特殊字符。

③"输入文字"命令：当需要插入大段文字时，我们可以用记事本书写成.txt 文档，然后插入到图形文件中。方法为：在文字输入、编辑框中单击鼠标右键，选择"输入文字"，弹出"选择文件"对话框，选中需要的文件后，单击"打开"按钮，就将大段已经编辑好的文字插入到当前的图形文件中。

④"段落对齐"命令：选择该命令的子命令，可以设置段落的对齐方式。

⑤"项目符号和列表"命令：可以使用字母（包括大小写）、数字作为段落文字的项目符号。

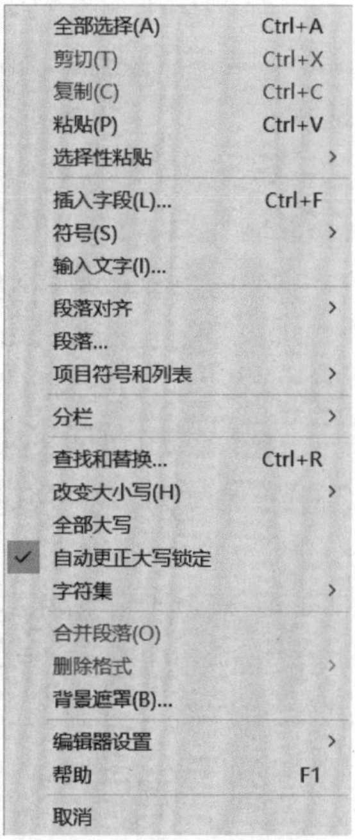

⑥"查找和替换"命令：选择该命令将打开"查找和替换"对话框。可以搜索或同时替换指定的字符串，也可以设置查找的条件，如是否全字匹配、是否区分大小写等。

⑦"背景遮罩"命令：当输入的文字需要添加背景颜色时，选择该命令将打开"背景遮罩"对话框，可以设置是否使用背景遮罩、边界偏移因子，以及背景遮罩的填充颜色。

⑧输入文字：在多行文字的文字输入窗口中，可以直接输入多行文字，也可以在文字输入窗口中右击，从弹出的快捷菜单中选择"输入文字"命令，将已经在其他文字编辑器中创建的文字内容直接导入到当前图形中。

全部选择(A)	Ctrl+A
剪切(T)	Ctrl+X
复制(C)	Ctrl+C
粘贴(P)	Ctrl+V
选择性粘贴	▷
插入字段(L)...	Ctrl+F
符号(S)	▷
输入文字(I)...	
段落对齐	▷
段落...	
项目符号和列表	▷
分栏	▷
查找和替换...	Ctrl+R
改变大小写(H)	▷
全部大写	
✓ 自动更正大写锁定	
字符集	▷
合并段落(O)	
删除格式	
背景遮罩(B)...	
编辑器设置	▷
帮助	F1
取消	

图 5.18　多行文字窗口
快捷菜单

5.1.4　文字编辑

（1）编辑单行文字

编辑单行文字包括编辑文字的内容、对正方式及缩放比例，可以选择"修改"→"对象"→"文字"子菜单中的命令进行设置。各命令的功能如下：

①"编辑"命令(Ddedit)：选择该命令，然后在绘图窗口中单击需要编辑的单行文字，进入文字编辑状态，可以重新输入文本内容。

　　②"比例"命令(Scaletext)：选择该命令，然后在绘图窗口中单击需要编辑的单行文字，此时需要输入缩放的基点以及指定新高度、匹配对象(M)或缩放比例(S)。命令行提示：

输入缩放的基点选项[现有(E)/左对齐(L)/居中(C)/中间(M)/右对齐(R)/左上(TL)/中上(TC)/右上(TR)/左中(ML)/正中(MC)/右中(MR)/左下(BL)/中下(BC)/右下(BR)]<现有>：

指定新模型高度或 [图纸高度(P)/匹配对象(M)/比例因子(S)]<2.5>：

　　③"对正"命令(Justifytext)：选择该命令，然后在绘图窗口中单击需要编辑的单行文字，此时可以重新设置文字的对正方式。

输入对正选项[左对齐(L)/对齐(A)/布满(F)/居中(C)/中间(M)/右对齐(R)/左上(TL)/中上(TC)/右上(TR)/左中(ML)/正中(MC)/右中(MR)/左下(BL)/中下(BC)/右下(BR)]<左对齐>：

　　(2) 编辑多行文字

　　要编辑创建的多行文字，可选择"修改"→"对象"→"文字"→"编辑"命令(DDEDIT)，并单击创建的多行文字，打开多行文字编辑窗口，然后参照多行文字的设置方法，修改并编辑文字。

　　也可以在绘图窗口中双击输入的多行文字，或在输入的多行文字上右击，在弹出的快捷菜单中选择"重复编辑多行文字"命令或"编辑多行文字"命令，打开多行文字编辑窗口。

　　需要注意的是，如果修改文字样式的垂直和宽度比例与倾斜角度设置，这些修改将影响到图形中已有的用同一种文字样式书写的多行文字中的某些文字的修改，可以重建一个新的文字样式来实现。

　　若要改变多行文字的对正方式，可以用"编辑多行文字"窗口修改，也可通过"修改"→"对象"→"文字"→"对正"或文字工具栏按钮 来完成。

注意与技巧

　　(1) 在输入中文汉字时，有时会显示为乱码或"?"符号，是由于选取的字体不恰当，该字体无法显示中文汉字，此时，重新选择合适的字体即可。

　　(2) 在绘图屏幕直接双击已有的标注文字对象，AutoCAD 会切换到对应的编辑模式，以便用户编辑、修改文字。

　　(3) 当需要在图中多个地方标注文字时，方法之一是先标注出一行文字，然后将其复制到各个位置，再通过双击的方式来修改各文字的内容。

5.2 表格

5.2.1 设置表格样式

表格样式控制一个表格的外观，用于保证标准的字体、颜色、文本、高度和行距。可以使用 AutoCAD 默认的表格样式"Standard"，也可以根据需要自定义表格样式。

打开"表格样式"对话框，如图 5.19 所示，有下列 3 种方法：

● 下拉菜单："格式"→"表格样式"。

● 功能区：草图与注释空间下，单击功能区默认选项卡"注释"→"表格样式"图标。

● 命令行：Tablestyle✓

在此对话框中，"样式"列表框中列出了所有满足条件的表格样式（图 5.19 中只有一个表格样式）；"预览"显示出"置为当前"的表格样式的预览图像；"置为当前"按钮是从样式列表框中选择一个表格样式置为当前使用；"删除"按钮是删除已有表格样式；新建(N)和修改(M)按钮分别用于新建表格样式、修改已有表格样式。下面介绍如何新建和修改表格样式。

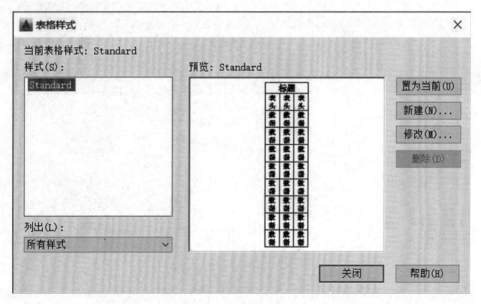

图 5.19 "表格样式"对话框

（1）新建表格样式

单击"新建"按钮，弹出"创建新的表格样式"对话框，如图 5.20 所示。

图 5.20 "创建新的表格样式"对话框

在"新样式名"文本框中输入新的表格样式名（如输入生态工程项目一），在"基础样式"下拉列表中选择基础样式表格。然后单击"继续"按钮，将打开"新建表格样式：生态工程项目一"对话框，如图 5.21 所示。下面介绍该对话框部分选项含义：

图 5.21 "新建表格样式：生态工程项目一"对话框

①常规选项组："表格方向"用于插入表格时的表格方向，有"向下"和"向上"两个选项。"向下"表示创建由上而下读取的表，即标题行和列标题行位于表格的顶部，"向上"则相反。

②单元样式选项组："单元样式"下的列表框列出了"标题""表头""数据"三个

选项，如图 5.22 所示。

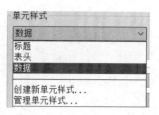

图 5.22　"单元样式"下拉框

"数据"选项用于确定数据行的常规、文字和边框特性，可通过"特性单元"选项组确定数据行的填充颜色、对齐方式、文字样式、字高、文字颜色、边框线宽、线型、颜色等。

"标题"选项用于确定是否使用列标题，且如果有列标题行的话，确定列标题行的常规、文字和边框特性。

"表头"选项用于确定是否使用表头，且如果有表头行的话，确定表头行的常规、文字和边框特性。

③"页边距"选项用于确定单元边界与单元内容之间的距离。

完成表格样式后，单击"确定"按钮，AutoCAD 返回到图 5.23 所示的"表格样式"对话框，并将新定义的样式显示在"样式"列表框中。

（2）修改表格样式

在图 5.23 所示对话框中的"样式"列表中选择要修改的表格样式后，单击"修改"按钮，AutoCAD 会弹出与图 5.21 类似的"修改表格样式"对话框，利用此对话框可以修改已有表格的样式。

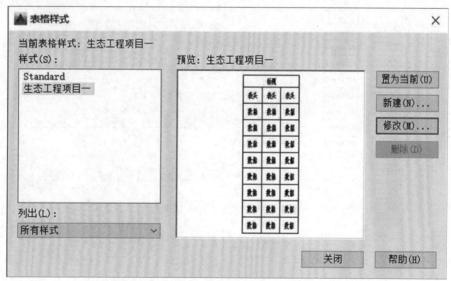

图 5.23　包含新建样式的表格样式对话框

例题 5.2　定义新表格样式，表格样式名称为"工程量清单表格"，数据单元的文字样式采用仿宋_GB2312，表格数据的文字高度为 3.5，表格数据均居中，且表格数据距单元格左边界的距离为 1，距单元格上、下边界的距离均为 0.5。

创建步骤如下：

（1）执行 Tablestyle 命令，AutoCAD 弹出"表格样式"对话框，单击对话框中的"新建"按钮，弹出"创建新的表格样式"对话框，在"新样式名"文本框中输入"工程量清单表格"。

（2）点击"继续"按钮，在"数据"选项卡进行对应的设置，如图 5.24 所示。在"常规"特性选项中，对齐方式设置为"正中"，在"页边距"选项中，水平设为 1，垂直设为 0.5，其余采用默认。"文字"选项中，文字样式设置为仿宋_GB2312，高度为 3.5。

（3）单击"确定"按钮，关闭"新建表格样式"对话框，然后再单击"关闭"按钮，关闭"表格样式"对话框，完成表格样式的创建。

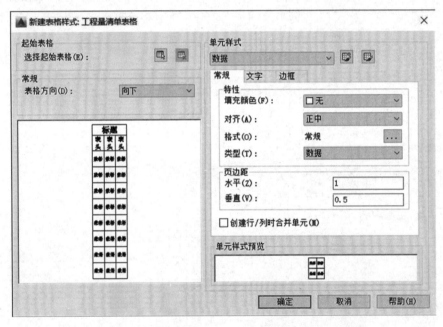

图 5.24　"新建表格样式：工程量清单表格"对话框

5.2.2　创建表格

在环境生态工程制图过程中，经常会用到一些表格，例如，工程材料明显表。创建表格的基本思路是选择合适的表格样式，输入相应的行和列参数，然后再输入相应的文字即可。

打开"插入表格"对话框，如图 5.25 所示，有下列 3 种方法：

- 下拉菜单："绘图"→"表格"。
- 功能区：草图与注释空间下，单击功能区默认选项卡"注释"→"表格" ▦ 图标。
- 命令行：Table↙ 。

下面通过一个典型范例介绍创建表格。

（1）根据本章例题 5.2 创建的表格样式，在命令行输入 Table 并按回车键，系统弹出"插入表格"对话框。

（2）从"表格样式"下拉框中选择名称为"工程量清单表格"作为当前表格样式，在"列和行设置"选项组中设置"列数"为 5，"列宽"为 40，"数据行数"为 5，"行高"为 1，其他选项保持默认，如图 5.25 所示。

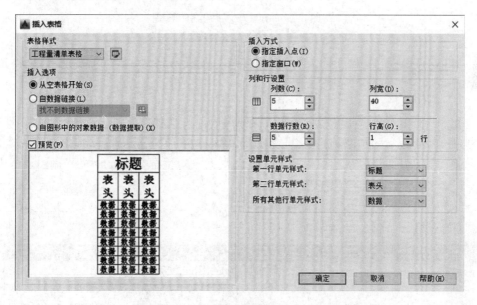

图 5.25　在"插入表格"对话框中设置相关的表格参数和选项

（3）在"插入表格"对话框中单击"确定"按钮，接着在图形窗口中指定表格的插入点，绘制的表格如图 5.26 所示。

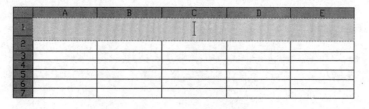

图 5.26　绘制的表格

（4）在标题栏中输入“工程量清单明显表”，使用鼠标双击表格的其他单元格，并输入相应的文字，如果觉得表格单元数据不满意（包括单元格文字对正方式等），则可以通过双击该单元格来对其进行编辑。最终的表格结果如图 5.27 所示。

工程量清单明显表				
序号	项目	单位	数量	备注
1	土石方开挖	m^3	420	
2	土石方回填	m^3	160	
3	M7.5浆砌石挡墙	m^3	600	
4	ϕ100pvc排水管	m	362	

图 5.27　填写好文字内容的表格

5.2.3　编辑表格

（1）编辑表格

当选中整个表格后，单击右键弹出快捷菜单，可以对表格进行修剪、复制、删除、移动、缩放和旋转等简单操作，还可以均匀调整表格的行、列大小，删除所有特性替代。当选择“输出”命令时，还可以打开“输出数据”对话框，以 .csv 格式输出表格中的数据。

当选中表格后，在表格的四周、标题行上将显示许多夹点，也可以通过拖动这些夹点来编辑表格，如图 5.28 所示。

	A	B	C	D	E
1	工程量清单明显表				
2	序号	项目	单位	数量	备注
3	1	土石方开挖	m^3	420	
4	2	土石方回填	m^3	160	
5	3	M7.5浆砌石挡墙	m^3	600	
6	4	ϕ100pvc排水管	m	362	

图 5.28　显示表格的夹点

（2）编辑表格单元

当选中某表格单元后（图 5.29），功能区会自动调出“表格单元”编辑工具，如图 5.30 所示，通过“表格单元”编辑工具来编辑表格，其主要命令选项的功能说明如下。

	A	B	C	D	E
1	工程量清单明显表				
2	序号	项目	单位	数量	备注
3	1	土石方开挖	m³	420	
4	2	土石方回填	m³	160	
5	3	M7.5浆砌石挡墙	m³	600	
6	4	φ100pvc排水管	m	362	

图 5.29　选中某一单元格

图 5.30　表格单元编辑工具

①"行"面板

在上方插入：在当前选定单元或行的上方插入行；在下方插入：在当前选定单元或行的下方插入行；删除行：删除当前选定行。

②"列"面板

在左侧插入：在当前选定单元或行的左侧插入列；在右侧插入：在当前选定单元或行的右侧插入列；删除列：删除当前选定列。

③"合并"面板

合并单元：将选定单元合并到一个大单元中。选择"合并全部""按行合并"或"按列合并"；取消合并单元：对之前合并的单元取消合并。

④"单元样式"面板

匹配单元：将选定单元的特性应用到其他单元；对齐：对单元内的内容指定对齐；表格单元样式：列出包含在当前表格样式中的所有单元样式。单元样式标题、表头和数据通常包含在任意表格样式中且无法删除或重命名；表格单元的背景颜色：指定填充颜色；单元边框：显示"单元边框特性"对话框，设置选定的表格单元的边界特性。

⑤"单元格式"面板

单元锁定：锁定单元内容和/或格式（无法进行编辑）或对其解锁；数据格式：显示数据类型列表（"角度""日期""十进制数"等），从而可以设置表格行的格式。

⑥"插入"面板

块：将显示"插入"对话框，从中可将块插入当前选定的表格单元中；字段（在

AutoCAD LT 中不可用）：将显示"字段"对话框，从中可将字段插入当前选定的表格单元中；公式（在 AutoCAD LT 中不可用）：将公式插入当前选定的表格单元中。管理单元内容：显示选定单元的内容，可以更改单元内容的次序以及单元内容的显示方向。

⑦ "数据" 面板

链接单元：将显示"新建和修改 Excel 链接"对话框，从中可将数据从在 Microsoft Excel 中创建的电子表格链接至图形中的表格；从源下载：更新由已建立的数据链接中的已更改数据参照的表格单元中的数据。

本章练习题

一、选择题

1. 在"文字样式"对话框中字体高度设置不为 0，则（　）。

A. 倾斜角度也不为 0　　　　　　　　B. 宽度比例会随之改变

C. 输入文字时将不提示指定文字高度　D. 对文字输出无意义

2. 将文字对齐在第一个字符的文字单元的左上角，则应选择的文字对齐方式是（　）。

A. 右上　　　　B. 左上　　　　C. 中上　　　　D. 左上

3. 设置字体的"倾斜角度"是指（　）。

A. 文字本身的倾斜角度　　　　　　　B. 文字行的倾斜角度

C. 文字反向　　　　　　　　　　　　D. 无意义

4. 在 AutoCAD 中，使用堆叠方式设置文字的分数形式时，不能使用的分隔符号是（　）。

A. /　　　　　　B. #　　　　　　C. ^　　　　　　D. —

5. 要创建字符串 AutoCAD 2016，下列命令正确的是（　）。

A．%%UAutoCAD%%U2016　　　　　B．%%UAutoCAD%%O2016

C．%%OAutoCAD%%O2016　　　　　D．%%OAutoCAD%%U2016

二、上机练习题

1. 创建文字样式，要求其样式名为 Mytextstyle，字体为黑体，字格式为粗体，宽度比例 0.8，字高 5。然后用 Text 命令输入如图 5.31 所示的文字。

根据计算得到以下结果：X=60°, Y=100±0.02

图 5.31　用 Text 命令输入文字

2. 在模型空间按照 1∶1 绘制环境生态工程图形，图形中有一段文字（图 5.32），文字使用图 5.32 中设置的字体，出图打印比例为 1∶100，图纸上文字为 3 个字高，试问不勾选注释性,文字高度设置多大?勾选注释性,文字高度设置多大?

生物滞留设施指在地势较低的区域,通过植物、土壤和微生物系统蓄渗、净化径流雨水的设施。

图 5.32 环境生态工程图形文字说明

3. 绘制如图 5.33 所示的标题栏和技术要求。

图号	2	阀杆	比例	1:1.5
材料	45		重量	
制图		中国工程图学学会		

技 术 要 求
1. 锥孔要与锥形塞配研。
2. 全部倒角C1。

图 5.33 创建标题栏和技术要求

4. 创建如图 5.27 所示的表格。

明细表

序号	代号	名称	数量	材料	重量	备注
1	01-01	皮带轮轴	1	45		
2	01-02	皮带轮	1	HT20		

第6章　尺寸标注

※**本章学习目标：**
◆　了解尺寸标注的基本知识。
◆　掌握尺寸标注样式的创建与修改。
◆　熟练掌握各种类型尺寸标注的方法，为绘制完整的环境生态工程图形奠定基础。

6.1　尺寸标注的基本知识

在图形设计中，尺寸标注是一项重要内容，因为视图只表达了物体的结构和形状，而各部分的真实大小和相对位置必须经过尺寸标注才能确定。AutoCAD 2016 提供了一套完整的尺寸标注命令，并且能够设置和编辑各种类型的尺寸标注样式，可以轻松满足图形设计的要求。

6.1.1　尺寸标注的规则

● 尺寸数值为零件的真实大小，与绘图比例及绘图的准确度无关。

● 以毫米为单位时，不需要标注计量单位的代号或名称；采用其他单位时，则必须注明单位代号或名称。

● 图中所注尺寸为完工后的尺寸。

● 每个尺寸一般只标注一次，并应标注在最能清晰地反映该结构特征的视图上。

6.1.2　尺寸标注的组成

一个完整的尺寸标注一般由尺寸界线、尺寸线、箭头和尺寸文字 4 部分组成(图 6.1)。

● 尺寸界线：从标注起点和标注端点引出的标明标注范围的直线，用细实线绘制，可以从图形的轮廓线、轴线、对称中心线引出，也可以用轮廓线、轴线、对称中心线代替。

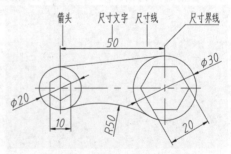

图 6.1　尺寸标注的组成

● 尺寸线：标明标注的范围，用细实线绘制。AutoCAD 通常将尺寸线放在标注区域中，如果空间不足则将尺寸线或尺寸文字移到标注区域外，具体可通过标注样式进行设置。对于角度标注，尺寸线是以角度顶点为圆心的一段圆弧。尺寸线不能用其他图线代替，也不能与其他图线重合。

● 箭头：在尺寸线末端，用于标明标注开始和结束的位置。AutoCAD 默认使用实心箭头作为尺寸终端，此外还提供了多种符号如建筑标记、倾斜、小点等，以满足不同行业需求。

● 尺寸文字：标明图形的实际测量值。标注文字应按照标准字体书写，同一张图纸上的文字高度要一致。尺寸文字不可被任何图线所穿过，否则必须将该图线断开。

6.2 尺寸标注样式

6.2.1 尺寸样式说明

标注样式用来控制尺寸标注的外观，AutoCAD 提供了名为"Standard"的英制标注样式和名为"ISO-25"的国际标准化组织设计的公制标注样式。尺寸标注样式由大约 80 个尺寸标注变量控制，用户可使用"标注样式（Dimstyle）"命令进行设置。

设置尺寸标注样式的命令有下列 3 种方法：

● 下拉菜单："格式"→"标注样式"。

● 功能区：草图与注释空间下，功能区默认选项卡中"注释"面板中单击"标注样式"按钮▰。

● 工具栏：单击"标注"工具栏中"标注样式"按钮▰。

● 命令行：Dimstyle✓。

启动命令后，系统将弹出"标注样式管理器"对话框，如图 6.2 所示。该对话框可以创建新样式、设定当前样式、修改样式、设定当前样式的替代以及比较样式。

该对话框中各选项含义如下：

（1）当前标注样式：显示当前使用的标注样式名。

（2）样式(S)：显示现有的所有标注样式名，当前样式被亮显。右击标注样式名可"置为当前""重命名"或"删除"。样式名前的 ▲ 图标指示样式为注释性。

（3）列出(L)：控制"样式"列表框中标注样式名的显示。

（4）置为当前(U)：从"样式"列表框中选择一种样式后，将其设置为当前标注样式。

（5）新建(N)：单击将打开"创建新标注样式"对话框，用于创建新的标注样式。

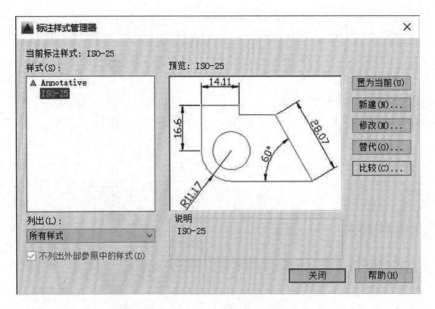

图 6.2 "标注样式管理器"对话框

（6）修改(M)：单击将打开"修改标注样式"对话框，用于修改已有的标注样式。

（7）替代(O)：单击将打开"替代标注样式"对话框，用于设置当前标注样式的临时替代值。

（8）比较(C)：单击将打开"比较标注样式"对话框，用于比较两种标注样式的特性或列出一种标注样式的特性。

6.2.2 创建尺寸样式

在"标注样式管理器"对话框中单击"新建(N)"，打开"创建新标注样式"对话框，如图 6.3 所示。该对话框中其他选项的含义如下：

（1）新样式名(N)：用于输入新的标注样式名。"基础样式(S)"作为新样式的基础样式。对于新样式，仅更改那些与基础特性不同的特性。例如输入"环境生态工程 2.5"。

（2）基础样式(S)：为新创建的标注样式选择一个最接近的已定义标注

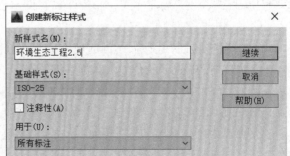

图 6.3 "创建新标注样式"对话框

样式作为样板。

用于(U)：创建一种仅适用于特定标注类型的标注子样式。例如，可以创建一个 Standard 标注样式的版本，该样式仅用于直径标注。

（3）注释性(A)：指定标注样式为注释性。注释性对象和样式用于控制注释对象在模型空间或布局中显示的尺寸和比例。

单击"继续"将打开"新建标注样式"对话框。

6.2.2.1　"线"选项卡

在"新建标注样式"对话框中，使用"线"选项卡可以设置尺寸线和尺寸界线的格式与位置等，如图 6.4 所示。

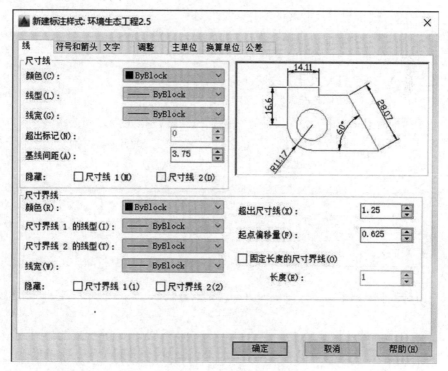

图 6.4　"线"选项卡

（1）尺寸线

在"尺寸线"选项区可以设置尺寸线的颜色、线宽、线型、超出标记及基线间距等属性。

①颜色(C)：用于设置尺寸线的颜色。默认情况下，尺寸线的颜色随块（ByBlock）。

②线型(L)：用于设置尺寸线的线型。默认情况下，尺寸线的线型随块（Byblock）。

③线宽(G)：用于设置尺寸线的线宽。默认情况下，尺寸线的线宽随块（Byblock）。

④超出标记(N)：当尺寸标注的箭头采用建筑标记、倾斜、小点、积分或无标记时，用于设置尺寸线超出尺寸界线的长度。

⑤基线间距(A)：用于设置基线标注时尺寸线之间的距离。

⑥隐藏：通过选择"尺寸线 1"或"尺寸线 2"复选框，可以隐藏相应的尺寸线及其箭头。

（2）尺寸界线

在"尺寸界线"选项区可以设置尺寸界线的颜色、线宽、线型、超出尺寸线及起点偏移量等属性。

①颜色(R)：用于设置尺寸线的颜色。

②尺寸界线 1 的线型(I)：用于设置尺寸界线 1 的线型。

③尺寸界线 2 的线型(T)：用于设置尺寸界线 2 的线型。

④线宽(W)：用于设置尺寸界线的线宽。

⑤超出尺寸线(X)：用于设置尺寸界线超出尺寸线的距离。

⑥起点偏移量(F)：用于设置尺寸界线的起点与标注指定点之间的距离。

⑦隐藏：通过选择"尺寸界线 1"或"尺寸界线 2"复选框，可以隐藏相应的尺寸界线。

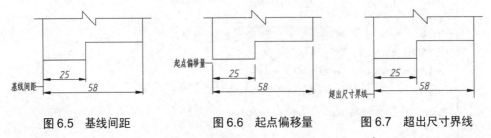

图 6.5　基线间距　　　　　图 6.6　起点偏移量　　　图 6.7　超出尺寸界线

6.2.2.2　"符号和箭头"选项卡

"符号和箭头"选项卡可以设置符号和箭头的格式与位置，如图 6.8 所示。

（1）箭头

在"箭头"选项区可以设置尺寸线和引线剪头的类型与大小等。

AutoCAD 提供了 20 种箭头样式以满足不同类型的图形标注要求，如图 6.9 所示。通常情况下，尺寸线的两个箭头应一致。用户可以从对应的下拉列表框中选择箭头，并在"箭头大小"文本框中设置其大小。也可以使用自定义的箭头样式，在下拉列表框中选择"用户箭头"选项，打开"选择自定义箭头块"对话框，如图 6.10 所示。在"从图形块中选择"下拉列表框中选择当前图形中已有的块，然后单击"确定"，AutoCAD 将以该块作为尺寸线的箭头样式，此时块的基点与尺寸线的端点重合。

图 6.8　"符号和箭头"选项卡

图 6.9　常用箭头形式

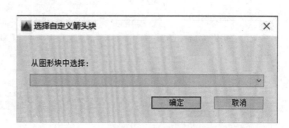

图 6.10　"选择自定义箭头块"对话框

（2）圆心标记

在"圆心标记"选项区可以设置圆或圆弧的圆心标记类型。

①无：没有任何标记。

②标记：对圆或圆弧绘制圆心标记。

③直线：对圆或圆弧绘制中心线。

选择"标记"或"直线"时可在"大小"文本框中输入圆心标记的大小。

④折断标注

用于设置尺寸界线与其他线相交时将尺寸界线打断，并在"折断大小"文本框中设置打断的长度。

⑤弧长符号：用于设置标注弧长时弧长符号的位置。

⑥半径折弯标注：用于设置半径折弯标注的折弯角度。

⑦线性折弯标注：用于设置线性折弯标注的折弯高度因子。

6.2.2.3 "文字"选项卡

"文字"选项卡可以设置文字的外观、位置和对齐方式，如图 6.11 所示。

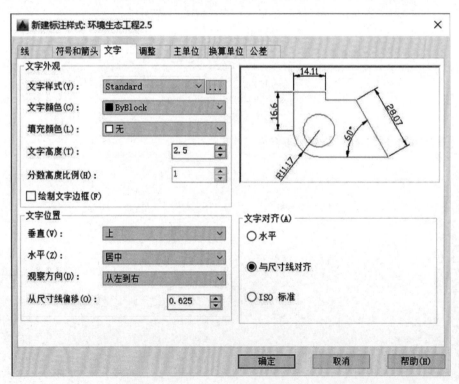

图 6.11 "文字"选项卡

（1）文字外观

在"文字外观"选项区可以设置文字的样式、颜色、高度等特性。

①文字样式(Y)：用于设置标注文字的样式。可以在下拉列表框中选择文字样式，也可以单击其后的按钮，在打开的"文字样式"对话框中选择或新建文字样式。

②文字颜色(C)：用于设置标注文字的颜色。

③填充颜色(L)：用于设置标注文字的背景色。

④文字高度(T)：用于设置标注文字的高度。

⑤分数高度比例(H)：用于设置标注文字中的分数相对于其他标注文字的比例。

⑥绘制文字边框：用于设置是否给标注文字加边框，效果如图 6.12 所示。

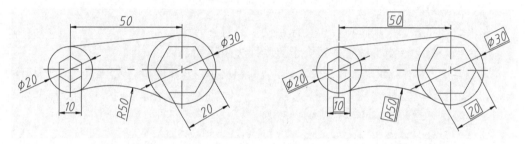

图 6.12　文字不加边框和加边框效果对比

（2）文字位置

在"文字位置"选项区可以设置文字的垂直、水平位置及从尺寸线的偏移量。

①垂直(V)：用于设置标注文字相对于尺寸线在垂直方向的位置，包括"居中""上""下""外部"和"JIS"等选项。其中，选择"居中"选项将把标注文字放在尺寸线中间；"上"选项会把标注文字放在尺寸线的上方；"下"选项会把标注文字放在尺寸线的下方；"外部"选项会把标注文字放在尺寸线的外侧；"JIS"选项则按照日本工业标准 JIS 放置标注文字。

②水平(Z)：用于设置标注文字在水平方向的位置，包括"居中""第一条尺寸界线""第二条尺寸界线""第一条尺寸界线上方""第二条尺寸界线上方"等选项，效果如图 6.13 所示。

③观察方向(D)：包括"从左向右"和"从右向左"两个选项。

④从尺寸线偏移(O)：用于设置标注文字与尺寸线之间的距离。

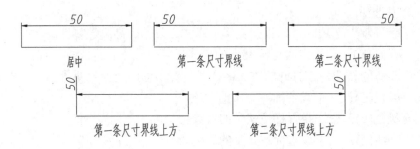

图 6.13　文字水平位置

（3）文字对齐

在"文字对齐"选项区可以设置标注文字的对齐方式。

①水平：将文字水平放置，适合于角度标注子样式。

②与尺寸线对齐：默认对齐方式，文字方向和尺寸线方向保持一致，适合于线性标注。

③ ISO 标准：当标注文字在两尺寸界线之间时，文字与尺寸线对齐；当标注文字在两尺寸界线之外时，文字将沿水平方向放置。

6.2.2.4　"调整"选项卡

"调整"选项卡可以设置尺寸界线、尺寸线、标注文字和箭头的位置，如图 6.14 所示。

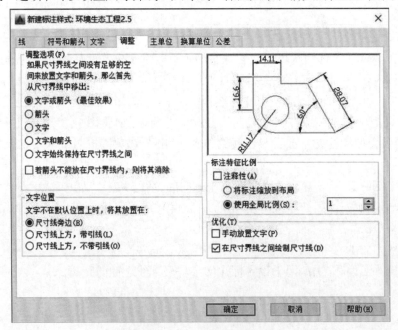

图 6.14　"调整"选项卡

（1）调整选项

在"调整选项"区可以设置当尺寸界线之间没有足够的空间来放置文字和箭头时，应从尺寸界线之间移出的对象。

①文字或箭头（最佳效果）：按照最佳效果将文字或箭头移到尺寸界线外。

②箭头：先将箭头移动到尺寸界线外，然后移动文字。

③文字：先将文字移动到尺寸界线外，然后移动箭头。

④文字和箭头：文字和箭头都移到尺寸界线外。

⑤文字始终保持在尺寸界线之间：无论空间大小，始终将文字放在尺寸界线之间。

⑥若箭头不能放在尺寸界线内，则将其消除：如果尺寸界线内没有足够的空间，则不显示箭头。

（2）文字位置选项

在"文字位置"选项区可以设置当文字不在默认位置时的位置，如图 6.15 所示。

　　尺寸线旁边　　　　尺寸线上方，带引线　　　尺寸线上方，不带引线

图 6.15　文字位置

（3）标注特征比例选项

在"标注特征比例"选项区可以设置图纸空间尺寸元素的比例因子。

①将标注缩放到布局：根据当前模型空间视口与图纸空间之间的比例值来确定图纸空间尺寸元素的比例值。

②使用全局比例：对全部尺寸标注设置缩放比例。该比例不影响图形实体和尺寸测量的大小，但影响尺寸文字的高度和箭头的大小。

（4）优化选项

在"优化"选项区可以对标注文字和尺寸线进行细微调整。

①手动放置文字：选中之后则忽略文字的水平设置，在标注时将标注文字手动放置在指定位置。

②在尺寸界线之间绘制尺寸线：选中之后当尺寸箭头放置在尺寸界线之外时，仍在尺寸界线之间绘制尺寸线。

6.2.2.5　主单位选项卡

"主单位"选项卡可以设置单位格式、精度等属性，如图 6.16 所示。

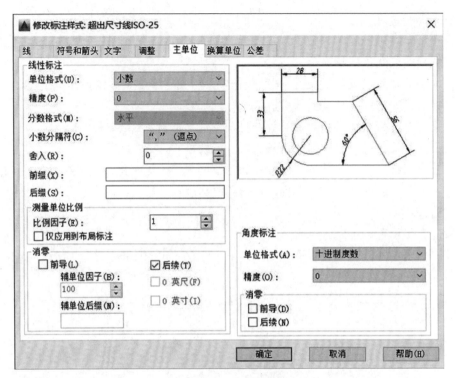

图 6.16 "主单位"选项卡

（1）线性标注选项

在"线性标注"选项区可以设置线性标注的格式、精度、测量单位比例等。

①单位格式(U)：用来设置除角度标注之外的其他标注类型的尺寸单位，包括"科学""小数""工程""建筑""分数"等选项。

②精度(P)：用来设置除角度标注之外的其他标注类型的尺寸精度。

③分数格式(M)：当单位格式是"分数"时，用来设置分数的格式，包括"水平""对角""非折叠"3 种方式。

④小数分隔符(C)：用来设置小数的分隔符，包括"句点""逗点"和"空格"3 种。

⑤舍入(R)：用来设置除角度标注之外的其他标注类型的尺寸测量值的四舍五入规则。

⑥前缀(X)和后缀(S)：在相应文本框中输入字符，可以设置标注文字的前缀和后缀。

⑦测量单位比例：通过在"比例因子(E)"文本框中输入数值，可以设置测量尺寸的缩放比例，实际标注值为测量值与该比例因子的乘积。

（2）消零选项

用于设置是否显示尺寸标注中的"前导(L)"和"后续(T)"零。例如 0.50，在选择

"前导"复选框之后将被标注为.50，在选择"后续"复选框之后将被标注为 0.5。

（3）角度标注选项

在"角度标注"选项区可以设置角度标注的格式、精度等。

①单位格式(A)：用来设置角度标注的尺寸单位，包括"十进制度数""度/分/秒""百分度""弧度"等选项。

②精度(O)：用来设置角度标注的尺寸精度。

③消零：用于设置是否显示尺寸标注中的"前导(D)"和"后续(N)"零。

注意与技巧

> 按照要求，标注的尺寸值应为零件的真实大小，与绘图比例无关。因此，如果绘图时使用了放大或缩小比例（如 1∶2），为了让标注值等于真实大小，设置测量单位比例时，比例因子应为绘图比例的倒数（即 2）。

6.2.2.6　换算单位选项卡

"换算单位"选项卡可以设置换算单位的格式，如图 6.17 所示。

图 6.17　"换算单位"选项卡

通过换算单位标注，AutoCAD 可以转换使用不同测量单位制的标注，如显示公制标注的等效英制标注，或英制标注的等效公制标注。标注尺寸时，换算单位标注显示在主单位标注旁边的方括号中，如图6.18 所示。

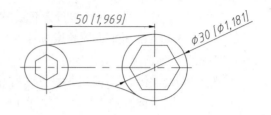

图 6.18　换算单位标注

选中"显示换算单位(D)"复选框之后，选项区的其他选项才可用，包括换算单位的"单位格式(U)""精度(P)""换算单位倍数(M)""舍入精度(R)""前缀(F)""后缀(X)"及"前导(L)""后续(T)"消零等，设置方法与主单位样式相同。在"位置"选项区可以设置换算单位标注的位置，包括"主值后(A)"和"主值下(B)"两种方式。

6.2.2.7　公差选项卡

"公差"选项卡可以设置是否标注公差以及公差标注的格式，如图6.19 所示。

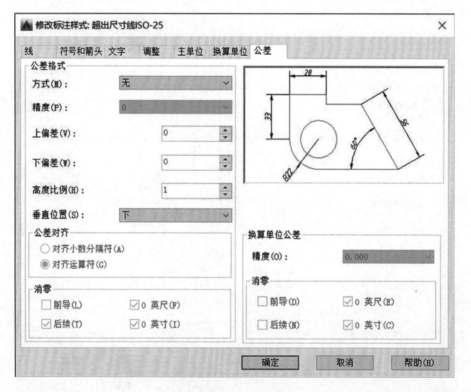

图 6.19　"公差"选项卡

（1）公差格式

在"公差格式"选项区可以设置公差标注的方式、精度、高度比例、垂直位置等属性。

①方式(M)：用来设置公差标注的方式，包括"无""对称""极限偏差""极限尺寸""基本尺寸"5 种，如图 6.20 所示。

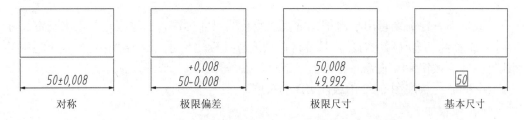

图 6.20　公差标注的方式

②精度(P)：用来设置公差标注的精度。

③上偏差(V)和下偏差(W)：用来设置公差标注的上偏差和下偏差。

④高度比例(H)：用来设置公差文字相对于标注文字的比例。

⑤垂直位置(S)：用来设置公差文字相对于标注文字的位置，包括"上""中"和"下"3 种方式。

⑥公差对齐：用来设置公差对齐方式是"对齐小数分隔符(A)"还是"对齐运算符(G)"。

⑦消零：用于设置是否显示公差标注中的"前导(L)"和"后续(T)"零。

（2）换算单位公差

当使用换算单位标注时，可以在"换算单位公差"选项区设置换算单位公差的精度和是否消零。

6.3　尺寸标注类型

尺寸标注样式设置完成之后，就可以对图形进行尺寸标注。点击"标注"菜单，AutoCAD 会自动弹出所提供的所有尺寸标注类型，如图 6.21 所示。另外，草图与注释空间下，

图 6.21　尺寸标注类型

功能区默认选项"注释"选项卡中的"标注"面板中和"标注"工具栏中也都提供了多种尺寸标注类型。为了描述简洁，如果没有特殊说明，本节中所有使用的尺寸标注工具均位于"标注"菜单中所提供的标注工具。另外也可以在命令行输入对应的命令进行标注。

6.3.1 线性标注

"线性"标注命令可用于水平、垂直或旋转的尺寸标注，通过指定两点来确定尺寸界线，或者直接选取标注对象，系统将自动测量并标注尺寸，点击"标注"菜单栏中的"线性"标注按钮▭，在命令行的提示下进行操作，即可完成线性标注。

例题 6.1　标注图 6-22 中线段 AB 的长度。

操作步骤如下：

启动"线性"标注命令后，命令行提示如下：

指定第一个尺寸界线原点或<选择对象>：指定 A 点

指定第二条尺寸界线原点：指定 B 点

指定尺寸线位置或[多行文字(M)/文字(T)/角度(A)/水平(H)/垂直(V)/旋转(R)]：单击鼠标，确定尺寸线位置。

标注文字 ＝70（标注完成）

（1）在提示"指定第一个尺寸界线原点或<选择对象>："时直接按回车键，则要求选择要标注尺寸的对象，并将该对象的两个端点作为两条尺寸界线的起点。

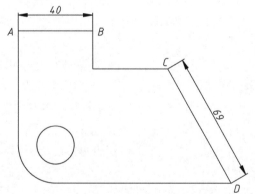

（2）多行文字(M)：选择该项可打开"多行文字编辑器"对话框，进入多行文字编辑模式，用来输入并设置标注文字。尖括号（〈〉）内为系统测量值。

（3）文字(T)：选择该项将提示"输入标注文字"，进入单行文字编辑模式。

图 6.22　线性标注和对齐标注应用

（4）角度(A)：选择该项将提示"指定标注文字角度"，用来设置标注文字的旋转角度。

（5）水平(L)：选择该项将使标注文字水平放置。

（6）垂直(V)：选择该项将使标注文字垂直放置。

（7）旋转(R)：选择该项可以旋转尺寸线。

6.3.2　对齐标注

"对齐"是线性标注的一种特殊形式，适用于标注倾斜角度未知的直线段，尺寸线将与所标注直线段平行。点击"标注"菜单栏中的"对齐"标注按钮，在命令行的提示下进行操作，即可完成对齐标注。

例题 6.2　标注图 6.22 中线段 *CD* 的长度。

操作步骤如下：

启动"对齐"标注命令后，命令行提示如下。

指定第一个尺寸界线原点或<选择对象>：指定 C 点

指定第二条尺寸界线原点：指定 D 点

指定尺寸线位置或[多行文字(M)/文字(T)/角度(A)]：单击鼠标，确定尺寸线位置。

标注文字 = 56（标注完成）

6.3.3　弧长标注

"弧长"标注命令用来标注圆弧段或多段线圆弧段的长度。点击"标注"菜单栏中的"弧长"标注按钮，在命令行的提示下进行操作，即可完成弧长标注。

例题 6.3　标注图 6.23（a）中圆弧段的长度。

操作步骤如下：

启动"弧长"标注命令后，命令行提示如下：

选择弧线段或多段线圆弧段：选择要标注的圆弧线段。

指定弧长标注位置或 [多行文字(M)/文字(T)/角度(A)/部分(P)/引线(L)]：单击鼠标，确定标注位置。

标注文字 = 30（标注完成）

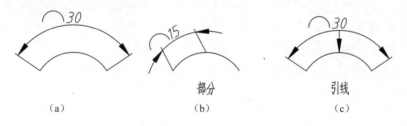

（a）　　　　　　部分（b）　　　　　　引线（c）

图 6.23　弧长标注应用

（1）部分(P)：可以标注选定圆弧段的某一部分弧长。如图 6.23（b）所示。

（2）引线(L)：可以用引线标注出圆弧长度。如图 6.23（c）所示。

6.3.4　坐标标注

"坐标"标注用于标准相对于坐标原点的坐标尺寸。坐标标注由 X 或 Y 值和引线组成。X 基准坐标标注沿着 X 轴测量特定点与坐标原点的距离，Y 基准坐标标注沿着 Y 轴测量特定点与坐标原点的距离。点击"标注"菜单栏中的"坐标"标注按钮，在命令行的提示下进行操作，即可完成坐标标注。

在实际应用中有关坐标值是由当前的 UCS 的位置和方向确定的，因此在创建坐标标注之前，通常要设定 UCS 原点与基准相符。

例题 6.4　标注图 6.24 中所有圆的圆心坐标（相对于左下角顶点）。

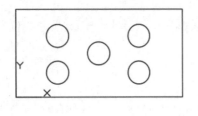
（a）原始图形

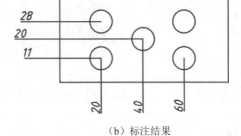
（b）标注结果

图 6.24　标注圆心坐标值

操作步骤如下：

（1）定义 UCS 坐标原点。

命令：UCS✓

当前 UCS 名称：*没有名称*

指定 UCS 的原点或 [面(F)/命名(NA)/对象(OB)/上一个(P)/视图(V)/世界(W)/X/Y/Z/Z 轴(ZA)]<世界>：单击原始图形的左下角顶点。

指定 X 轴上的点或<接受>：单击原始图形的右下角顶点。

指定 XY 平面上的点或<接受>：单击原始图形内任意单击鼠标。

完成用户定义 UCS 坐标。

（2）"坐标"标注

启动"坐标"标注命令后，命令行提示如下：

命令：Dimordinate

指定点坐标：

指定引线端点或 [X 基准(X)/Y 基准(Y)/多行文字(M)/文字(T)/角度(A)]：指定左下

角圆的圆心位置，向下移动鼠标到合适位置，完成标注第一圆的 X 坐标值。

标注文字 = 20.07（标注完成）

重复坐标标注命令：Dimordinate

指定点坐标：

指定引线端点或 [X 基准(X)/Y 基准(Y)/多行文字(M)/文字(T)/角度(A)]：指定左下角圆的圆心位置，向左移动鼠标到合适位置，完成标注第一圆的 Y 坐标值。

标注文字 = 11.31（标注完成）

使用同样的步骤标注其他圆的圆心坐标值，标注完成后如图 6.24（b）所示。

6.3.5　半径标注和直径标注

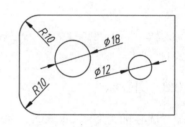

"半径"标注和"直径"标注命令用来标注圆或圆弧的半径或直径。点击"标注"菜单栏中的"半径"标注按钮⊙和"直径"标注按钮⊘，在命令行的提示下进行操作，即可分别完成"半径"标注和"直径"标注。"半径"标注的尺寸数字前带有字母 *R*，而"直径"标注的尺寸数字前带有字母 *Φ*（图 6.25）。

图 6.25　半径标注和直径标注示例

6.3.6　折弯标注

"折弯"命令用来折弯标注圆或圆弧的半径。其标注方法与半径标注基本相同，但需要确定标注圆心的位置及折弯位置。点击"标注"菜单栏中的"折弯"标注按钮⊙，在命令行的提示下进行操作，即可完成"折弯"标注。

例题 6.5　标注图 6.26 中大圆弧的尺寸。

操作步骤如下：

执行 Dimjogged 命令

启动命令后，命令行提示如下：

选择圆弧或圆：选择要折弯标注的圆。

指定图示中心位置：单击鼠标，确定代替圆心的位置如点 P。

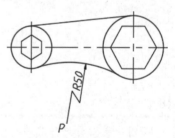

图 6.26　折弯标注应用

标注文字 = 50

指定尺寸线位置或 [多行文字(M)/文字(T)/角度(A)]：单击鼠标，确定尺寸线位置。

指定折弯位置：单击鼠标，确定折弯位置，标注完成。

6.3.7 角度标注

"角度"（Dimangular）命令用来标注测量对象之间的夹角。点击"标注"菜单栏中的"角度"标注按钮，在命令行的提示下进行操作，即可完成"角度"标注。

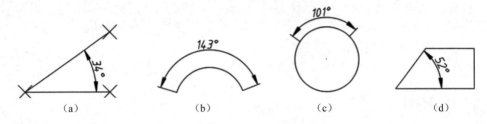

图 6.27 角度标注

（a）创建基于 3 点的角度标注；（b）标注圆弧角度；（c）选择圆标注指定点的圆心角；（d）标注两条直线间的角度。

6.3.8 圆心标注

"圆心标记"（Dimcenter）命令用来标注圆或圆弧的圆心。点击"标注"菜单栏中的"圆心标记"标注按钮⊕，在命令行的提示下进行操作，即可完成"圆心标记"标注。

（a）圆弧圆心标记　　　　　（b）圆圆心标记

图 6.28 圆心标记示例

注意与技巧

　　图中圆心标记并非一个整体，而是由两条直线段组成。圆心标记样式由尺寸标注样式的设置决定。

6.3.9 基线标注和连续标注

"基线"命令用于创建一系列由同一标注原点测量出来的标注，所有标注从同一条尺寸界线引出。"连续"命令用于创建一系列首尾衔接放置的标注，相邻两个标注共用同一条尺寸界线。点击"标注"菜单栏中的"基线"标注按钮━┩和"连续"标注按钮┿┿，在命令行的提示下进行操作，即可分别完成"基线"标注和"连续"标注。

　　例题 6.6　分别使用基线标注和连续标注命令标出图 6.29 中指定线段的长度。

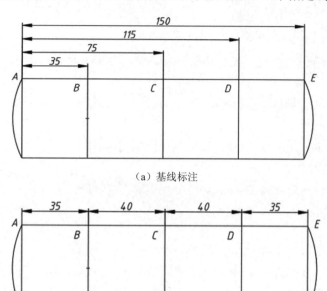

（a）基线标注

（b）连续标注

图 6.29　基线标注和连续标注应用

操作步骤如下：

（1）首先执行"直线"标注命令标注图中 *AB* 段尺寸。

（2）执行"基线"标注命令

启动命令后，命令行提示如下：

选择基准标注：选择 *AB* 段尺寸标注

指定第二个尺寸界线原点或 [选择(S)/放弃(U)]<选择>：捕捉 *C* 点

标注文字 =75

指定第二个尺寸界线原点或 [选择(S)/放弃(U)]<选择>：捕捉 *D* 点

标注文字 =115

指定第二个尺寸界线原点或 [选择(S)/放弃(U)]<选择>：捕捉 *E* 点

标注文字 =150

指定第二个尺寸界线原点或 [选择(S)/放弃(U)]<选择>：↙

选择基准标注：↙，标注完成

（3）连续标注

执行"连续"标注命令

启动命令后，命令行提示如下：

选择连续标注：选择 *AB* 段尺寸标注

指定第二个尺寸界线原点或 [选择(S)/放弃(U)]<选择>：捕捉 *C* 点

标注文字 ＝40

指定第二个尺寸界线原点或 [选择(S)/放弃(U)]<选择>：捕捉 *D* 点

标注文字 ＝40

指定第二个尺寸界线原点或 [选择(S)/放弃(U)]<选择>：捕捉 *E* 点

标注文字 ＝35

指定第二个尺寸界线原点或 [选择(S)/放弃(U)]<选择>：↙

选择连续标注：↙，标注完成

6.3.10 快速标注

"快速标注"（Qdim）命令用于创建成组的连续、基线、坐标、半径、直径等尺寸标注，对选中的几何形体进行一次性标注。点击"标注"菜单栏中的"快速标注"按钮，在命令行的提示下进行操作，即可完成"快速"标注。

在使用"快速标注"时，系统自动捕捉所选几何形体上的端点，并将它们作为测量点进行标注。

例题 6.7 利用快速标注命令，完成图 6.30（a）的标注，标注结果如图 6.30（b）所示。

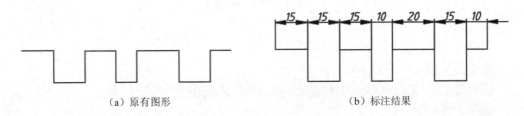

（a）原有图形　　　　　　　　　（b）标注结果

图 6.30 快速标注示例

操作步骤如下：

执行"快速标注"命令

启动命令后，命令行提示如下：

命令：_Qdim

关联标注优先级 = 端点

选择要标注的几何图形：单击鼠标左键选择 6.30（a）图形）找到 1 个↙

指定尺寸线位置或 [连续(C)/并列(S)/基线(B)/坐标(O)/半径(R)/直径(D)/基准点(P)/编辑(E)/设置(T)]<连续>：点击鼠标左键

6.3.11　标注间距

"标注间距"命令用于对平行线性标注和角度标注之间的间距做同样的调整。点击"标注"菜单栏中的"标注间距"按钮，在命令行的提示下进行操作，即可完成"标注间距"标注。

例题 6.8　调整图 6.31（a）中的尺寸标注间距，调整后如图 6.31（b）所示。

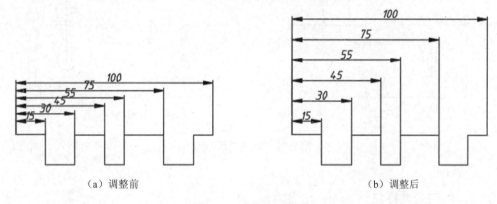

（a）调整前　　　　　　　　　　　（b）调整后

图 6.31　标注间距应用

操作步骤如下：

执行"标注间距"命令

启动命令后，命令行提示如下：

选择基准标注：单击鼠标左键，选择"15"文字标注

选择要产生间距的标注：（单击鼠标左键，选择"30"文字标注）找到 1 个

选择要产生间距的标注：（单击鼠标左键，选择"45"文字标注）找到 1 个，总计 2 个

选择要产生间距的标注：（单击鼠标左键，选择"55"文字标注）找到 1 个，总计 3 个

选择要产生间距的标注：（单击鼠标左键，选择"75"文字标注）找到 1 个，总计 4 个

选择要产生间距的标注：（单击鼠标左键，选择"100"文字标注）找到 1 个，总计 5 个

选择要产生间距的标注：✓

输入值或 [自动(A)]<自动>：✓

6.3.12 标注打断

"标注打断"（Dimbreak）命令用来对尺寸标注中的线进行打断，使其部分不显示。点击"标注"菜单栏中的"标注打断"按钮 ，在命令行的提示下进行操作，即可完成"标注打断"标注。

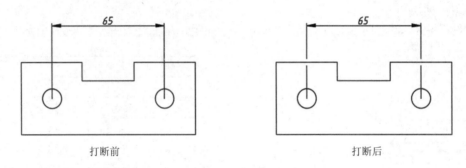

图 6.32 标注打断示例

6.3.13 形位公差标注

"公差"（Tolerance）命令用来控制物体的实际尺寸（如形状、轮廓、方向、位置等）与理想尺寸之间的允许差值。

执行公差标注的命令有下列 3 种方法：

● 下拉菜单："标注"→"公差"。

● 工具栏："标注工具栏"单击"公差"按钮 。

● 命令行：Tolerance✓。

启动命令后，系统将弹出"形位公差"对话框，如图 6.33 所示。该对话框部分选项含义如下：

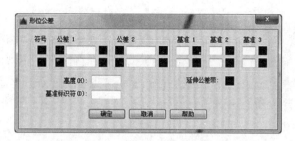

图 6.33　"形位公差"对话框

（1）符号：显示几何特征符号，用来区分所标注的公差类型。单击下面的黑色方框将打开"特征符号"面板，如图 6.34 所示。

（2）公差 1、公差 2：创建公差值，并可在公差值前插入直径符号，在其后插入附加符号。单击下面第一个黑色方框将在公差值前加入直径符号；在文本框中输入具体的公差值；单击第二个黑色方框将打开"附加符号"面板，包括三个选项：最大的材料尺寸 M、最小的材料尺寸 L 和不相关的特征尺寸 S，用于控制材料状态，如图 6.35 所示。

（3）基准 1、基准 2、基准 3：用于确定测量形位公差所依据的基准。在文本框中输入基准线或基准面代号；在黑色方框中选择材料状态。

（4）高度(H)：用于确定预定的公差范围值。

（5）延伸公差带：显示预定的公差范围符号与预定的公差范围值的配合，即预定的公差范围值后加上字母"P"。

（6）基准标识符(D)：在文本框中输入基准的标识符号，可以用大写字母进行标识。

（7）如果需要准确指定形位公差在图中的位置，可以与多重引线标注配合使用，如图 6.36 所示。

图 6.34　"特征符号"面板

图 6.35　"附加符号"面板

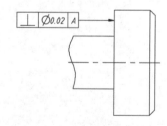

图 6.36　形位公差标注应用

6.4　多重引线标注

"多重引线"（Mleader）命令用来将引线与说明文字一起标注。其中引线可以是直线或样条曲线，一端可带箭头也可不带，另一端带有文字或块，通常情况下用一条短水平线（又称为基线）将文字和块连接到引线上。

6.4.1　定义多重引线样式

多重引线样式用来控制多重引线的外观，AutoCAD 提供了名为"Standard"的默认多重引线样式，用户也可以创建新的多重引线样式或修改现有的多重引线样式。

设置多重引线样式的命令有下列 3 种方法：

● 下拉菜单："格式"→"多重引线样式"。

● 功能区：草图与注释空间下，功能区默认选项卡中"注释"面板中单击"多重引线样式"按钮 。

● 工具栏："多重引线"工具栏单击"多重引线样式"按钮 。

● 命令行：Mleaderstyle✓。

启动命令后，系统将弹出"多重引线样式管理器"对话框，如图 6.37 所示。单击"新建(N)"按钮将打开"创建新多重引线样式"对话框，用于设置新的多重引线样式（图 6.38）。单击"修改(M)"按钮将打开"修改多重引线样式"对话框，可以通过"引线格式""引线结构"和"内容"三个选项卡对多重引线样式进行设置。

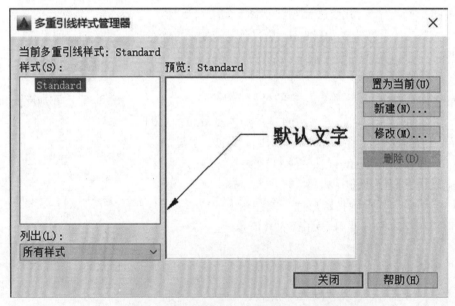

图 6.37　"多重引线样式管理器"对话框

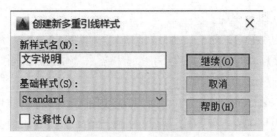

图 6.38 "创建新多重引线样式"对话框

单击"创建新多重引线样式"对话框中的"继续"按钮,弹出"修改多重引线标注"对话框(图 6.39),下面分别介绍该对话框中各选项卡的含义。

6.4.1.1 引线格式选项卡(图 6.39)

(1)类型(T):用于确定引线的类型,可以选择直引线、样条曲线或无引线。

(2)颜色(C):用于确定引线的颜色。

(3)线型(L):用于确定引线的线型。

(4)线宽(G):用于确定引线的线宽。

(5)箭头:用于确定引线箭头的符号和大小。

(6)引线打断:用于确定对多重引线标注进行标注打断时的打断大小。

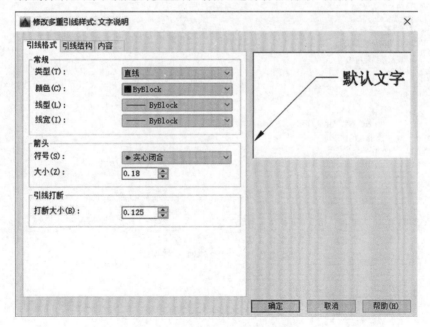

图 6.39 "引线格式"选项卡

6.4.1.2 引线结构（图 6.40）

（1）最大引线点数(M)：选中之后用于确定引线的点的最大数目。

（2）第一段角度(F)和第二段角度(S)：选中之后分别用于确定多重引线基线中第一个点和第二个点的角度。

（3）自动包含基线(A)：选中之后将水平基线附着到多重引线内容。

（4）设置基线距离(D)：用于确定基线的固定距离。当输入值为 0 时可在多重引线标注过程中给定数值。

（5）注释性(A)：指定多重引线为注释性。

（6）将多重引线缩放到布局(L)：根据模型空间视口和图纸空间视口中的缩放比例确定多重引线的比例因子。当多重引线不为注释性时，此选项可用。

（7）指定缩放比例：指定多重引线的缩放比例。当多重引线不为注释性时，此选项可

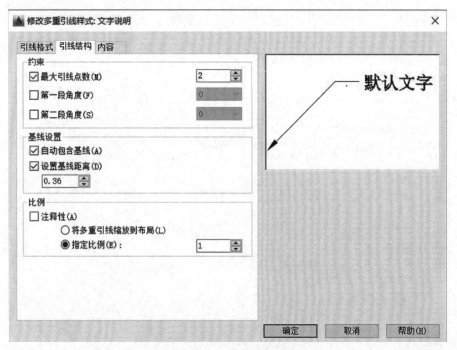

图 6.40 "引线结构"选项卡

6.4.1.3 内容选项卡（图 6.41）

（1）多重引线类型(M)：用于确定多重引线是包含文字还是块。

（2）默认文字(D)：用来输入多重引线内容的默认文字。

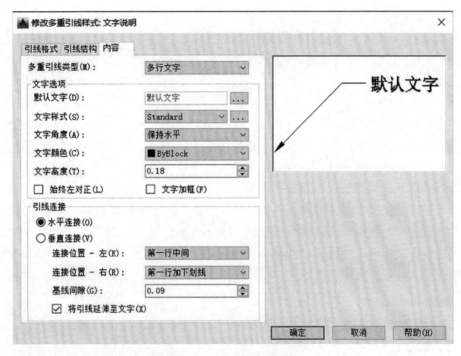

图 6.41 "内容"选项卡

（3）文字样式(S)：用于确定多重引线文字的默认样式。

（4）文字角度(A)：用于确定多重引线文字的旋转角度。

（5）文字颜色(C)：用于确定多重引线文字的颜色。

（6）文字高度(T)：用于确定多重引线文字的高度。

（7）始终左对正(L)：选中之后多重引线文字始终左对齐。

（8）文字加框(F)：选中之后多重引线文字加边框。

（9）引线连接：用于确定引线连接内容的位置，包括"水平连接(O)"和"垂直连接(V)"等方式。

①"水平连接(O)"：水平附着将引线插入到文字内容的左侧或右侧。水平附着包括文字和引线之间的基线。连接位置-左：控制文字位于引线右侧时基线连接到文字的方式。连接位置-右：控制文字位于引线左侧时基线连接到文字的方式。

②"垂直连接(V)"：将引线插入到文字内容的顶部或底部。垂直连接不包括文字和引线之间的基线。连接位置-上：将引线连接到文字内容的中上部。单击下拉菜单以在引线连接和文字内容之间插入上划线。连接位置-下：将引线连接到文字内容的底部。单击下拉菜单以在引线连接和文字内容之间插入下划线。

（10）基线间隙(G)：指定基线和文字之间的距离。

例题 6.9 建立"文字说明"多重引线标注样式，Shx 字体为"gbeitc.shx"，大字体为"gbcbig.shx"，字体大小为 6，箭头大小为 4，其他保持默认。

操作步骤如下：

（1）输入新样式名"文字说明"：执行"多重引线样式"命令，系统将弹出"多重引线样式管理器"对话框，如图 6.37 所示。单击"新建(N)"按钮将打开"创建新多重引线样式"对话框，在新样式名中输入"文字说明"（图 6.38），单击"继续按钮"。

（2）指定箭头大小：单击"继续按钮"后，弹出"修改多重引线标注"对话框（图 6.39），选择"引线格式"选项卡，箭头大小设置为 4。其他选项保持默认。

（3）指定文字样式和文字大小：在"修改多重引线标注"对话框（图 6.39）中，选择"内容"选项卡，点击"文字样式(S)"右侧的 ... 按钮，弹出"文字样式"对话框，如图 6.42 所示，Shx 字体选择"gbeitc.shx"，大字体选择"gbcbig.shx"，字体大小为 6，其他保持默认，设置完毕关闭该对话框。

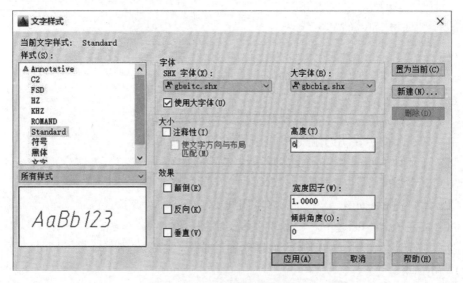

图 6.42 "文字样式"对话框

（4）返回到"修改多重引线标注"对话框，单击"确定"按钮，返回到"多重引线样式管理器"对话框（图 6.43），新建的"文字说明"样式已经出现在"样式"框中，选择"文字说明"，单击"置为当前"按钮，单击"关闭"按钮，完成"文字说明"多重引线标注样式建立。

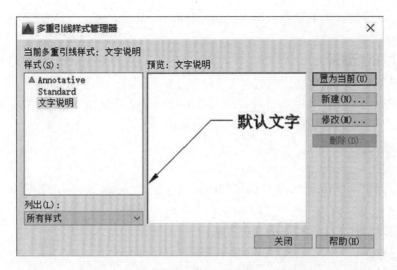

图 6.43 "多重引线样式管理器"对话框

6.4.2 多重引线标注

执行多重引线标注的命令有下列 4 种方法：

- 下拉菜单："标注"→"多重引线"。
- 功能区：草图与注释空间下，功能区默认选项卡中"注释"面板中单击"多重引线"按钮 。
- 工具栏："多重引线"工具栏→"多重引线"按钮 。
- 命令行：Mleader✓。

例题 6.9 使用例题 6.8 中建立的"文字说明"多重引线标注样式，用多重引线标注命令标注图 6.44 中的"标注打断"文字。

绘图步骤如下：

执行 Mleader 命令

启动命令后，命令行提示如下：

指定引线箭头的位置或 [引线基线优先(L)/内容优先(C)/选项(O)]<选项>：指定 *A* 点

指定引线基线的位置：指定 *B* 点

指定基线距离<1.6842>：（指定 *C* 点）

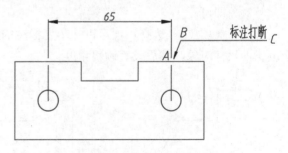

图 6.44 多重引线标注应用

弹出"文字格式"对话框，输入"标注打断"，单击"确定"，完成标注。

6.5 尺寸标注编辑

标注完成后，对于文字、位置、样式等不符合要求的尺寸，AutoCAD 可以直接进行修改，而不需要删除已标注尺寸之后重新标注。

6.5.1 编辑标注

"编辑标注"（Dimedit）命令用来修改尺寸文字的格式、内容、位置及尺寸界线的位置。

执行编辑标注的命令有下列 3 种方法：

- 下拉菜单："标注"→"编辑标注"。
- 工具栏："标注"工具栏单击"编辑"按钮 。
- 命令行：Dimedit↙。

启动命令后，命令行提示如下：

输入标注编辑类型 [默认(H)/新建(N)/旋转(R)/倾斜(O)]<默认>:

（1）默认(H)：选择该项并选择要编辑的尺寸对象，可以按默认位置和方向放置尺寸文字。

（2）新建(N)：选择该项将弹出"文字格式"对话框及文本框，设置完成后选择要编辑的尺寸对象即可。

（3）旋转(R)：选择该项可以将尺寸文字旋转一定角度，设置角度后选择要编辑的尺寸对象即可。

（4）倾斜(O)：选择该项可以非角度标注的尺寸界线旋转一定角度，需要先选择要编辑的尺寸对象，然后设置倾斜角度。

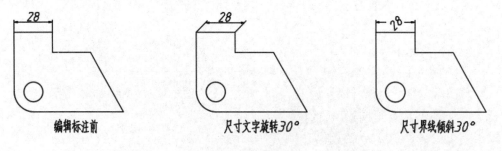

编辑标注前　　　　　尺寸文字旋转30°　　　　　尺寸界线倾斜30°

图 6.45　编辑标注应用

注意与技巧

> 也可以通过夹点编辑调整标注位置，或右击通过特性窗口编辑尺寸标注特性。

6.5.2 编辑标注文字

"编辑标注文字"（Dimtedit）命令用来修改尺寸文字的位置和角度。

执行编辑标注文字的命令有下列 3 种方法：

- 下拉菜单："标注"→"对齐文字"。
- 工具栏："标注工具栏"单击"编辑标注文字"按钮。
- 命令行：Dimtedit↙。

启动命令后，命令行提示如下：

选择标注：

为标注文字指定新位置或 [左对齐(L)/右对齐(R)/居中(C)/默认(H)/角度(A)]：

（1）左对齐(L)：调整标注文字为左对齐。

（2）右对齐(R)：调整标注文字为右对齐。

（3）居中(C)：将标注文字放在尺寸线中间。

（4）默认(H)：将标注文字按尺寸标注样式放置。

（5）角度(A)：改变标注文字的角度。

注意与技巧

> 在命令执行过程中，可以通过移动鼠标动态改变尺寸线和尺寸文字的位置，并通过单击鼠标确定。

6.5.3 替代标注

"替代"（Dimoverride）命令用来临时修改尺寸标注的设置，并按该设置修改尺寸标注。

执行替代标注的命令有下列 2 种方法：

- 下拉菜单："标注"→"替代"。
- 命令行：Dimoverride↙。

启动命令后，命令行提示如下：

输入要替代的标注变量名或 [清除替代(C)]：

输入要修改的系统变量名，并为该变量指定一个新值，然后选择需要修改的对象，使它按新的变量设置作相应修改，修改后不影响原系统的设置。

6.5.4 更新标注

"更新"（Dimstyle）命令用于将当前的标注样式保存起来，以便随时调用，或使用一种新的标注样式更换当前的标注样式。

执行更新标注的命令有下列 3 种方法：

- 下拉菜单："标注"→"更新"。
- 工具栏："标注工具栏"单击"标注更新"按钮 。
- 命令行：Dimstyle✓。

启动命令后，命令行提示如下：

输入标注样式选项 [保存(S)/恢复(R)/状态(ST)/变量(V)/应用(A)/?]<恢复>：

（1）保存(S)：选择该项后输入新标注样式名，可将当前标注样式按新样式名保存。

（2）恢复(R)：选择该项后输入已有的标注样式名，可将其更换为当前标注样式。

（3）状态(ST)：选择该项后将打开文本窗口，以显示当前标注样式的设置。

（4）变量(V)：选择该项后按提示选择一个标注样式，将打开文本窗口以显示所选样式的设置。

（5）应用(A)：选择该项后按提示选择标注对象，可将其更换为当前标注样式。

6.5.5 折弯线性

可以在线性标注或对齐标注中添加或删除折弯线，该标注中的折弯线表示所标注的对象中的折断。标注值表示实际距离，而不是表示图形中测量的距离（图6.46）。

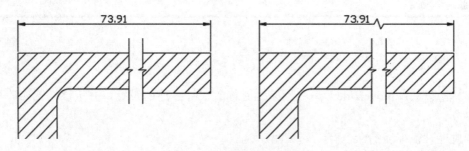

图6.46 折弯线性标注示例

执行更新标注的命令有下列 3 种方法：

- 下拉菜单："标注"→"折弯线性"。
- 工具栏："标注工具栏"单击"折弯线性"按钮 。

● 命令行：Dimjogline✓。

启动命令后，命令行提示如下：

命令：_Dimjogline

选择要添加折弯的标注或 [删除(R)]：单击鼠标左键，选择添加折弯的标注线。

指定折弯位置（或按【Enter】键）：单击鼠标左键，在选择的标注线上指定折弯位置或直接按【Enter】键。

6.5.6 尺寸关联

尺寸关联是指所标注尺寸与被标注对象有关联关系。如果标注的尺寸值是自动测量值，且按尺寸关联模式标注，那么被标注对象大小改变之后标注尺寸也将发生相应变化。

本章练习题

一、选择题

1. 每个完整的尺寸标注，一般由（ ）组成。

A. 尺寸界线、尺寸线和尺寸文字

B. 箭头、尺寸线和尺寸文字

C. 尺寸终止线、尺寸线、尺寸文字和箭头

D. 尺寸界线、尺寸线、尺寸文字和箭头

2. 下列公差标注中，属于极限尺寸标注的是（ ）。

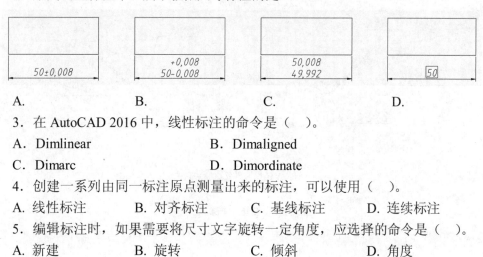

A.   B.   C.   D.

3. 在 AutoCAD 2016 中，线性标注的命令是（ ）。

A. Dimlinear   B. Dimaligned

C. Dimarc   D. Dimordinate

4. 创建一系列由同一标注原点测量出来的标注，可以使用（ ）。

A. 线性标注   B. 对齐标注   C. 基线标注   D. 连续标注

5. 编辑标注时，如果需要将尺寸文字旋转一定角度，应选择的命令是（ ）。

A. 新建   B. 旋转   C. 倾斜   D. 角度

二、上机操作题

1. 绘制图 6.47 的凉亭示意图并标注尺寸。

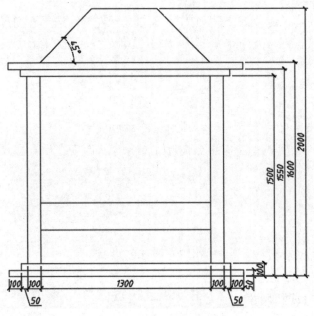

图 6.47　凉亭示意图

2. 利用多重引线标注完成图 6.48 所示的文字标注。

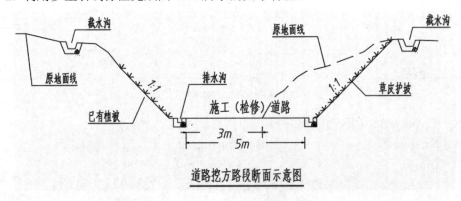

道路挖方路段断面示意图

图 6.48　多重引线标注示例

第7章 图块与图形管理

※本章学习目标：

本章主要讲述 AutoCAD 的图块的创建、应用与管理的一些基本内容，用于提高绘图效率。

◆ 了解图块的特点与优点。
◆ 掌握内部块与外边块各自的特点与创建方法。
◆ 掌握属性块的定义与创建；图块属性的修改与编辑。
◆ 熟悉设计中心与工具选项板的用法。
◆ 熟悉设计外部参照的用法。

7.1 图块概述

在环境生态工程制图中有大量反复使用的图形对象，如标高、图框、轴号、指北针、箭头、植物简图等。这些对象的结构在不同的文件或同一个文件需要反复使用，它们的形状基本相同，尺寸和方向会有调整。虽然 AutoCAD 提供了复制、阵列等编辑命令可以重复绘制某些相同的图形，但这些方法不如图块命令使用操作方便。图块（简称为"块"）由一个或一组图形对象的集合，是通过相关命令定义并命名的一个独立的整体对象，并可以保存在模板文件当中或单独以一个图形文件的方式保存起来，在绘制其他图形时可以很方便地通过 AutoCAD 的"图块"插入命令或"设计中心"窗口等方法随时调用插入，从而达到提高绘图效率的目的。

在 AutoCAD 中，图块具有以下特点：

（1）提高绘图速度，实现"积木式"作图

对于图形中出现大量重复的图形都可以定义成块，在绘图时随时可以调取，大大提高绘图速度。

（2）节省存储空间

AutoCAD 中只保存图块的整体参数特征，而不需要保存图块中每一个图元的特征参数。这样就减少了 AutoCAD 中单独存储每个图元信息的过程，从而节省绘图磁盘空间。

（3）批量修改图形

在 AutoCAD 中，图块是作为单独的对象来处理的。只有对块进行再定义，修改其形状、尺寸或属性，才会引起图样中所有图块的自动更新。

（4）加入属性

用户还可以将文字信息、说明等添加到块属性中，而且根据需要提取块属性并传送到相应数据库中。

（5）可以具有不同的特性

图块可以位于不同的图层上，并具有不同的特性（如线型、颜色等）。另外，图块可以是嵌套的，即图块可以包含其他的块。

7.2　创建块

块分为内部块和外部块。内部块为临时块，在当前图形中创建并使用的块，在其他文件中不能使用。文件删除后，创建的内部块也同时清理掉。而外部块则将块保存在独立的文件中，而不是依赖于某一图形文件。

7.2.1　创建内部块

启用创建内部块命令：

● 下拉菜单："绘图"→"块"→"创建"。

● 功能区：草图与注释空间下，功能区默认选项卡中"块"面板中单击"创建块"按钮 。

● 绘图工具栏：在"绘图"工具栏上单击"创建块"按钮 。

● 命令行：Block 或 Bmake 或 B↙。

启动命令后，弹出如图 7.1 所示的"块定义"对话框。下面介绍该对话框中各主要选项的功能含义：

（1）"名称"框：指定块的名称。名称最多可以包含 255 个字符，包括字母、数字、空格，以及操作系统或程序未作他用的任何特殊字符。块名称及块定义保存在当前图形中。

（2）"基点"选项组：指定块的插入基点，默认值是（0，0，0）。当在该选项组中勾选"在屏幕上指定"复选框，关闭对话框时，将提示用户指定基点。取消勾选"在屏幕上指定"复选框，单击"拾取点"按钮，暂时关闭对话框以使用户能在当前图形中拾取插入基点。X、Y、Z框，分别用于指定 X 坐标值、Y 坐标值、Z 坐标值。

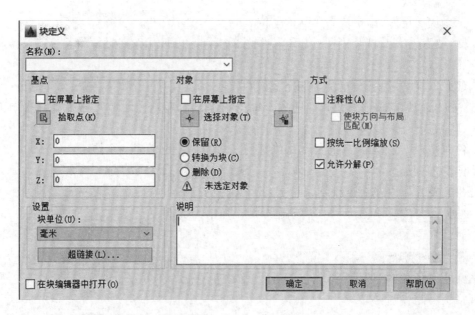

图 7.1　"块定义"对话框

（3）"对象"选项组：该选项组用于指定新块中要包含的对象，以及创建块之后如何处理这些对象，是保留还是删除选定的对象或者是将它们转换成块实例。

①"在屏幕上指定"复选框：关闭对话框时，将提示用户指定对象。

②"选择对象"按钮：暂时关闭"块定义"对话框，允许用户选择块对象。选择完对象后，按【Enter】键可返回到该对话框。

③"快速选择"按钮：显示"快速选择"对话框，从该对话框定义选择集。

④"保留"选项：创建块以后，将选定对象保留在图形中作为区别对象。

⑤"转换为块"选项：创建块以后，将选定对象转换成图形中的块实例。

⑥"删除"选项：创建块以后，从图形中删除选定的对象。

⑦选定的对象：显示选定对象的数目。

（4）"方式"选项组：用于指定块行为方式。

①"注释性"：指定块为注释性。

②"使块方向与布局匹配"：指定在图纸空间视口中的块参照的方向与布局的方向匹配。如果未选择"注释性"选项，则该选项不可用。

③"按统一比例缩放"：指定是否阻止块参照不按统一比例缩放。

④"允许分解"：指定块参照是否可以被分解。

（5）"设置"选项组：指定块的设置。

①"块单位"：指定块参照插入单位。

②"超链接"：打开"插入超链接"对话框，可以使用该对话框将某个超链接与块定义相关联。

（6）"说明"选项：指定块的文字说明。

（7）"在块编辑器中打开"选项：单击"确定"后，在块编辑器中打开当前的块定义。

例题 7.1　将空心箭头符号，用创建内部块命令，定义为一个块。

绘图步骤如下：

（1）首先用直线命令绘制如图 7.2 所示的箭头。

（2）执行创建块(B)命令：启动命令后，弹出"块定义"对话框。

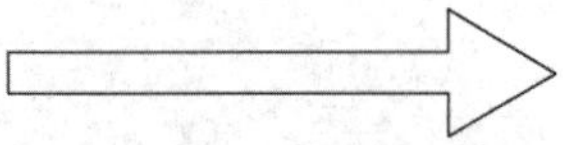

图 7.2　空心箭头

在"名称"框内：输入"箭头"。

命令：点击"拾取点"按钮，_Block 指定插入基点：选择箭头右侧尖部。

选择对象：点击"选择对象"按钮，框选箭头，指定对角点：找到 8 个✓。

选择对象：返回对话框，点击"确定"按钮，完成块定义。

7.2.2　创建外部块

创建外部块也叫作"写块"或"块的存储"。创建的外部块本身就是图形文件，以 dwg 格式保存在磁盘中并能被 AutoCAD 其他文件使用。

命令的调用方式如下：

● 功能区：草图与注释空间下，功能区"插入"选项卡的"块定义"面板中单击"写块"按钮。

● 命令行：Wb 或 Wblock✓。

启动命令后，系统弹出如图 7.3 所示的"写块"对话框。下面介绍该对话框中各主要选项的功能含义：

图 7.3　"写块"对话框

（1）"源"选项组：指定"源"对象的类型，有三种类型可选。

①"块"：指定要另存为文件的现有块。从列表中选择名称。

②"整个图形"：选择要另存为其他文件的当前图形。

③"对象"：选择该选项，则底部的"基点"选项和"对象"选项变亮。其余操作与创建块（Block）命令相同。

（2）"目标"选项组：用户可以设置块的以下信息。

①"文件名和路径"：指定文件名和保存块或对象的路径。

②"插入单位"：指定块参照插入单位，默认为 mm。

例题 7.2　将空心箭头符号（图 7.2），用创建外部块命令，定义为一个块（操作步骤略）。

操作步骤：

命令：Wblock↙。

指定插入基点：点击"拾取点"按钮，选择箭头右侧尖部。

选择对象：框选，指定对角点：找到 8 个。

文件名和路径：选择存放位置，并输入块名为"箭头"。

选择对象：点击"确定"按钮，完成创建块。

注意与技巧

在 0 层上创建的块，颜色、线型和线宽等特性是"随层"的，即在其他图层上插入后会自动使用该图层的特性，所以，推荐块在 0 层上创建。

7.3　插入块

7.3.1　"插入"对话框

在完成"创建块"后，用户可以根据需要"插入块"。插入的块可以是内部块也可以是外部块。在插入的同时可以改变所插入块或图形的比例与旋转角度。

插入块的命令有以下三种：

● 下拉菜单："插入" → "块"。

● 功能区：草图与注释空间下，功能区默认选项卡"块"面板中单击"插入" 按钮，或者在功能区"插入"选项卡的"块"面板中单击"插入"按钮，接着从打开的下拉菜单中选择"更多选项"，系统弹出"插入"对话框。

● 绘图工具栏：插入块 。

● 命令行：I↙ 或 Insert↙。

启动该命令后，系统弹出"插入"对话框，如图 7.4 所示。

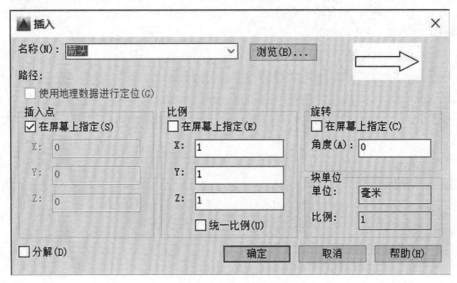

图 7.4　"插入"对话框

该对话框中各选项的功能含义如下：

（1）"名称"选项：用于选择内部块的名称。单击其后的"浏览"按钮，打开选择图形文件对话框，选择保存的外部块或外部图形（系统将以块插入）。

（2）"插入"选项：用于设置块的插入点位置。用于确定图块插入图形中时在图形中插入点的位置。选择"在屏幕上指定"复选框，则用户可在绘图区内用十字光标确定插入点。不选择"在屏幕上指定"复选框，用户可在 X、Y、Z 三个文本框中输入插入点的坐标。通常用户都是选择"在屏幕上指定"复选框来确定插入点。

（3）"缩放"选项：用于设置块的插入比例，也就是可以把块放大或缩小后插入。

该选项组有三种方法决定图块的缩放比例：选择"在屏幕上指定"复选框，则用户可在命令行直接输入 X、Y、Z 三个方向的缩放比例系数。不选择"在屏幕上指定"复选框，则用户可在 X、Y、Z 文本框中直接输入 X、Y、Z 三个方向的缩放比例系数。选择"统一比例"复选框，表示 X、Y、Z 三个方向的缩放比例系数相同，此时用户可在 X 文本框中输入统一的缩放比例系数。

（4）"旋转"选项：用于设置块插入时的旋转角度。选择"在屏幕上指定"复选框，则用户可在命令行直接输入图块的旋转角度。不选择"在屏幕上指定"复选框，则用户可在"角度"文本框中直接输入图块旋转角度的具体数值。

（5）"分解"复选框：该复选框决定插入块是作为单个对象还是分解成若干对象。如选中"分解"复选框，只能在 X 文本框中指定比例系数。

7.3.2　块的定数（距）等分

在环境生态工程制图中绘制树木、汀步及沿着路径规则放置物件（如花架横档、栏杆等）的常用方法。利用菜单"绘图"→"点"→"定数等分"/"定距等分"，选择线性路径，输入内部块的名称即可。

注意：①适用于内部块的操作，如是外部块，先以块"插入"使其转变为内部块；②输入块名称后按【Enter】键结束，空格不能结束。

注意与技巧

> （1）适用于内部块的操作，如是外部块，先以块"插入"使其转变为内部块。
> （2）输入块名称后按【Enter】键结束，空格不能结束。

7.3.3　块的多重插入

命令：Minsert。

该命令类似于 Insert 和 Array（阵列）命令的组合，灵活使用该命令不仅可以提高绘图速度，还可以减少所占用的磁盘空间。

执行命令后，要求输入块名（按回车键结束），然后要求指定插入点、缩放比例、旋转角度、插入的行数、列数、行间距、列间距，最后生成新的图形。

Minsert 命令生成的整个阵列与块有许多相同特性，但也有一些自身的特性，如：该命令不能用于单个块的插入。整个阵列就像一个块一样对编辑命令做出反应，用户不能编辑单独的项目。不能分解使用 Minsert 命令插入的块。不能对注释性块使用 Minsert。

7.4　创建与编辑带属性的图块

在 AutoCAD 中，用户可根据需要为创建的图块附加一些能够变化的文本信息，以增强图块的实用性和通用性。当用户在图形文件中插入带有属性的图块时，可根据需要为图块设置不同属性的文本信息。这对于在绘图中经常要改变属性文本信息的图块来说显得极为重要。

例如，在环境生态工程制图中（图 7.5），绘制轴线编号或索引编号或不同高程值符号等时，若用户提前给图块定义属性，则在每次插入这种带有属性的图块时，AutoCAD

将会自动提示用户输入需要的属性值。图块和图块属性的合理应用，可极大地提高用户绘图的效率。

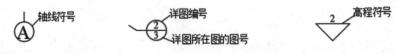

图 7.5　带有属性的图块

块中的属性不同一般文本，它具有如下特点：

（1）一个属性包括属性标志和属性值两个方面。如果用户把 Addressed 定义为属性标志，则具体的地名（如北京、上海等）就是属性值。

（2）在定义块之前，每个属性要用 Attdef 命令进行定义。由它来具体规定属性缺省值、属性标志、属性提示以及属性的显示格式等的具体信息。属性定义后，该属性在图中显示出来，并把有关信息保留在图形文件中。

（3）在插入块之前，AutoCAD 将通过属性提示要求用户输入属性值。插入块后，属性以属性值表示。因此同一个定义块，在不同的插入点可以有不同的属性值。如果在定义属性时，把属性值定义为常量，则 AutoCAD 将不询问属性值。

（4）插入块后，用户可以通过 Attdisp 命令来修改属性的显示可见性，还可以利用 Attedit 等命令对属性作修改；可以用 Attext 命令把属性单独提取出来写入文件，供统计、制表使用。

7.4.1　属性定义

在 AutoCAD 中，创建带属性的块命令有以下几种方式：

● 下拉菜单："绘图" → "块" → "属性定义"。

● 功能区：草图与注释空间下，功能区默认选项卡 "块" 面板中单击 "属性定义" 按钮 ，或者在功能区 "插入" 选项卡的 "块定义" 面板中单击 "属性定义" 按钮 。

● 命令行：Attdef↙。

启动该命令后，系统弹出 "属性定义" 对话框，如图 7.6 所示。

对话框中各选项的含义：

（1）"模式" 选项：在图形中插入块时，设定与块关联的属性值选项。

默认值存储在 Aflags 系统变量中。更改 Aflags 设置将影响新属性定义的默认模式，但不会影响现有属性定义。属性模式有 6 种类型可供选择。

① "不可见" 复选框：指定插入块时不显示或打印属性值。Attdisp 命令将替代 "不可见" 模式。若不选择该框，AutoCAD 将显示图块属性值。

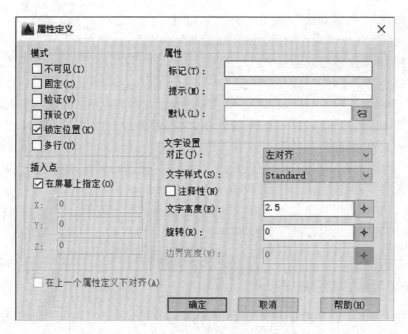

图 7.6 "属性定义"对话框

②"固定"复选框：在插入块时指定属性的固定属性值。此设置用于永远不会更改的信息。反之，则属性值将不是常量。

③"验证"复选框：插入块时提示验证属性值是否正确。反之，AutoCAD 将不会对用户所输入的值提出校验要求。

④"预设"复选框：插入块时，将属性设置为其默认值而无须显示提示。仅在提示将属性值设置为在"命令"提示下显示（Attdia 设置为 0）时，应用"预设"选项。反之，则表示 AutoCAD 将不预设初始缺省值。

⑤"锁定位置"复选框：锁定块参照中属性的位置。解锁后，属性可以相对于使用夹点编辑的块的其他部分移动，并且可以调整多行文字属性的大小。

⑥"多行"复选框：指定属性值可以包含多行文字，并且允许指定属性的边界宽度。

（2）"属性"选项：用于设定属性参数。

①"标记"：指定用来标识属性的名称。使用任何字符组合（空格除外）输入属性标记。小写字母会自动转换为大写字母。

②"提示"：指定在插入包含该属性定义的块时显示的提示。

如果不输入提示，属性标记将用作提示。如果在"模式"区域选择"固定"模式，"属性提示"选项将不可用。

③"默认"：指定默认属性值。右侧的"插入字段"按钮：显示"字段"对话框，可以在其中插入一个字段作为属性的全部或部分的值。

"多行编辑器"按钮：选定"多行"模式后，将显示具有"文字格式"工具栏和标尺的在位文字编辑器。

（3）"插入点"选项：指定属性位置。确定属性文本插入点。单击"拾取点"按钮，用户可在绘图区内用鼠标选择一点作为属性文本的插入点，也可直接在 X、Y、Z 文本框中输入插入点坐标值。

（4）"文字设置"选项：设定属性文字的对正、样式、高度、旋转和注释性。如果块是注释性的，则属性将与块的方向相匹配。

（5）"在上一个属性定义下对齐"复选框：选择该框，表示当前属性将继承上一属性的部分参数，此时"插入点"和"文字选项"选项组失效，呈灰色显示。

执行完以上操作后，单击"确定"按钮，即完成了一次属性的定义。

7.4.2　创建带属性的图块

属性定义好后，还需要把定义的属性与图块联系在一起才有用处。向图块追加属性，即建立带属性的块的操作步骤为：

（1）绘制构成图块的实体图形。

（2）定义属性。

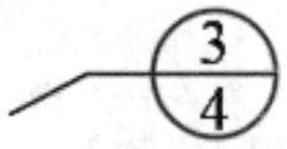

（3）将绘制的图形和属性一起定义成图块。

例题 7.3　创建一个带有属性的"详图索引"符号图块，如图 7.7 所示。

图 7.7　详图索引符号

操作步骤：

（1）执行"Circle"命令，绘制半径为 3 的圆。

（2）执行"Line"命令，绘制如图 7.8（a）、（b）、（c）所示。

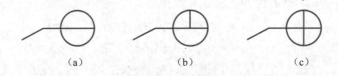

（a）　　　　　　　　（b）　　　　　　　　（c）

图 7.8　绘制圆和直线

（3）定义块属性

命令：Attdef↙ 。

启动该命令后，系统弹出"定义属性"对话框，并输入相应属性值（事先设置好文字高度，文字高度要与圆的半径大小成比例），如图 7.9 所示，设置完毕，单击"确认"

按钮，关闭该对话框，返回到绘图区域指定"属性标记"的位置。

图 7.9　"属性定义"对话框

命令：Attdef

文字设置对正方式：如图 7.10（a）所示，选择直线的中点，完成属性标记 A 位置的指定。同样的步骤完成属性标记 B 位置的指定，如图 7.10（b）所示。并把辅助的直线删除，如图 7.10（c）所示。

（a）　　　　　（b）　　　　　（c）

（4）创建块

图 7.10　指定属性标记 A、B 的位置

命令：Wblock✓

启动命令后，系统弹出如图 7.11 所示的"写块"对话框。

指定插入基点：单击"拾取点"按钮选择直线最左边的端点。

选择对象：单击"选择对象"按钮，框选对象，指定对角点：找到 5 个，总计 5 个✓。

返回到"写块"对话框，给创建的"索引符号"指定存放路径，点击"确认"按钮，完成带有属性值的"索引符号"图块的创建。

图 7.11 　"写块"对话框

（5）插入图块

执行"插入块"命令，启动该命令后，系统弹出"插入"对话框，在"名称"选项中找到"索引符号"图块，插入点勾选"在屏幕上指定"复选框，点击"确认"按钮，返回到模型空间，在绘图区合适位置单击鼠标左键，弹出"编辑属性"对话框，看到 A、B 的默认值，也可以重新给 A、B 赋值，完成后点击"确认"按钮，完成图块插入。

注意与技巧

（1）用户必须输入属性标志，属性标志可以由字母、数字、字符等组成，但是字符之间不能有空格。AutoCAD 将属性标志中的小写字母自动转换为大写字母。

（2）创建好属性定义后，可以通过双击属性定义对象来编辑属性文字对象。也可以通过输入"Textedit"或"Ddedit"命令并选择要编辑的属性定义来打开"编辑属性定义"对话框。

7.4.3 编辑图块的属性

对于插入的带有属性的图块，可以通过"增强属性编辑器""块属性管理器"和"快捷特性"等修改编辑。

7.4.3.1 增强属性编辑器

在 AutoCAD 2016 中，打开"增强属性编辑器"对话框的方式主要有以下四种：

● 双击要编辑属性的图块。

● 菜单栏：选择菜单【修改】→【对象】→【属性】→【单个…】。

● 功能区：草图与注释空间下，功能区默认选项卡"块"面板中单击"编辑属性"按钮，或者在功能区"插入"选项卡的"块"面板中单击"编辑属性"按钮。

● 命令行：Ddedit/Eattedit↙。

启动命令后，系统弹出如图 7.12 所示的"增强属性编辑器"对话框。

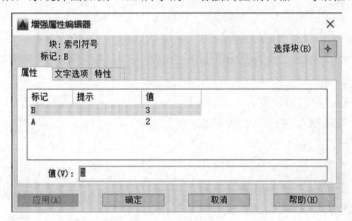

图 7.12 "增强属性编辑器"对话框

在该对话框中显示了所选图块的属性。用户可利用该对话框修改属性。

（1）"块"：正在编辑其属性的块的名称。

（2）"标记"：用于标识属性的标记。确保标记名称是唯一的。

（3）"选择块"按钮：利用此按钮可选择带属性的块。

（4）应用：更新已更改属性的图形，并保持增强属性编辑器打开。

（5）"属性"选项卡：显示每一个属性的"标记""提示"和"值"，但用户在这里只可以修改"值"。

（6）"文字选项"选项卡：设定用于定义图形中属性文字的显示方式的特性（图 7.13）。

（7）"特性"选项卡：定义属性所在的图层以及属性文字的线宽、线型和颜色（图 7.14）。

如果图形使用打印样式，可以使用"特性"选项卡为属性指定打印样式。

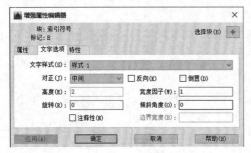

图 7.13　"文字选项"选项卡　　　　图 7.14　"特性"选项卡

7.4.3.2　块属性管理器

启动"块属性管理器"的方式主要有以下三种：

- 下拉菜单："修改"→"对象"→"属性"→"属性管理器"。
- 功能区：草图与注释空间下，功能区默认选项卡"块"面板中单击"属性管理"按钮，或者在功能区"插入"选项卡的"块定义"面板中单击"属性管理"按钮。
- 命令：Battman↵。

启动命令后，系统弹出如图 7.15 所示的"块属性管理器"对话框。选定块的属性显示在属性列表中。

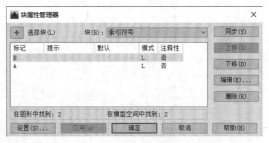

图 7.15　"块属性管理器"对话框

在该对话框中，选择要编辑的块，单击"编辑"按钮，当有多个属性标记时，应逐个编辑，"上移"和"下移"用于调整多个属性的先后输入顺序，"删除"则可以删除某个属性标记。通常这种修改对已经插入的块不影响，如果想让已经插入的块同时调整，则可用"同步"按钮。

点击"设置"按钮打开"块属性设置"对话框，从中可以自定义"块属性管理器"中属性信息的列出方式。

7.4.3.3　利用"快捷特性"进行编辑

启动状态栏的"快捷特性"工具，在绘图区单击要编辑的图块，会自动弹出"快捷特性"框口（图 7.16），即可进行相应的修改。

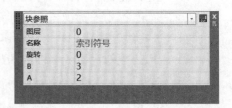

图 7.16　"快捷特性"框口

7.5　设计中心与工具选项板

7.5.1　设计中心

设计中心（Design Center）是 AutoCAD 中一个非常有用的工具，它类似于 Windows 资源管理器的界面，可管理图块、外部参照、光栅图像以及来自其他源文件或应用程序的内容。

AutoCAD 2016 自带了土木、电力、机械、建筑、景观等方面的样例文件，一般存放在 AutoCAD 2016 安装目录下：Program Files\Autodesk\AutoCAD2016\Sample\zh-cn\DesignCenter。这些样例文件包含了绘制各类工程图常用的一些标准图例，用户可以通过"设计中心"进行调用，选择合适的比例和旋转角度插入到图中，从而提高绘图效率。

启动"设计中心"的方法有以下常用方法：

● 下拉菜单："工具"→"选项板"→"设计中心"。

● 功能区：草图与注释空间下，功能区"视图"选项卡的"选项板"面板中单击"设计中心"按钮。

● 快捷键：【Ctrl】+【2】。

● 命令行：Adcenter✓。

启动命令后，系统弹出如图 7.17 所示的"设计中心"。

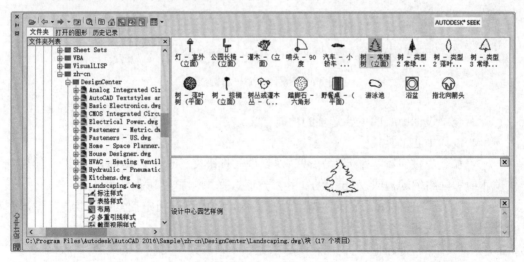

图 7.17　"设计中心"

下面简要介绍一下设计中心的主要用途：

（1）浏览和查看各种图形（Dwg/Dxf）图像文件（Bmp/Jpg/Tga 等），并可显示预览图像及其说明文字（图 7.17）。

（2）展开、打开或浏览到图形文件的各种数据，如图层、线型、标注样式、文字样式、图块，可将标注样式、文字样式直接复制粘贴到其他图形中，还可以直接将图块插入到当前图形中。

（3）将图形文件（Dwg）从控制板拖放到绘图区域中，即可打开图形；而将光栅文件从控制板拖放到绘图区域中，则可查看和附着光栅图像。

（4）在本地和网络驱动器上查找图形文件，并可创建指向常用图形、文件夹和 Internet 地址的快捷方式。

（5）可以在设计中心选择打开或未打开图形中的图块，将这些图块拖动到工具选项板中或右键创建新的工具选项板，如图 7.18 所示。

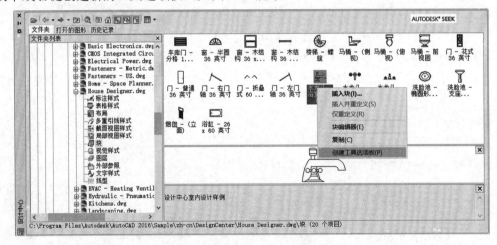

图 7.18　设计中心—右键显示

下面介绍设计中心的主要选项的功能含义。

（1）设计中心工具栏

① "加载"按钮：显示"加载"对话框（标准文件选择对话框）。使用"加载"浏览本地和网络驱动器或 Web 上的文件，然后选择内容加载到内容区域。

② "搜索"按钮：显示"搜索"对话框，从中可以指定搜索条件以便在图形中查找图形、图块和非图形对象。

③ "收藏夹"按钮：在内容区域中显示"收藏夹"文件夹的内容。"收藏夹"文件夹包含经常访问项目的快捷方式。要在"收藏夹"中添加项目，可以在内容区域或树

状图中的项目上单击右键，然后单击"添加到收藏夹"。要删除"收藏夹"中的项目，可以使用快捷菜单中的"组织收藏夹"选项，然后使用快捷菜单中的"刷新"选项。

④"主页"按钮 🏠：将设计中心返回到默认文件夹。安装时，默认文件夹被设定为 SampleDesignCenter。可以使用树状图中的快捷菜单更改默认文件夹。

⑤"树状图切换" 🖼：显示和隐藏树状视图。如果绘图区域需要更多的空间，请隐藏树状图。树状图隐藏后，可以使用内容区域浏览容器并加载内容。在树状图中使用"历史记录"列表时，"树状图切换"按钮不可用。

⑥"预览" 🖼：显示和隐藏内容区域窗格中选定项目的预览。如果选定项目没有保存的预览图像，"预览"区域将为空。

⑦ "说明" 📄：显示和隐藏内容区域窗格中选定项目的文字说明。如果同时显示预览图像，文字说明将位于预览图像下面。如果选定项目没有保存的说明，"说明"区域将为空。

⑧"视图" ▦▾：为加载到内容区域中的内容提供不同的显示格式。可以从"视图"列表中选择一种视图，或者重复单击"视图"按钮在各种显示格式之间循环切换。默认视图根据内容区域中当前加载的内容类型的不同而有所不同。

⑨"Autodesk Seek"按钮：打开 Web 浏览器并显示 Autodesk Seek（Seek）主页。可以从 Autodesk Seek 中获取的产品设计信息取决于内容提供商（企业合作伙伴和个人贡献者）发布到 Autodesk Seek（Sharewithseek）中的内容。当前仅提供英文版本的 Autodesk Seek。

（2）文件夹：显示导航图标的层次结构，包括网络和计算机、Web 地址（URL）、计算机驱动器、文件夹图形和相关的支持文件。

（3）打开的图形：显示当前打开的图形的列表。单击某个图形文件，然后单击列表中的一个定义表可以将图形文件的内容加载到内容区中。

（4）历史记录：显示设计中心中以前打开的文件的列表。双击列表中的某个图形文件，可以在"文件夹"选项卡中的树状视图中定位此图形文件并将其内容加载到内容区中。

（5）单击树状图中的项目，在内容区中显示其内容。单击加号（+）或减号（−）可以显示或隐藏层次结构中的其他层次。双击某个项目可以显示其下一层次的内容。在树状图中单击鼠标右键将显示带有若干相关选项的快捷菜单。

（6）标记经常使用的内容。选定图形、文件夹或其他类型的内容并选择"添加到收藏夹"时，即可在"收藏夹"文件夹中添加指向此项目的快捷方式。树状图和内容区均包括可激活"收藏夹"文件夹的选项。"收藏夹"文件夹可能包含本地驱动器、网络驱动器和 Internet 网址的快捷方式。

7.5.2 工具选项板

通过 AutoCAD 2016 提供的工具选项板窗口，用户也可以很方便地插入所需的专业图块。在如图 7.19 所示的工具选项板窗口中可以看到，系统自带的许多图块，用户可以进行调用，选择合适的比例和旋转角度插入到图中，从而提高绘图效率。

启动"工具选项板"的方法有以下几种：

● 下拉菜单："工具"→"选项板"→"工具选项板"。

● 功能区：草图与注释空间下，功能区"视图"选项卡的"选项板"面板中单击"工具选项板"按钮 ⊞ 。

● 快捷键：【Ctrl】+【3】。

● 命令行：Toolpalettes✓。

启动命令后，系统弹出如图 7.19 所示的"工具选项板"对话框。可以看到机械、建筑等一些常用图形的图块。这些图块是比较容易操作的，比如建筑中的车辆，拖到绘图区就可以快速地创建图形，还能改变视图方向（图 7.20）。

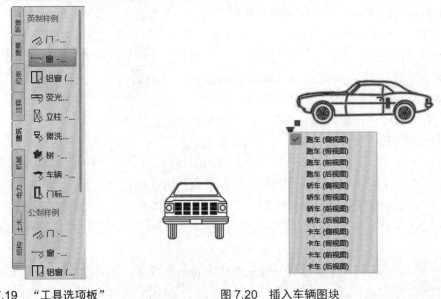

图 7.19 "工具选项板"   图 7.20 插入车辆图块

用户可以把以前创建的图块保留在"工具选项板"中，以备方便使用。点击右上角的"特性"按钮，选择"新建选项板"，填写选项板的名称，比如填写"我的常用图块"，如图 7.21 所示。这样就添加了一个自定义的选项板，但里面是空的。

打开设计中心，可以把用户自己做的图块或设计中心里自带的图块，拖到选项板中。

7.6　外部参照

7.6.1　外部参照概述

AutoCAD 中外部参照是指将一幅图以参照的形式调用到当前图形文件或多个其他图形文件中,外部参照文件多用来作为背景图或框架图使用,如等高线、防线图等。如果外部参照源文件被修改,含外部参照的图形文件会自动更新。外部参照的最大优点在于能够减少当前图形文件的存储容量,提高图形的保存、更新等运转速度,因为在当前文件中只记录外部参照文件的路径信息,而不会将外部参照

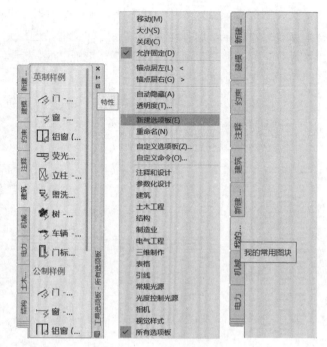

图 7.21　"新建选项板"

作为图形文件的内部资源进行储存。外部参照文件不能被分解命令分解,但可以对其进行整体的移动、复制、镜像、旋转或比例缩放等操作,还可以进行对象捕捉、改变相应的图层特性,如可见性、颜色和线型等,这些操作均不会影响源文件。

外部参照与图块的最大区别在于,图块是被插入到当前图形文件中,成为当前图形的一部分,而外部参照文件是被调用到当前的图形文件中,并不是当前图形文件的部分。

在环境生态工程设计或其他行业设计中,如果各专业之间需要协同工作、相互配合,采用外部参照可以保证项目组的设计人员之间的引用都是最新的,从而减少不必要的复制及协作滞后,以提高设计质量和设计效率。

7.6.2　外部参照的操作

外部参照命令的启动方式如下:

- 下拉菜单:"插入" → "外部参照"。
- 下拉菜单:"工具" → "选项" → "外部参照"。
- 命令行:Xr✓ 或 Xref✓。

启动命令后,AutoCAD 系统弹出"文件参照"对话框,点击"附着图像"下拉箭

头，选择附着 Dwg(D)（也可以选择其他类型的附着文件）（图 7.22），系统弹出"选择参照文件"对话框，选择作为外部参照的文件，选择完毕，点击"打开"按钮，系统弹出"附着外部参照"对话框（图 7.23），参照类型选项。下面重点介绍"附着外部参照"对话框中主要选项的功能含义：

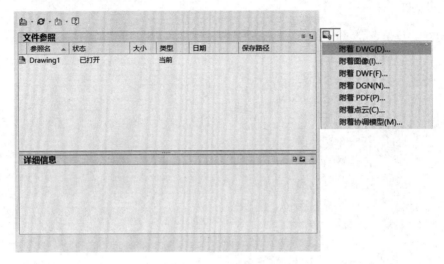

图 7.22   "文件参照"对话框

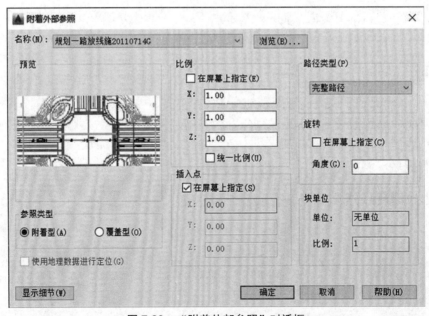

图 7.23   "附着外部参照"对话框

（1）名称：标识已选定要进行附着的 Dwg。

（2）浏览：显示"选择参照文件"对话框（标准文件选择对话框），从中可以为当前图形选择新的外部参照。

（3）预览：显示已选定要进行附着的 Dwg。

（4）参照类型：指定外部参照为附着还是覆盖。与附着型的外部参照不同，当附着覆盖型外部参照的图形作为外部参照附着到另一图形时，将忽略该覆盖型外部参照。

（5）使用地理数据进行定位：将使用地理数据的图形附着为参照。

（6）路径类型：选择完整（绝对）路径、外部参照文件的相对路径或"无路径"、外部参照的名称（外部参照文件必须与当前图形文件位于同一个文件夹中）。

指定插入比例和插入点后，点击"确定"按钮，完成附着文件的添加。

当前图形文件以外部参照命令调入图形后，AutoCAD 用户界面的状态栏最右侧，将显示"管理外部参照"的图标🖼️，点击该图标可弹出"文件参照"对话框。

注意与技巧

（1）外部参照源文件被修改后，含外部参照的图形文件会自动更新。

（2）修改源文件时，不能同时打开含外部参照的图形文件。

（3）当外部参照的源文件被删除、改变保存路径或改变图形名称时，外部参照的图形不能正常显示，仅在插入点处显示上一次外部参照的引用路径与图名。

本章练习题

一、图块的优点有哪些？

二、设计中心和工具选项板的功能有哪些？

三、外部参照文件与图块的区别？

四、选择题

1. 在 AutoCAD 中写块（存储块）命令的快捷键是（   ）。

A. Wb　　　　　　B. B　　　　　　C. W　　　　　　D. Bm

2. 为了管理方便，在 AutoCAD 中创建的图块一般存放在（   ）图层上。

A. 0　　　　　　B. A　　　　　　C. 任意存放　　　　　　D. Defpionts

3. 启动设计中心的快捷键是（   ）。

A.【Ctrl】+【3】　　B.【Ctrl】+【2】　C.【Ctrl】+【1】　　　　D.【Ctrl】+【4】

4. 启动外部参照的命令是（   ）。

A. Xref　　　　　　B. Xr　　　　　　C. Externalreferences　　　D. Ctrl+4

五、上机练习题：

（1）绘制如图 7.24 所示的指北针图形（尺寸自己定义），并命名为“指北针”创建成独立图块保存。

（2）绘制如图 7.25 所示的标题栏，并创建带有属性值的图块，属性值为标题栏中的文字信息。

N

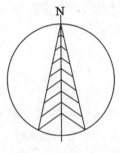

图 7.24　指北针

设计单位名称
工程名称区
图号区
签字区
图名区
40
180

图 7.25　带有属性值的标题栏

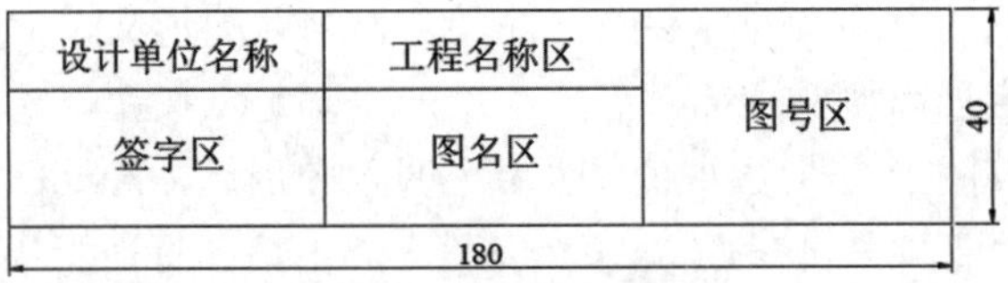

第 8 章 AutoCAD 的其他相关应用

本章学习目标：

◆ 熟练掌握 AutoCAD 图形对象信息的查询方法；

◆ 熟练掌握在 Word 文档中插入 AutoCAD 图形；

◆ 熟练掌握在 AutoCAD 图形对象中插入 Excel 表格和光栅图片。

◆ 熟悉常用插件的应用。

8.1 对象信息查询

8.1.1 查询距离

AutoCAD "查询距离" 命令用于查询两定点间的距离和角度。平面图形的角度是指两点间的连线与 X 轴正方向间的夹角。执行 "查询距离" 命令的同时还显示两点间在 X 轴与 Y 轴正方向上的坐标增量。

查询距离的命令方法有：

● 下拉菜单："工具" → "查询" → "距离"。

● 功能区：草图与注释空间下，功能区默认选项卡中 "实用工具" 面板中单击 "距离" 按钮 。

● 查询工具栏：点击查询 "距离" 按钮 。

● 命令行：Di✓ 或 Dist✓。

例题 8.1 查询图 8.1 中 AB 两点间的距离以及连线与 X 轴正方向间的夹角。

操作步骤：命令行中输入 Di✓ 或 Dist✓，启动查询距离命令。

指定第一个点：<打开对象捕捉>捕捉 A 点

指定第二个点或 [多个点(M)]：捕捉 B 点

距离 = 30.7051，XY 平面中的倾角 = 34，与 XY 平面的夹角 = 0

X 增量 = 25.4557，Y 增量 = 17.1701，Z 增

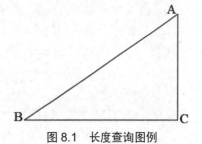

图 8.1 长度查询图例

量 = 0.0000

8.1.2　查询面积

"查询面积"命令用于计算和显示图形对象或定义区域的面积和周长。如果需要计算多个对象的组合面积，可在选择集中每次加或减一个面积时保持总面积。执行"查询面积"的命令时，不能使用完全窗口方式与交叉窗口方式来选择对象。

查询面积的命令方法有：

● 下拉菜单："工具"→"查询"→"面积"。

● 功能区：草图与注释空间下，功能区默认选项卡中"实用工具"面板中单击"面积"按钮。

● 查询工具栏：点击查询"面积"按钮。

● 命令行：Aa↙ 或 Area↙。

启动该命令后，命令提示行如下：

命令：Area

指定第一个角点或 [对象(O)/增加面积(A)/减少面积(S)]<对象(O)>：

各选项含义如下：

（1）指定第一个角点：为默认选项，计算由指定点所定义的面积和周长。角点至少要有 3 个。所有点必须都在当前用户坐标系（UCS）的 XY 平面平行的平面上。

（2）对象：计算选定对象的面积和周长。例如，圆、椭圆、样条曲线、多段线、多边形、面域和三维实体。如果选择开放的多段线，将假设从最后一点到第一点绘制了一条直线，然后计算所围区域中的面积，计算周长时，将忽略该直线的长度。有宽度的多段线按中线计算面积与周长。

（3）增加面积(A)：选择"加"模式，并显示所指定的后续面积的总累计测量值。例如，可以选择两个对象以获取总面积。启动查询面积公式后，命令行提示如下：

Area↙

指定第一个角点或 [对象(O)/增加面积(A)/减少面积(S)]<对象(O)>：A↙。

指定第一个角点或 [对象(O)/减少面积(S)]：O↙。

（"加"模式）选择对象：选择第一个对象

区域 = 31127.7854，周长 = 733.2683

总面积 = 31127.7854（第一个对象总面积）

（"加"模式）选择对象：选择第二个对象

区域 = 20432.5688，圆周长 = 506.7181

总面积 = 51560.3542（两个对象总面积）

（4）减少面积(S)：选择"减"模式，从总面积中减去面积和周长。例如，第二个选定对象将从第一个选定对象中减去。通常与增加面积(A)联合使用，以计算两个区域的面积差值。其操作思路为：先用"增加面积(A)"选项查询第一个区域的面积，再以"减少面积(S)"选项查询第二个区域的面积，AutoCAD 自动计算面积差。

例题 8.2　用面积查询命令计算图 8.2 中阴影部分面积大小。

操作步骤：

启动查询面积命令后，命令行提示如下：

命令：Area

指定第一个角点或 [对象(O)/增加面积(A)/减少面积(S)]<对象(O)>：A✓

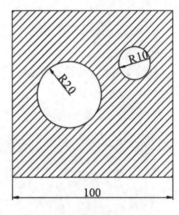

指定第一个角点或 [对象(O)/减少面积(S)]：O✓

（"加"模式）选择对象：选择边长为 100 的矩形

区域 = 10000.00，周长 = 400.00

总面积 = 10000.00

（"加"模式）选择对象：单击鼠标左键退出"加"模式

图 8.2　面积查询示例

指定第一个角点或 [对象(O)/减少面积(S)]：S✓

指定第一个角点或 [对象(O)/增加面积(A)]：O✓

（"减"模式）选择对象：拾取半径为 20 的圆

区域 = 1256.64，圆周长 = 125.66

总面积 = 8743.36

（"减"模式）选择对象：拾取半径为 10 的圆

区域 = 314.16，圆周长 = 62.83

总面积 = 8429.20（即为阴影部分的面积）

（"减"模式）选择对象：按【Esc】键退出命令，完成操作。

注意与技巧

（1）查询距离还可以通过标注方式查询，如直线标注可以标注直线、直的多段线的长度，弧长标注可以标注弧长。

（2）对象特性命令【Ctrl】+【1】也可以查询直线长度。对于非闭合对象，测量的是长度；对于闭合对象测量的是长度和面积。但不可同时测量多个对象，只能一个对象一个对象地测量。

8.1.3　列表显示

该对象以列表形式显示所选对象的特性参数。命令的调用方式如下：

● 下拉菜单："工具"→"查询"→"列表"。

● 功能区：草图与注释空间下，功能区默认选项卡中"特性"面板中单击"列表"按钮 。

● 查询工具栏：单击查询"列表"按钮 。

● 命令行：Li✓或 List✓。

启动命令后，以拾取框或窗口方式选择对象并确认，AutoCAD 自动切换到文本窗口。所选对象的特性参数即列表显示在文本窗口，如图 8.3 所示。该命令可以同时测量多个对象。如果用户想要的是多个对象的总和，则需要自行进行数学加法运算。

```
命令: *取消*
命令: LI
LIST
选择对象: 找到 1 个
选择对象:
                    LWPOLYLINE 图层: "0"
                           空间: 模型空间
                    句柄 = 25e
          闭合
      固定宽度    0.0000
        面积    401814.9036
      周长   2550.0063
      于端点  X=2363.9341  Y=2225.9333  Z=   0.0000
      于端点  X=3069.2098  Y=2225.9333  Z=   0.0000
      于端点  X=3069.2098  Y=1656.2059  Z=   0.0000
      于端点  X=2363.9341  Y=1656.2059  Z=   0.0000
```

图 8.3　列表命令的文本窗口

8.1.4　点坐标

该命令用于查询当前坐标系下所选点的绝对坐标值，可结合对象捕捉命令使用。命令的调用方式如下：

● 下拉菜单："工具"→"查询"→"点坐标"。

● 功能区：草图与注释空间下，功能区默认选项卡中"实用工具"面板中单击"点坐标"按钮 。

● 查询工具栏：单击查询"点坐标"按钮 。

● 命令行：Id✓。

启动命令后，命令行提示如下：

命令：Id

指定点：X = 3282.2931　　　　Y = 1563.9625　　　　Z = 0.0000

命令：'_id 指定点：X = 1837.5835　　　　Y = 2092.7620　　　　Z = 0.0000

8.2　在 Word 文档中插入 AutoCAD 图形

Word 文档制作中，往往需要各种插图，Word 绘图功能有限，将 AutoCAD 图形插入 Word 制作复合文档是解决问题的好办法。在某些情况下，如果对图形精度要求不高的时候，就可采用将 AutoCAD 图形文件输出为位图文件（*.bmp）或图元文件（*.wmf）再插入 Word 文档的方法。它的优点是调用方法简单，编辑运用自如。

操作步骤如下：

（1）先打开需要导出到 Word 的 CAD 图形，然后将模型空间背景设置为白色，与 Word 背景颜色一致。

（2）单击"文件"菜单中的"输出"选项，或直接在命令行输入"Export"。AutoCAD 弹出"输出数据"对话框（图 8.4），文件类型选择（*.bmp），选择输出路径。

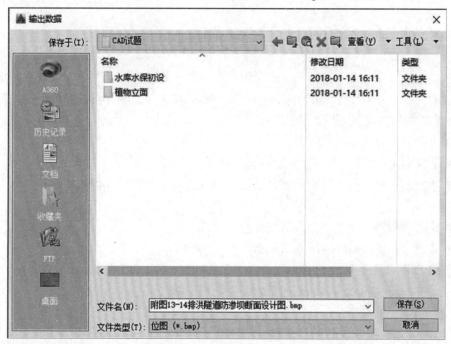

图 8.4　"输出数据"对话框

（3）点击"保存"按钮，选择输出区域。鼠标变化为捕捉方框，点击方框，拖到鼠标左键，把要输出的区域框选，然后按回车键，完成输出。

（4）打开 Word 文件，点击"插入"→"图片"→"来自文件"。然后弹出"插入图片"对话框，选择要导入的图形文件，点击"插入"按钮，完成图片的插入（图 8.5），在 Word 文档中进行相应的修改即可。

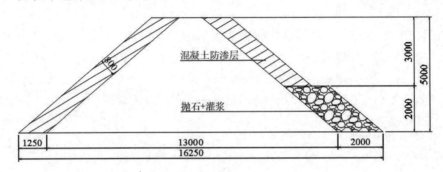

图 8.5　Word 文档中插入的图形示例

8.3　在 AutoCAD 图形中插入"光栅"图片

光栅图也叫作位图、点阵图、像素图，是指由一些称为像素的小方块或点的矩形栅格组成的图像文件，如 Bmp、Jpg、Tif、Png 等格式文件。图像可以是两色图、8 位灰度图、8 位彩色图或 24 位彩色图。

命令的调用方式如下：

● 下拉菜单："插入"→"光栅图像参照"。

● 功能区：草图与注释空间下，功能区插入选项卡"参照"面板中单击"附着"按钮。

● 插入工具栏：单击"附着"按钮。

● 命令行：Imageattach↙或 Attach↙。

例题 8.3　将安装目录下 Autodesk\AutoCAD_2016_Simplified_Chinese_Win_64bit_dlm\X64\Zh-CN\acad\SetupRes\AutoCAD.PNG 光栅图像插入到当前 AutoCAD 图形中。

操作步骤：

（1）"插入"菜单中选择"光栅图像参照"。

（2）在弹出的"选择参照文件"对话框中，点击"查找范围(I)"下拉框，选择 Autodesk\AutoCAD_2016_Simplified_Chinese_Win_64bit_dlm\X64\Zh-CN\acad\SetupRes\

AutoCAD.PNG 文件，单击"保存"按钮。

（3）弹出的"附着图像"对话框，"路径类型"选择"完整路径"，其他选项选择如图 8.6 所示，单击"确认"按钮。

图 8.6　"附着图像"对话框

（4）返回到模型空间，用鼠标点击指定插入图片位置点，默认插入点是（0，0，0）。

（5）缩放比例因子为"1"，按回车键，图片被插入到当前图形中。

（6）从"修改"菜单栏中选择"对象""图像""边框"。

（7）在命令行中 Imageframe 的新值<1>：0↙。

（8）隐藏图像边界，结果如图 8.7 所示。

图 8.7　"去除边框"的光栅图像

8.4　在 AutoCAD 图形中插入"OLE"对象

"OLE"对象包括图像、图表、文档、演示文稿等许多对象类型。在 AutoCAD 图形中需要一些较复杂的图表、符号等内容时，可以插入上述 OLE 对象完成这些工作，创建和编辑文件后嵌入到 AutoCAD 图形中。也可以将 OLE 对象复制到剪贴板，然后粘贴到 AutoCAD 图形文件。这样在 CAD 的应用中就可以扬长避短，提高作图效率。

例题 8.4　将"我的文档"中的 Word 文档对象"设计说明"全文复制到如图 8.8 所示的图形中。

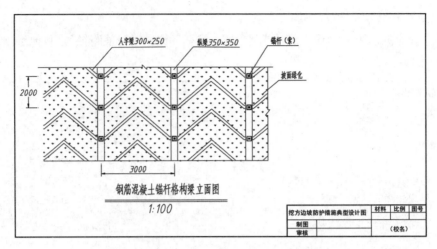

图 8.8　插入 "OLI" 对象示例

操作步骤：

（1）打开"我的文档"中的"技术说明"文件，复制"技术说明"中的文字段落。

（2）打开名称为"挖方边坡防护措施典型设计图"的 AutoCAD 图形，如图 8.8 所示。

（3）在 AutoCAD 图形中，从"编辑"菜单中选取"选择性粘贴"选项，弹出"选择性粘贴"对话框，如图 8.9 所示，选择"文字"选项。

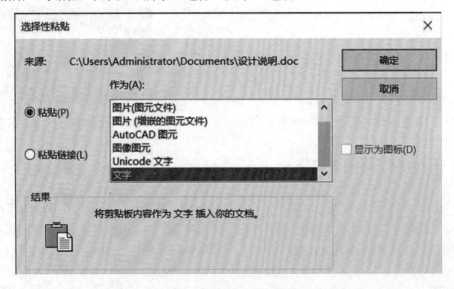

图 8.9　"选择性粘贴"对话框

（4）在"选择性粘贴"对话框中，单击"确定"，则文档粘贴到图形中，文字的大小与其在源应用程序中的大小相同。

（5）用鼠标拖动被粘贴的文档或双击可以进行相应的编辑与修改，结果如图 8.10 所示。

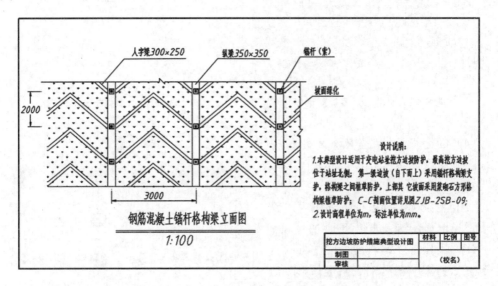

图 8.10　"OLI"对象的粘贴

例题 8.5　如图 8.11 所示的乔木种植平面图中创建树木明细表。

操作步骤：

（1）打开名称为"乔木种植平面图"的 AutoCAD 图形，如图 8.11 所示。

（2）从"插入"菜单中选择"OLE 对象"，弹出"插入对象"对话框，如图 8.12 所示，选择"Microsoft Excel Worksheet"选项，单击"确定"按钮。

（3）此时系统启动 Excel 应用程序，在其中输入相应的数据，如图 8.13 所示。

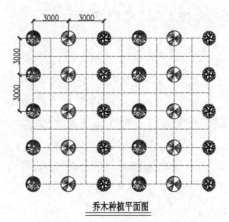

图 8.11　插入"OLI"对象示例

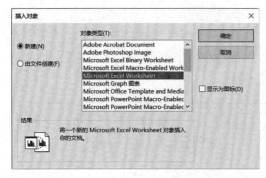

图 8.12 "插入对象"对话框

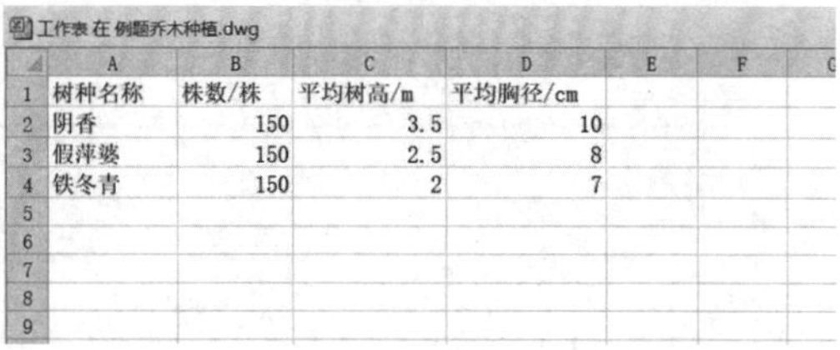

图 8.13 创建的 Excel 表格

（4）创建完毕后，关闭 Excel 应用程序，则图表显示在 AutoCAD 图形的左上角。

（5）用鼠标拖动被创建的图表，放置于适当位置，结果如图 8.14 所示。

（6）用鼠标左键双击表格，可以返回到 Excel 应用程序，对表格进行修改与完善。

8.5 AutoCAD 常用插件介绍

在实际应用工作过程中，有些程序爱好人员编写了许多实用的插件。这些插件简化了 AutoCAD 某些方面的操作步骤，或集成与加强了某方面的功能，给设计工作带来了极大的方便。目前 AutoCAD 常用的以工具箱形式出现的插

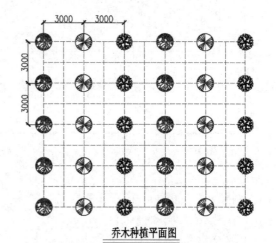

乔木种植平面图

树种名称	株数/株	平均树高/m	平均胸径/cm
阴香	150	3.5	10
假苹婆	150	2.5	8
铁冬青	150	2	7

图 8.14 插入"明细表"后的乔木种植平面图

件主要有贱人工具箱、燕秀工具箱、迅捷工具箱、源泉设计工具箱等。另外还有单一的插件程序，如坐标标注插件、图纸之间切换插件、输入法自动切换插件、苗木数量统计插件、签名审图印章插件等。以上插件均需要在互联网上下载，有些是供免费使用，有些需要购买。通常 AutoCAD 插件数据格式有 LSP、VLX、ARX 等。

插件的一般加载方法为：

● 下拉菜单："工具" → "加载应用程序"。

● 命令行：Ap↙。

之后，激活"加载/卸载应用程序"对话框，如图 8.15 所示。当用户仅需一次性加载某插件时，可单击 ▢加载(L) 按钮，并按提示选择合适路径下的插件。当需要永久性加载某插件时，可单击"启动组"下面的 内容(O)... 按钮，并按提示选择合适路径下的插件。加载的插件在"已加载的应用程序"中可以看到。

图 8.15　"加载/卸载应用程序"对话框

一次性加载某插件，仅对打开的当前 AutoCAD 程序有效，程序重启后不会自动加载。而添加到"启动组"的插件则能在以后的程序启动自动加载。因此，通常选用"启动组"中的 内容(O)... 按钮来加载插件。

下面介绍环境生态工程专业常用插件的加载及使用。

8.5.1 AutoCAD 70 个常用工具插件

AutoCAD 70 个常用工具插件是为 AutoCAD 用户设计的一款多功能辅助工具，包含 70 个插件，有编辑、绘图、文本、标注、统计、文件、设置几大类，可以帮助用户更好地使用 AutoCAD。

插件加载过程如下：

（1）单击图 8.15 中"启动组"中的 内容(O)... 按钮，弹出"启动组"对话框，如图 8.16（a）所示，单击 添加(A)... 按钮，弹出"将文件添加到启动组中"对话框，在该对话框中选择合适路径下的插件工具，单击"打开"按钮，返回到"启动组"对话框，如图 8.16（b）所示，已加载的插件工具出现在"应用程序列表"中。

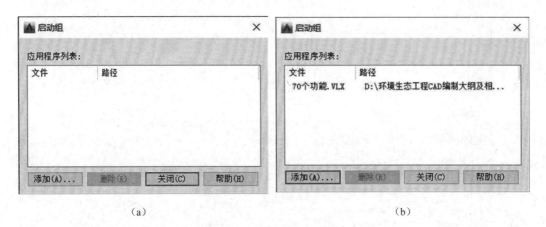

（a）   （b）

图 8.16　"启动组"对话框

（2）点击"关闭"按钮，返回到"加载/卸载应用程序"对话框，加载的插件在"已加载的应用程序"中可以看到，如图 8.15 所示。点击该对话框中"关闭"按钮，完成"插件"的加载。

（3）启用 AutoCAD 70 个常用工具插件程序。在命令行中输入"Y"或"YY"后按回车键，弹出工具箱对话框，以工具面板形式出现，"Y"是常用工具，"YY"是图层处理工具，如图 8.17 所示。

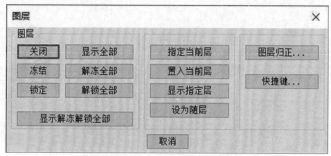

图 8.17 "常用工具"对话框

8.5.2 "贱人工具箱"

"贱人工具箱"是名为"贱人"的团队开发的一款能够提供多种快速绘制 AutoCAD 图形的专业插件工具箱。该工具箱兼容 AutoCAD 软件的大多版本，功能多、操作简单，用户直接就可以上手使用，目前比较常用的版本为"贱人工具箱 5.8"和"贱人工具箱 5.9"版本。

其加载方法同 8.5.1 节中的操作步骤。重启程序后，在命令行输入字母 Y 或 YY 可启动工具箱对话框，如图 8.18 所示。注册用户可自行设置常用命令的快捷键，并将常用的命令按钮集成至"我的贱人"工具面板上，以工具形式显示在用户界面。

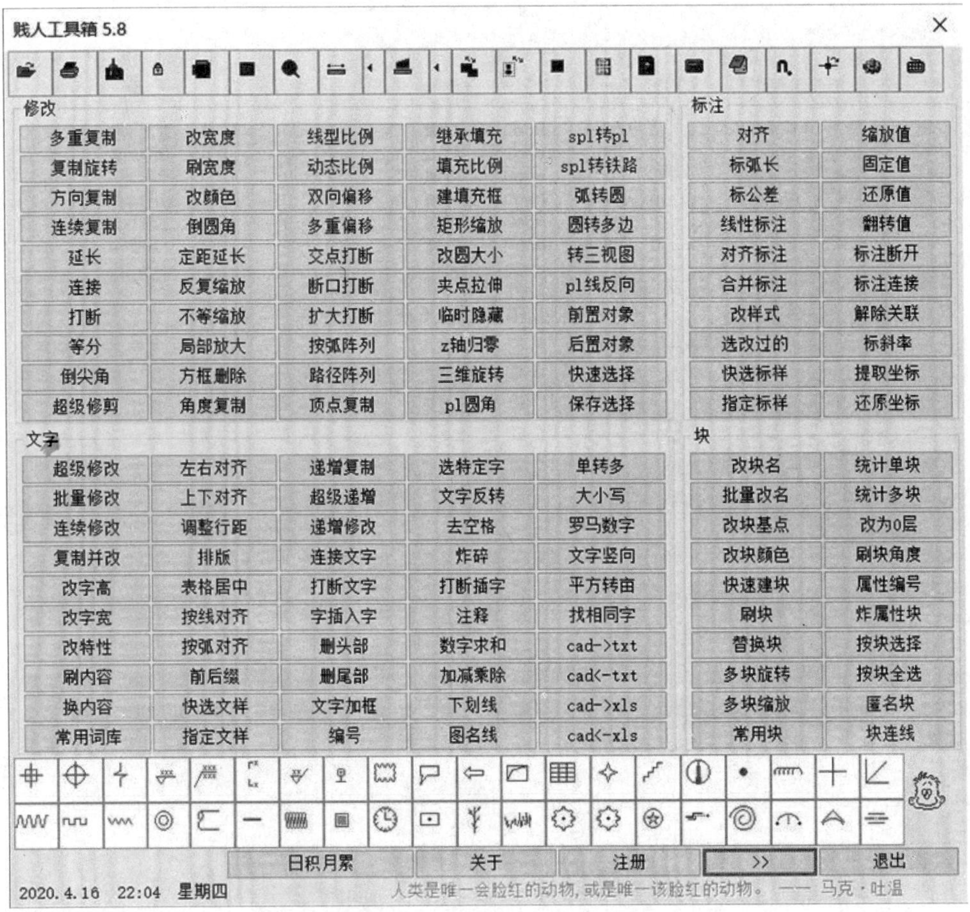

贱人工具箱 5.8　✕

修改

多重复制	改宽度	线型比例	继承填充	spl转pl
复制旋转	刷宽度	动态比例	填充比例	spl转铁路
方向复制	改颜色	双向偏移	建填充框	弧转圆
连续复制	倒圆角	多重偏移	矩形缩放	圆转多边
延长	定距延长	交点打断	改圆大小	转三视图
连接	反复缩放	断口打断	夹点拉伸	pl线反向
打断	不等缩放	扩大打断	临时隐藏	前置对象
等分	局部放大	按弧阵列	z轴归零	后置对象
倒尖角	方框删除	路径阵列	三维旋转	快速选择
超级修剪	角度复制	顶点复制	pl圆角	保存选择

标注

对齐	缩放值
标弧长	固定值
标公差	还原值
线性标注	翻转值
对齐标注	标注断开
合并标注	标注连接
改样式	解除关联
选改过的	标斜率
快选标样	提取坐标
指定标样	还原坐标

文字

超级修改	左右对齐	递增复制	选特定字	单转多
批量修改	上下对齐	超级递增	文字反转	大小写
连续修改	调整行距	递增修改	去空格	罗马数字
复制并改	排版	连接文字	炸碎	文字竖向
改字高	表格居中	打断文字	打断插字	平方转角
改字宽	按线对齐	字插入字	注释	找相同字
改特性	按弧对齐	删头部	数字求和	cad->txt
刷内容	前后缀	删尾部	加减乘除	cad<-txt
换内容	快选文样	文字加框	下划线	cad->xls
常用词库	指定文样	编号	图名线	cad<-xls

块

改块名	统计单块
批量改名	统计多块
改块基点	改为0层
改块颜色	刷块角度
快速建块	属性编号
刷块	炸属性块
替换块	按块选择
多块旋转	按块全选
多块缩放	匡名块
常用块	块连线

日积月累	关于	注册	>>	退出

2020.4.16　22:04　星期四　　人类是唯一会脸红的动物，或是唯一该脸红的动物。—— 马克·吐温

图 8.18　"贱人工具箱 5.8" 对话框

8.5.3　坐标标注插件

网蜂工具箱坐标标注插件，又称为 "Zbbz.vlx"，软件的主要功能是在 AutoCAD 图纸中进行自动坐标标注。主要是用来帮助用户在使用 AutoCAD 画图的过程中，能够快速地进行坐标的定位等。

插件的加载方法同 8.5.1 节中的操作步骤。启动命令后，在命令行中选择 "选项(O)" 选项，可进入 "坐标标注设置" 对话框，对标注属性进行设置（图 8.19）。当用户需要对已标注坐标的字体、字高或自定义坐标系统等标注设置进行更改时，可选择 "更新(R)" 选项进行自动批量更新。坐标标注示例如图 8.20 所示。

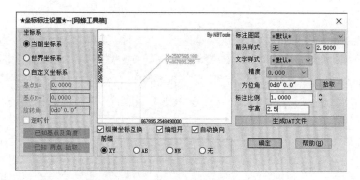

图 8.19　"坐标标注设置"对话框

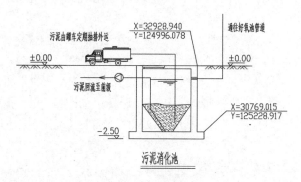

图 8.20　坐标标注示例

8.6　把 AutoCAD 图纸导入到 Photoshop 中

AutoCAD 和 Photoshop 都是二维平面设计的经典软件，由于 AutoCAD 在色彩处理方面的功能不如 Photoshop，用户在工作过程中往往会把制作的 Dwg 格式的图形导入到 Photoshop 中进行色彩处理。一般是把 Dwg 格式的图形先导出为 Pdf、Png、Jpg、Eps 格式，然后再到 Photoshop 软件中处理。下面以 Eps 格式为例，介绍把 AutoCAD 的 Dwg 格式的图形导入到 Photoshop 中，首先要建立 Eps 的虚拟打印机（如果已建立 Eps 的虚拟打印机可以忽略）。

具体步骤如下：

（1）打开 AutoCAD 2016 软件，并打开要导入的图形文件。

（2）点击"文件"菜单，选择"绘图仪管理器"，进入 Plotter 文件夹。

（3）双击，添加绘图仪向导图标。弹出"添加绘图仪-简介"对话框，点击"下一步"按钮。

（4）弹出"添加绘图仪-开始"对话框，默认选择，点击"下一步"按钮。

（5）弹出"添加绘图仪-绘图仪型号"对话框，在"生产厂商"选项中，选择 Adobe（这是开发 Photoshop 的公司），选择 Postscript Levle1，点击"下一步"按钮。

（6）弹出"添加绘图仪-输入 PCP 或 PC2"对话框，默认选择，点击"下一步"按钮。

（7）弹出"添加绘图仪-端口"对话框，默认选择，点击"下一步"按钮。

（8）弹出"添加绘图仪-绘图仪名称"对话框，在绘图仪名称框中输入绘图仪的名称"Dwg to Eps"，其他默认选择，点击"下一步"按钮。

（9）弹出"添加绘图仪-完成"对话框，默认选择，点击"完成"按钮。Eps 的虚拟打印机已经建立完成了。

（10）"文件"菜单，选择"打印"（快捷键为【Ctrl】+【P】），弹出"打印-模型"对话框，在打印机/绘图仪名称选项中，可以看到已经安装好的"Dwg to Eps"虚拟打印机，选择该打印机，并勾选"打印到文件"复选框。在"图纸尺寸"框中选择合适的"图纸尺寸"。勾选"布满纸张"复选框，打印范围选择"窗口"，并选择打印的范围。打印样式表（笔画指定）选项选择"Monochrome.ctb"，点击"确定"按钮，如图 8.21 所示。

图 8.21　"打印-模型"对话框

（11）弹出"打印浏览文件"对话框，选择"保存路径""文件名称"，设置完毕，点击"保存"按钮，导出 Eps 格式文件。

（12）打开 Photoshop 软件，加载 Eps 格式文件即可。

本章练习题

1. 绘制如图 8.22 所示的图形，并计算图中填充部分的面积。

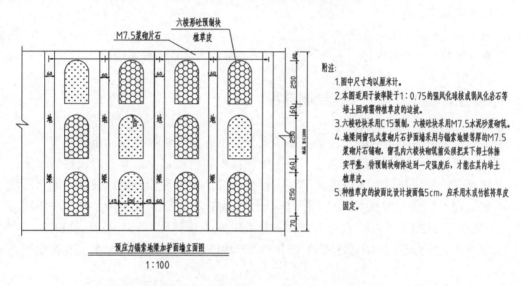

图 8.22　预应力锚索地梁加护面墙立面图

2. 完成如图 8.23 所示的坐标标注。

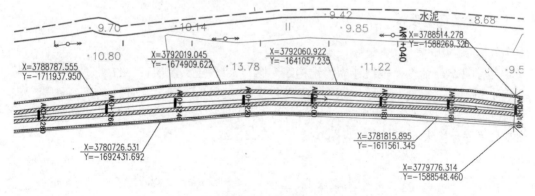

图 8.23　坐标标注

第9章　相关专业图实例绘制解析

※**本章学习目标：**
◆　熟悉相关专业规范与标准。
◆　掌握水土保持工程、林业生态工程、海绵城市建设工程制图要点。

9.1　水土保持工程制图实例绘制解析

　　土壤侵蚀的治理与防治一直是我国水土保持生态工程领域建设的重要内容。在水土保持区域治理、水土保持流域治理、水土保持生态环境建设、开发建设项目水土保持方案等项目的规划以及项目建议书、可行性研究、初步设计、招标设计、施工图设计等规划设计阶段需要大量的工程图集。水利部先后制定了《水利水电工程制图标准》（SL 73—1995）、《水利水电工程制图标准—水土保持图》（SL 73.6—2001）、《水利水电工程制图标准—水土保持图》（SL 73.6—2015），成为不同阶段水土保持制图的依据。

　　目前，AutoCAD 软件已在水土保持工程领域得以广泛应用，并成为不可缺少的支撑工具。本节重点讲解水土保持措施典型剖面设计图的绘制。以某弃渣场护坡剖面设计图绘制为例，如图 9.1 和图 9.2 所示。

9.1.1　绘图环境设置

9.1.1.1　建立图层

　　执行 Layer 命令，依次建立"结构线"图层、"覆土"图层、"M7.5 浆砌石"图层、"植被"图层、"标高"图层、"尺寸标注"图层、"文字"图层、"夯实土符号"图层、"河流底符号"图层、"弃土渣"图层、"图名和比例尺"图层、"图例"图层、"灌木种植穴"图层、"平台排水沟"图层，见图 9.3。

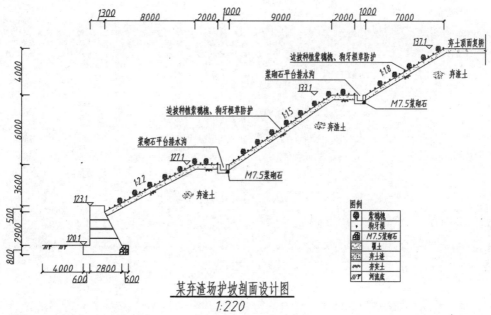

某弃渣场护坡剖面设计图
1:220

说明

1. 本图高程采用 1985 国家高程系，尺寸除高程以 m 计，其余均以 mm 计。
2. 弃渣场顶面及坡面回摊表土，顶面复耕，坡面采用灌草防护，灌木选用紫穗槐，株高不低于 80cm，株行距 1.5m×1.5m；草种选用狗牙根，播种量 100kg/hm²。
3. 挡渣墙顶高程 137.1m，挡渣墙、排水沟级别为 5 级，按 10 年一遇防洪标准设计。

图 9.1　某弃渣场护坡剖面设计图

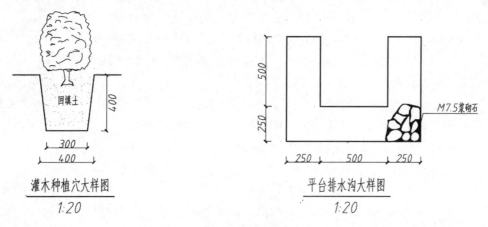

灌木种植穴大样图
1:20

平台排水沟大样图
1:20

图 9.2　大样图

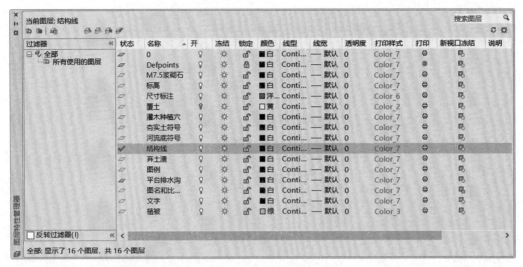

图 9.3　建立图层

9.1.1.2　建立文字样式

（1）新建命名为"文字-660"的文字样式，shx 字体设置为 gbeitc.shx，勾选"使用大字体"，大字体设置为 gbcbig.shx。文字高度为 660，宽度因子为 1。点击确定并置为当前。

（2）新建命名为"文字-60"的文字样式，shx 字体设置为 gbeitc.shx，勾选"使用大字体"，大字体设置为 gbcbig.shx。文字高度为 60，宽度因子为 1。

（3）新建命名为"文字-1100"的文字样式，shx 字体设置为 gbeitc.shx，勾选"使用大字体"，大字体设置为 gbcbig.shx。文字高度为 1100，宽度因子为 1。

（4）新建命名为"文字-100"的文字样式，shx 字体设置为 gbeitc.shx，勾选"使用大字体"，大字体设置为 gbcbig.shx。文字高度为 100，宽度因子为 1。见图 9.4。

9.1.1.3　建立标注尺寸样式

（1）新建命名为"直线标注-660"的标注样式，箭头选择"建筑标记"，大小为 200；文字选择"文字-660"，文字样式选 Bylayer；勾选"固定长度的尺寸界限"选项，长度值为 660，主单位选项中，精度为 0。其他选项保持默认。

（2）新建命名为"直线标注-60"的标注样式，箭头选择"建筑标记"，大小为 20；文字选择"文字-60"，文字样式选 Bylayer；勾选"固定长度的尺寸界限"选项，长度值为 40，主单位选项中，精度为 0。其他选项保持默认。

注意与技巧

> 是否先设置绘图环境，一般根据自己的绘图习惯来定。可以边绘制图形，边设置绘图环境。经常用的字体、图层、标注样式等可以通过设计中心拖拉到当前文件中，简化绘图环境的设置。

9.1.2 图形绘制

绘图步骤如下：

9.1.2.1 绘制图形结构

（1）把"结构线"图层置为当前。根据图形尺寸参数，见图 9.1 或图 9.4。执行 Line 命名，画出浆砌石挡渣墙及墙体内排水管，管径为 60。

（2）执行 Line、临时追踪（Tt）等命名，画出边坡上边线和排水沟。

（3）执行 Offset 命令，偏移值为 400，向右下偏移边坡上边线，然后执行 Trim、Extend 等命令，画出边坡下边线。

（4）执行 Breakline 命令，画折断线符号，折断线大小尺寸为 150，折弯位置在边坡结构线的中点，并调整折断线大小。

（5）执行 Line 命令，画 xx 河流底部直线，长度为 4000。

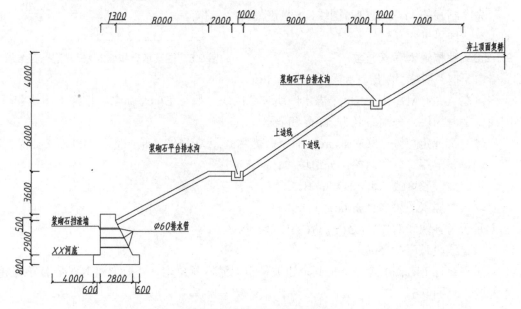

图 9.4　弃渣场边坡防护结构

注意与技巧

> Breakline 命令绘制折断符号。命令行: Breakline
>
> Block= BRKLINE.DWG, Size= 50, Extension= 1（折断符号属性）
>
> Specify first point for breakline or [Block/Size/Extension]: S（设置折断符号大小）
>
> Breakline symbol size <50>:80↙
>
> Specify first point for breakline or [Block/Size/Extension]:（点击折断符号的起点）
>
> Specify second point for breakline:（点击折断符号的端点）
>
> Specify location for break symbol <Midpoint>:（默认折断符号在中点，可以直接按回车键）

9.1.2.2 图案填充和插入 M7.5 浆砌石图块

（1）把"覆土"图层置为当前。执行 Hatch 命令，进行覆土部位图案填充。填充图案样式选择预定义中的 AR-SAND 图案，填充比例为 5，其余选项保持默认。

（2）把"M7.5 浆砌石"图层置为当前。插入事先绘制好的 M7.5 浆砌石图块，并调整图块的大小。结果见图 9.5。

图 9.5　图案填充和插入 M7.5 浆砌石结果

9.1.2.3 种植灌木和草植被

（1）把"植被"图层置为当前。执行 Insert 命令，在 AutoCAD 中插入单个灌木图块和草图块。执行 Block 命名，把灌木图块和草图块定义内部块，分别命名为 shrub 和 grass。

（2）执行定距等分（Measure）命令。灌木间距为 1500，草间距为 500。

选择要定距等分的对象：外边坡线↙

指定线段长度或 [块（B）]：B↙

输入要插入的块名：shrub↙

是否对齐块和对象？[是(Y)/否(N)]<Y>：N↙

指定线段长度：1500↙

重复执行 Measure 命令，把其余边坡种植上灌木和草本，并把与灌木重叠部分的草本删除。见图 9.6。

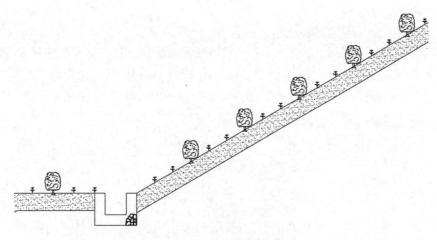

图 9.6　植被种植结果

9.1.2.4　插入"夯实土"符号、"河流底"符号、"箭头"符号和"弃土渣"符号

（1）把"夯实土符号"图层置为当前。插入夯实土符号。执行 Insert 命令，插入夯实土块，并调整夯实土块尺寸大小和方向。

（2）把"河流底符号"图层置为当前。插入河流底部符号。执行 Insert 命令，插入河流底部块，并调整河流底部块尺寸大小和方向。

（3）把"弃土渣"图层置为当前。执行 Spline 命令，绘制一个不规则的封闭图形。执行 Hatch 命令，在预定义中选择 AR-CONC 图案，填充比例为 2，进行图案填充，填充完成后删除绘制的样条曲线，弃土渣符号绘制完成。执行 Copy 命令，对弃土渣符号进行复制，放在合适位置即可。

（4）执行 Pline 命令，绘制排水管坡度箭头符号（箭头底部宽度 30）。

9.1.2.5　标注标高符号

把"标高"图层置为当前。执行 Insert 命令，插入绘制好的标高符号块，并输入相应的高程值。标注结果如图 9.7 所示。用同样的方法完成其他高程值标注。

9.1.2.6　尺寸标注

把"尺寸标注"图层置为当前。选择"直线标注-660"样式，进行"线性标注"和"连续标注"。标注结果如图 9.7 所示。用同样的方法完成其他尺寸标注。

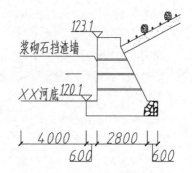

图 9.7　高程标注和尺寸标注结果

9.1.2.7 标注文字

（1）把"文字"图层置为当前。

（2）执行 Mleaderstyle 命令，建立多重引线标注样式。打开多重引线样式管理器，新建多重引线名称为"标注文字"，引线格式选项中：常规选项，选择随层；箭头选项，选择"无"。内容选项卡中选项如图 9.8 所示。把"标注文字"样式置为当前。

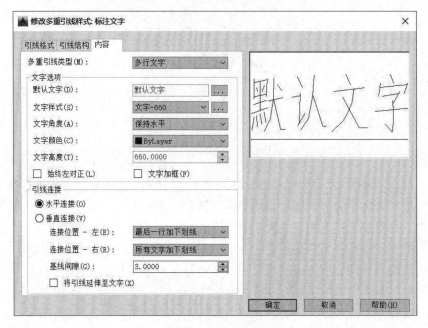

图 9.8　建立多重引线标注样式

（3）标注文字。执行 Mleader 命令，进行文字标注。标注结果如图 9.9 所示。用同样的方式完成其他文字标注。

（4）执行 Text 命令。文字样式选择"文字-660"文字，输入"××河""弃土顶面复耕"文字、"坡度比"文字、"弃渣土"文字等。

（5）执行 Text 命令。输入设计"说明"文字。

9.1.2.8 输入图名和比例尺

把"图名和比例尺"图层置为当前。执行 Pline 命令，绘制宽度为 90，长度为 5000 的直线段。

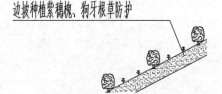

图 9.9　文字标注结果

执行 Text 命令，选择"文字-1100"文字样式，输入"某弃渣场护坡剖面图"文字和"比例尺 1∶220"文字。

9.1.2.9　绘制图例

把"图例"图层置为当前，执行 Line 命令，绘制表格，表格尺寸如图 9.10 所示。在表格中放入图例，调整图例符号大小。执行 Text 命令，文字选择"文字-660"文字样式，输入对应文字。

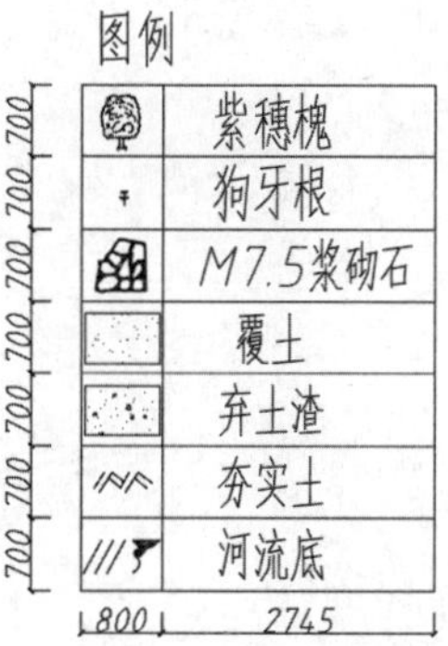

9.1.2.10　绘制灌木种植穴大样图

把"灌木种植穴"图层置为当前。执行 Pline 命令，线宽为 3。按照图中尺寸绘制"灌木种植穴大样图"。执行 Hatch 命令，填充回填土，填充图案为预定义中的 AR-SAND 图案。绘制结果如图 9.2 所示。

9.1.2.11　绘制平台排水沟大样图

把"平台排水沟"图层置为当前。执行 Pline 命令，线宽为 3。按照图中尺寸绘制"平台排水沟大样图"，执行 Hatch 命令，填充图案样式选择 GRAVEL 图案，填充"平台排水沟"。结果如图 9.2 所示。

9.1.2.12　标注"灌木种植穴""平台排水沟"大样图和输入图名、比例尺

（1）把"尺寸标注"图层置为当前。选择"直线标注-60"的标注样式，分别对"灌木种植穴""平台排水沟"大样图进行标注。标注结果如图 9.2 所示。

（2）把"图名和比例尺"图层置为当前。执行 Pline 命令，绘制宽度为 3，长度为 650 的直线段。执行 Text 命令，选择"文字-100"文字样式，输入"灌木种植穴大样图"文字和"比例尺 1：20"文字。同理完成"平台排水沟大样图"文字和"比例尺 1：20"文字的输入。

图 9.10　图例

9.2　林业生态工程图实例绘制解析

林业生态工程一直是我国生态工程项目建设的重点内容。我国先后开展了天然林资源保护工程、退耕还林工程、三北及长江流域防护林体系建设工程、京津风沙源治理工程、野生动植物保护区建设工程、重点地区速生丰产用材林基地建设工程六大林业重点工程。林业生态工程制图类型大致包括营造林建设项目、生态保护项目、林木种苗建设项目等。

林业生态工程制图的依据《林业地图图式》（LY/T 1821—2009）、《造林作业设计规程》（LY/T 1607—2003）、《造林技术规程》（GB/T 15776—2016）、《林业建设项目初步设计编制规定》《林业建设项目可行性研究报告编制规定》等。

本节重点讲解防护林建设设计图的绘制。以京沪高铁××段××标段景观防护林施

工图为例（图 9.11），讲解林业生态工程图的绘制。

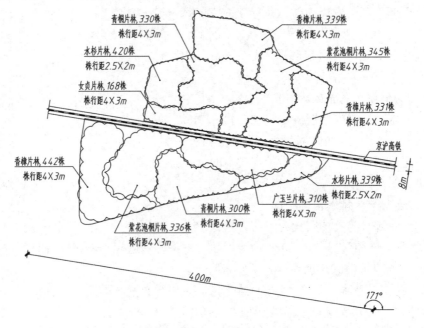

青桐片林，330株
株行距4×3m

香樟片林，339株
株行距4×3m

水杉片林，420株
株行距2.5×2m

紫花泡桐片林，345株
株行距4×3m

女贞片林，168株
株行距4×3m

香樟片林，331株
株行距4×3m

京沪高铁

香樟片林，442株
株行距4×3m

水杉片林，339株
株行距2.5×2m

8m

青桐片林，300株
株行距4×3m

广玉兰片林，310株
株行距4×3m

紫花泡桐片林，336株
株行距4×3m

400m

171°

图 9.11　京沪高铁××段××标段景观防护林平面

9.2.1　设置绘图环境

（1）建立图层。执行 Layer 命令，依次建立"高铁线"图层、"高铁范围线"图层、"景观防护林带施工范围"图层、"景观林"图层、"文字标注"图层、"尺寸标注"图层。结果见图 9.12。

状态	名称	开	冻结	锁定	颜色	线型	线宽	透明度	打印样式	打印	新视口冻结
✓	0	♀	☼	🔓	■白	Continuous	—— 默认	0	Color_7	🖨	🔲
✓	尺寸标注	♀	☼	🔓	■白	Continuous	—— 默认	0	Color_7	🖨	🔲
✓	高铁范围线	♀	☼	🔓	■红	Continuous	—— 默认	0	Color_1	🖨	🔲
✔	高铁线	♀	☼	🔓	■白	Continuous	—— 默认	0	Color_7	🖨	🔲
✓	景观防护...	♀	☼	🔓	■白	Continuous	—— 默认	0	Color_7	🖨	🔲
✓	景观林	♀	☼	🔓	□绿	Continuous	—— 默认	0	Color_3	🖨	🔲
✓	文字标注	♀	☼	🔓	■白	Continuous	—— 默认	0	Color_7	🖨	🔲

图 9.12　建立图层

（2）建立文字样式。执行 Style 命令，建立"标注"文字样式。"标注"字体样选择"gbeitc.shx"字体，勾选使用大字体，大字体选择"gbcbig.shx"，高度为 4，宽度因子为 1。

（3）建立多重引线标注样式。执行 Mleaderstyle 命令，新建"文字标注"样式。引线格式选项：引线箭头选择"小点"，大小为 2，颜色、线型、线宽选择 Bylayer，文字选项如图 9.13 所示，其他选项保持默认。

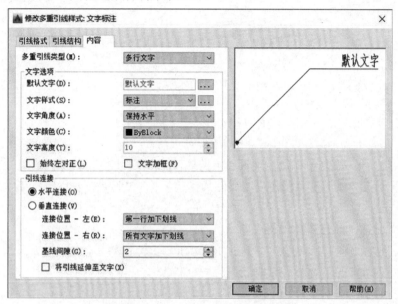

图 9.13　建立多重引线标注样式

9.2.2　绘制京沪高铁××标段总平面图

（1）绘制京沪高铁××标段位置图

①把"高铁范围线"图层置为当前。执行 Line 命令，绘制水平线夹角为 9 度，长为 400 个单位的线段。

②执行 Offset 命令，向两侧各偏移 4 个单位直线，高铁范围线绘制完成。

③把"高铁线"图层置为当前，执行 RailRoad 命令（先下载 RailRoad 插件，加载应用程序），调出对话框并进行设置，如图 9.14 所示。

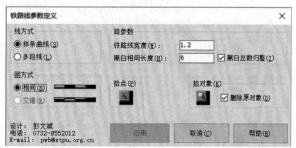

图 9.14　"铁路线参数定义"对话框

沿高铁范围线的"中间线"绘制等长的高铁线，绘制完毕把"中间线"删除掉。

④执行 Breakline 命令，绘制折断线，折断线线符号大小为 3，并调整折断线两端线长。结果如图 9.15 所示。

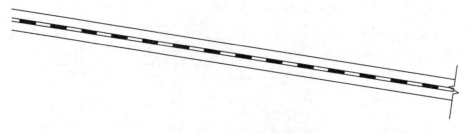

图 9.15　铁路线与折断线

（2）绘制京沪高铁××标段"景观防护林带施工范围"

把"景观防护林带施工范围"图层置为当前。执行 Pline 命令，按照实际尺寸数据，绘制景观防护林施工范围。结果见图 9.16。

（3）绘制景观防护林平面图

把"景观林"图层置为当前。执行 Revcloud 命令，云线最大、最小弧长设置为 3，绘制不同类型的景观防护林。绘制结果见图 9.17。

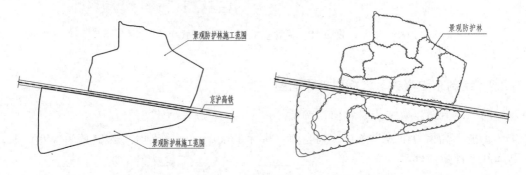

图 9.16　景观防护林施工范围　　　　　图 9.17　景观防护林

注意与技巧

> 绘制景观防护林也可以用 Pline 命令，把不同类型的景观防护林类型绘制完成后，再执行 Revcloud 命令，把绘制的多段线转化为云线。

（4）执行 Insert 命令，插入 A4 图框块，放到合适位置。

（5）执行 Scale 命令，把绘制好的"景观防护林平面图"缩小 0.5 倍，放入 A4 图框内，并调整到合适位置，见图 9.18。

（6）标注文字，把"文字标注"图层置为当前。执行 Mleader 命令，标注文字，结果见图 9.23。

（7）执行 Text 命令，输入设计说明文字，结果见图 9.18，完成京沪高铁××标段总平面图绘制。

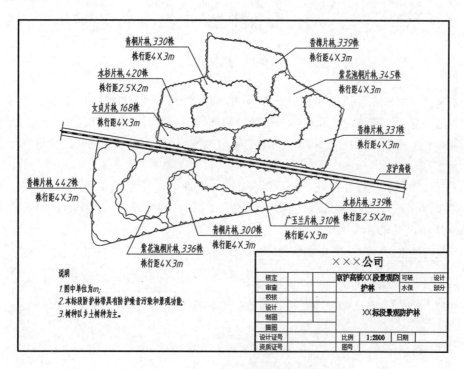

图 9.18　京沪高铁××标段总平面图

9.2.3　绘制京沪高铁××段××标段香樟片林平面图和剖面图

以图中香樟片林为例，绘制香樟片林的平面图和剖面图。

（1）新建香樟片林.dwg 文件

（2）绘图环境设置

①建立图层。执行 Layer 命令，依次建立"排水土沟"图层、"香樟平面"图层、"A-A 剖面"图层、"文字标注"图层、"尺寸标注"图层、"A4 图框"图层等图层。结果见图 9.19。

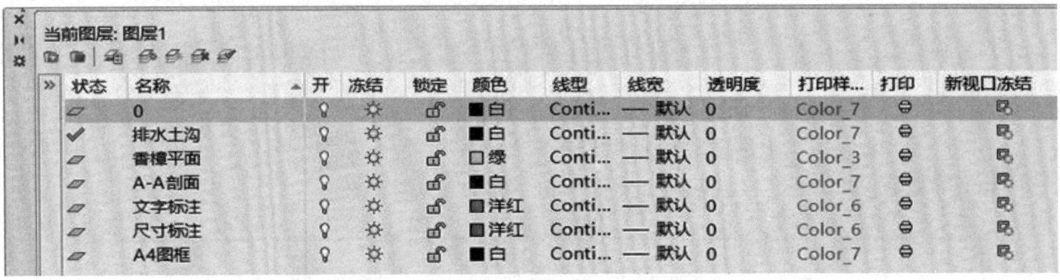

图 9.19　建立图层

　　②建立文字样式。执行 Style 命令，分别建立"标注""图名"和"比例尺"文字样式。"标注"字体样选择"gbeitc.shx"字体，勾选使用大字体，大字体选择"gbcbig.shx"，高度为 4，宽度因子为 1。"图名"字体样选 6，宽度因子为 1。"比例尺"字体样选 4，宽度因子为 1。

　　③建立多重引线标注样式。执行 Mleaderstyle 命令，新建"文字标注"样式。引线格式选项：引线箭头符号选择"无"，颜色、线型、线宽选择 Bylayer；文字选项如图 9.20 所示，其他选项保持默认。

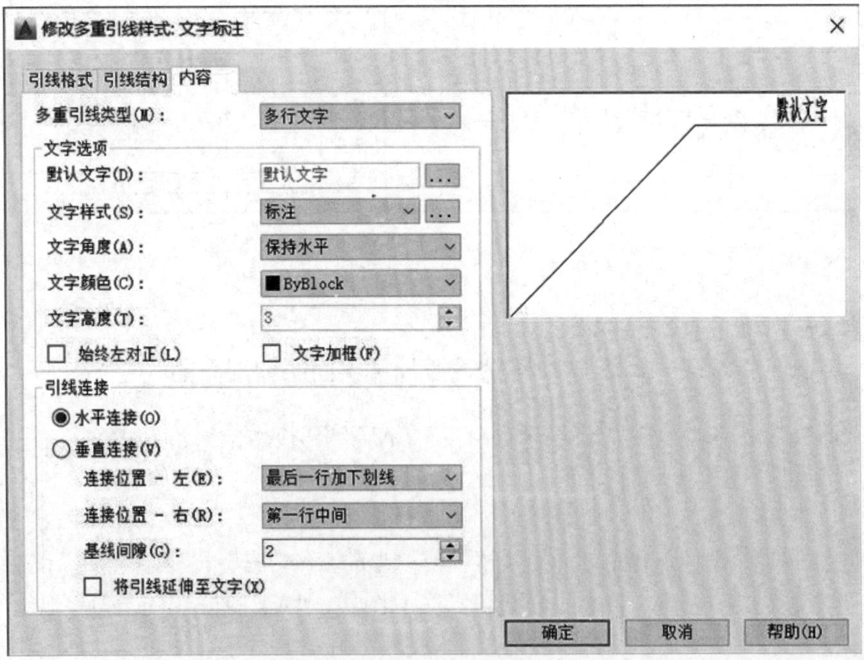

图 9.20　建立多重引线

④建立尺寸标注样式。执行 Dimstyl 命令，打开标注样式管理器对话框，以 ISO-25 为基础样式，新建标注样式，新样式名为"标注 500"。线选项中设置见图 9.21，符号箭头选项中，箭头选择"建筑标记"，大小为 1；文字选项中，文字样式选择"标注"，文字样式选 Bylayer；主单位选项中，精度为 0.0，测量单位比例因子为 0.4，其他选项保持默认。新样式名为"标注 100"，主单位选项中，测量单位比例因子为 0.1。其他设置同"标注 500"。

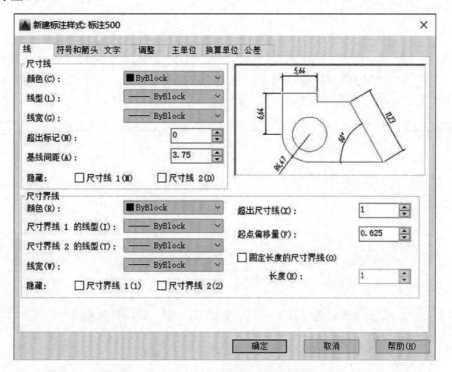

图 9.21　建立尺寸标注样式

注意与技巧

全局比例因子为 1 的情况下，测量比例因子与图形放大或缩小的倍数有关，是放大或缩小倍数的倒数。

（3）把"排水土沟"图层置为当前。按照尺寸参数，绘制排水土沟，见图 9.22。

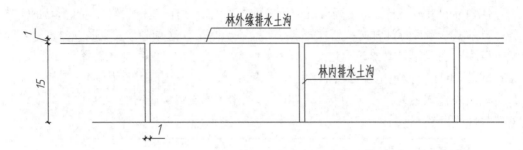

图 9.22 排水土沟

（4）把"香樟平面"图层置为当前。执行 Insert 命令，插入单个"香樟"平面图块，并调整香樟图块大小和位置。结果见图 9.23。

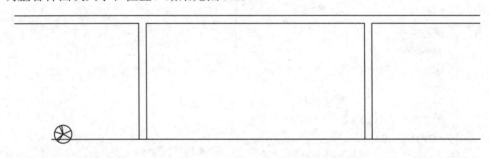

图 9.23 香樟图块

（5）执行-Arry 命令。选择矩形阵列，行数 5，列数 22，行间距 3，列间距 4。矩形阵列结果见图 9.24。

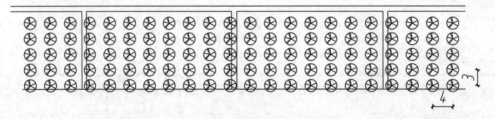

图 9.24 香樟图块阵列

（6）把"香樟剖面"图层置为当前。绘图 A-A 位置剖面图。A-A 位置见图 9.25。

①执行 Line 命令。按图 9.26 中尺寸绘制林外缘排水沟及树木种植线。

②执行 Insert 命令。插入单株香樟立面块，并调整大小。

③执行 Arry 命令，按照尺寸阵列香樟立面图块。见图 9.26。

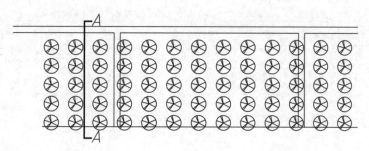

图 9.25　A-A 位置

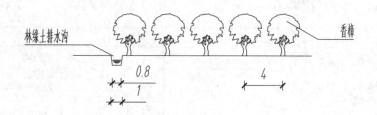

图 9.26　A-A 位置剖面

（7）把"A4 图框"图层置为当前。执行 Insert 命令，插入 A4 图框和标题栏。

（8）执行 Scale 命令，把香樟片林平面图放大 2.5 倍，并拖入 A4 图框内，调整到合适位置，见图 9.27。

（9）执行 Scale 命令，把 A-A 位置剖面图放大 10 倍，并拖入 A4 图框内，调整到合适位置，见图 9.27。

（10）把"尺寸标注"图层置为当前，使用"标注 400"和"标注 100"标注样式分别标注，见图 9.27。

（11）把"文字标注"图层置为当前，执行 Mleader 命令，标注文字。执行 Text 命令，输入图名和比例尺，见图 9.27。

（12）执行 Text 命令，输入文字说明。完成京沪高铁××段××标段香樟片林平面图和剖面图，见图 9.27。

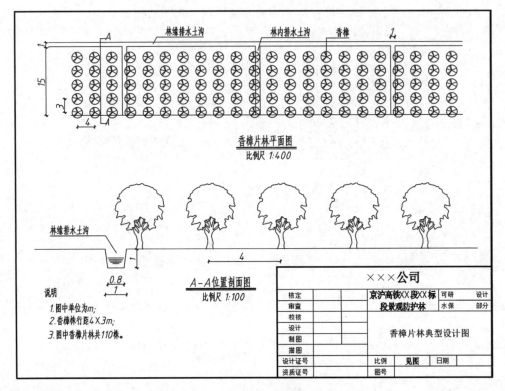

图 9.27 香樟片林平面图和剖面图

注意与技巧

出图比例尺的换算，图形绘制过程中，用的是××个单位，绘制的图形大小与插入的 A4 图框相比较。A4 图框的大小为 297mm×210mm。如果绘制的图形以 m 为单位，二者相差 1000 个单位，二者之间的比例为 1：1000。随着绘制图形的放大与缩小来调整出图比例，绘制图形放大 2 倍，比例尺为 1：500，缩小 0.5 倍，比例尺为 1：2000。

9.3 海绵城市建设工程图纸的绘制解析

海绵城市是指通过加强城市规划建设管理，充分发挥建筑、道路和绿地、水系等生态系统对雨水的吸纳、蓄渗和缓释作用，有效控制雨水径流，实现自然积存、自然渗透、自然净化的城市发展方式。对不同设施及其组合进行科学合理的平面与竖向设计，综合采取"渗、滞、蓄、净、用、排"等措施，最大限度地减少城市开发建设对生态环境的影响。

"绿色屋顶"也称"种植屋面"或"屋顶绿化"，绿色屋顶是海绵城市建设中一项非常重要且有效的技术措施。通过绿色屋顶的建设，不仅可以增加绿化面积，而且雨水可以被土壤和植物根系等消纳 80% 左右，发挥了其海绵功能。绿色屋顶在滞留雨水的同时还起到节能减排、缓解热岛效应的功效，既能实现资源利用的最大化，也能发挥其生态效益的最优化。

在设计绿色屋顶时要重点考虑各层布置对屋顶荷载、防水、坡度和空间条件的要求。

下面以《海绵城市工程设计图集》中绿色屋顶中的平屋面种植屋面的平面图（图 9.28）和剖面图绘制（图 9.29）为例，练习绿色屋顶的绘制。

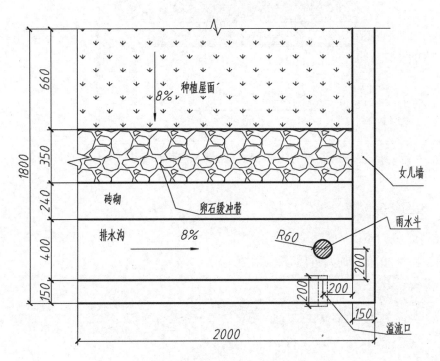

图 9.28　绿色屋顶种植屋面平面示意图

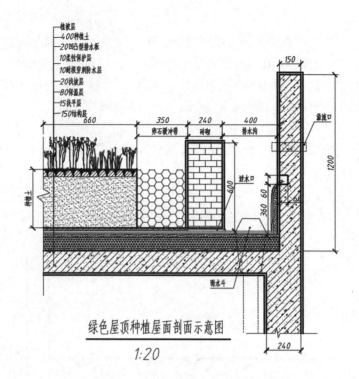

图 9.29 绿色屋顶种植屋面剖面图

9.3.1 绘图环境设置

（1）建立图层
建立图 9.30 所示的绿色屋顶示意图的图层。

图 9.30 建立图层

（2）建立文字样式

新建文字字体样式，命名为"文字-35"，shx 字体设置为 gbeitc.shx，勾选"使用大字体"，大字体设置为 gbcbig.shx。文字高度为 35。点击确定并置为当前。

新建文字字体样式，命名为"文字-50"，shx 字体设置为 gbeitc.shx，勾选"使用大字体"，大字体设置为 gbcbig.shx。文字高度为 50。

新建文字字体样式，命名为"文字-100"，shx 字体设置为 gbeitc.shx，勾选"使用大字体"，大字体设置为 gbcbig.shx。文字高度为 100。

（3）建立尺寸标注样式

新建标注样式，命名为"绿色屋顶"，基线间距为 7，超出尺寸线 2.5，箭头样式设置为"建筑标记"，箭头大小为 3，圆心标记为 1.5，字体为"文字-50"，从尺寸线偏移为 1。点击确定并置为当前。

9.3.2　绘图绿色屋顶种植屋面平面示意图

（1）绘制平面轮廓线

将"粗轮廓线"图层置为当前图层：

①执行"多段线"（PL）命令，在绘图区域绘制长为 2000，宽为 1800 的外轮廓。

②执行"偏移"（O）命令，将刚绘制的外轮廓向内偏移 150。

③执行"分解"（X）命令，将上步偏移的多段线分解为两条直线段。

④执行"偏移"（O）命令，将上步分解后的长为 2000 的直线段向上偏移 400、240、350。

将"细轮廓线"图层置为当前图层：

执行"多段线"（Pl）命令，绘制界面断开界线折断线。完成轮廓线绘制如图 9.31 所示。

（2）绘制内部结构：内部结构绘制雨水斗、溢流口和坡度箭头。

①将"中心线"层置为当前图层：执行"直线"（L）命令，在距离女儿墙角点水平和垂直方向 200 处分别雨水斗的中心线，其交点为雨水斗的圆心。

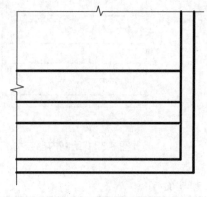

图 9.31　绘制轮廓线

②将"粗轮廓线"图层置为当前图层：以上步交点为圆心，以 60 为半径绘制雨水斗。

③将"虚线"图层置为当前图层，绘制宽为 60，长为 200 的矩形作为溢流口。执行"移动"（M）命令，捕捉移动基点为矩形上边中点移动到雨水斗垂直中心线延长线上。

在女儿墙内绘制雨水斗垂直中心线延长线辅助线，再执行"移动"（M）命令，捕捉矩形的几何中心到辅助线中点。完成移动后执行"删除"（E）命令，删除辅助线和雨水斗中心线。

④将"细轮廓"图层置为当前图层：执行"多段线"（Pl）命令，在"排水沟"区域绘制向右的绘制箭头。

⑤执行"旋转"（Ro）命令，选择上步绘制的箭头为对象，左端点为基点，选择复制(C)，旋转角度为270°。

⑥执行"移动"（M）命令，将上步复制的箭头移动到"种植屋面"区域。

完成内部结构绘制如图 9.32 所示。

（3）填充图案

将"图案填充"图层设置为当前图层：

①雨水斗图案填充：执行"图案填充"（H）命令，图案填充为 ANS131，比例设置为"5"，添加拾取点选为雨水斗内部进行雨水斗图案填充。

②卵石缓冲带图案填充：执行"图案填充"（H）命令，图案填充为"其他预定义"中的"GRAVEL"填充比例为 10。添加拾取点选为卵石缓冲区进行图案填充。

③种植屋面图案填充：执行"图案填充"（H）命令，图案填充为"其他预定义"中的"GRASS"图案填充结果图 9.33。

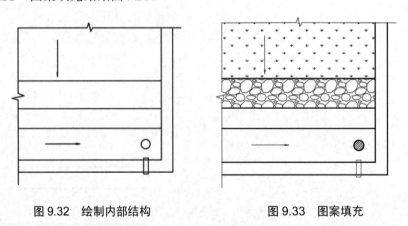

图 9.32　绘制内部结构　　　　　　图 9.33　图案填充

注意与技巧

在某个区域内如果同时有文字内容和图案填充，用户添加其先后顺序会影响显示结果。如果先填充图案再添加文字，文字部分会被图案覆盖，文字显示受干扰。此时应先添加文字，再进行图案填充，文字部分的图案填充会自动被文字覆盖。

（4）文字标注与尺寸标注

将"文字标注"图层设为当前图层。

①将文字样式"文字-50"置为当前，启动"引线"（Ql）标注命令，选择"设置"（S），打开"引线设置"对话框。在"引线与箭头"中将箭头设置为"小点"，角度约束中第一段为"任意角度"，第二段为"水平"[图 9.34（a）]，在"附着"中选择"最后一行加下划线"[图 9.34（b）]。

在女儿墙内添加引线起点，绘制引线，输入引线文字，按回车键后确定引线文字放置位置。启动"复制"（Co）命令，将引线起点设为基点，将"女儿墙"引线标注复制到"雨水斗""溢流口"和"卵石缓冲带"位置，再修改其文字内容、调整其位置。再启用"多行文字"命令分别在"排水沟""砖砌"和"种植屋面"输入相应文字。

②将文字样式"文字-100"置为当前，执行"多行文字"（Mt）

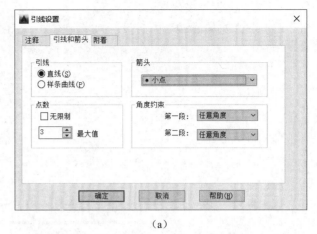

（a）

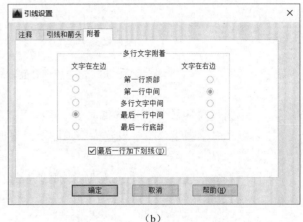

（b）

图 9.34　"引线设置"对话框

命令，在绘制好的图形下方输入标题"绿色屋顶种植屋面平面示意图"。执行"多段线"（Pl）命令，在文字下方绘制一条宽度为 5 的多段线。

③将"尺寸标注"图层设为当前图层，在相应位置添加标注，注意在标注各宽度时采用"连续标注"。

9.3.3　绘图绿色屋顶种植屋面剖面示意图

9.3.3.1　绘制剖面图轮廓线

（1）将"粗轮廓线"图层设置为当前图层：执行"多段线"（Pl）命令，按照图 9.35 中的尺寸绘制绿色屋顶剖面图混凝土结构外轮廓。执行"偏移命令"（O）结构轮廓向外偏移 15 为抹灰层厚度。

（2）将"细轮廓线"图层设置为当前图层：在视图断开处绘制折断线。

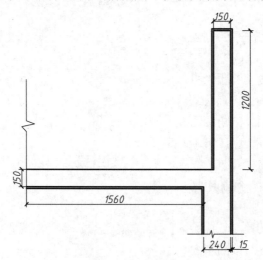

图 9.35 绿色屋顶剖面图轮廓绘制

9.3.3.2 绘制屋顶各层及内部结构

（1）将"细轮廓线"图层设置为当前图层：根据屋顶中各层引线标注中的名称及厚度绘制各层边界。

执行"偏移"（O）命令，以屋顶顶部边界线为起点，依次向上偏移 15、80、20、10 和 10，如图 9.36 所示。

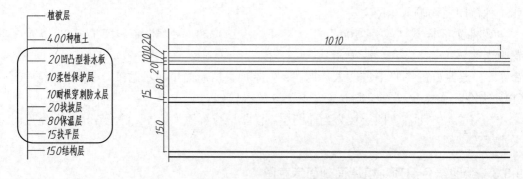

图 9.36 用偏移命令绘制各层

（2）执行"直线"（L）命令，绘制长度为 1010 的"20 凹凸型排水板"的上边界。打开"对象追踪"，以"10 柔性保护层"的上边界，向上追踪 20 作为起点，向右绘制

"1010"长度，打开"垂足"，向下绘制封闭区域。

（3）绘制泄水口、种植土区、砖砌区、密封膏口及溢流口

将"粗轮廓线"图层设置为当前图层。

泄水口：执行"矩形"（Rec）命令，以"20 凹凸型排水板"的右下角为起点，绘制长为 263，宽为 12 的矩形作为泄水口。

种植土区：执行"直线"（L）命令，打开对象追踪，从"20 凹凸型排水板"的左上角向上追踪 400 作为起点，向右绘制 660 的直线，再向下绘制 400 的直线。此区域作为种植土的区域。

砖砌区：执行"矩形"（Rec）命令，以"20 凹凸型排水板"的右上角为起点，向右上绘制宽为 240，高为 580 的矩形。执行"偏移"（O）命令，将以上绘制的矩形向外偏移复制 15。并执行"分解"（X）命令，将其进行分解。执行"修剪"（Tr）命令，对于砖砌部分下方进行修剪。其处理效果如图 9.37 所示。

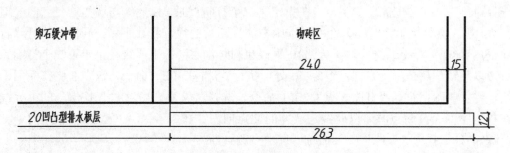

图 9.37　砖砌区修剪效果

密封膏口：执行"矩形"（Rec）命令，以"80 保温层"右上角向上追踪 360 为起点，在混凝土墙体内向右上绘制长为 60 的正方形作为密封膏口。

溢流口：将"虚线"图层设置为当前图层。执行"矩形"（Rec）命令，在任意位置绘制一个长为 240，高为 60 的矩形。执行"移动"（M）命令，在混凝土墙体内移动到在密封膏口上方合适位置（图 9.38）。

（4）插入雨水斗图块

将"雨水斗"图层设置为当前图层。

菜单栏内"插入"下选择"块"（B），浏览

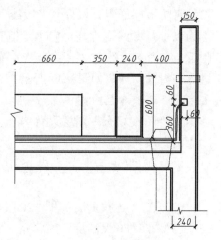

图 9.38　屋顶各部件整体图

选择材料中给出的"雨水斗"图块，根据插入点插入到合适位置。

由于雨水斗在墙体内部的部分看不到，应绘制为虚线。执行"分解"（X）命令，先将"雨水斗"图块分解。

在工具栏上空白部位右击，调出"特性"工具条。选择需要调整为虚线的线段，在"特性"工具条的"线型控制"内选择"Dashed"线型。

（5）防水层泛水处理

建筑的屋面为避免水平与垂直相交点上出现裂缝，需要将屋面的防水层延伸一段出来连续覆盖在交接点和垂直面上，此种防渗漏的设计被称为泛水。在铺加防水层前，还要先在水平和垂直交接面上抹灰找平，再加铺一层防水附加层，最后才将防水层覆盖到垂直面和交接处。

将"细轮廓线"图层设置为当前图层。

先将找坡层与两层防水层与墙体连接处的线打断。执行"打断于点"（Br）命令，选择对象为"20 找坡层"上界线，在指定第二个打断点时，以此线与墙体的交点向左追踪 40 处。执行"删除"（E）命令，选中右侧打断后的线，将其删除；同样，执行"打断于点"（Br）命令，选择对象为"10 耐根穿刺防水层"的上界线在指定第二个打断点时，以此线与墙体的交点向左追踪 50 处，执行"删除"（E）命令，选中右侧打断后的线，将其删除；执行"打断于点"（Br）命令，选择对象为"10 柔性保护层"的上界线在指定第二个打断点时，以此线与墙体的交点向左追踪 60 处，执行"删除"（E）命令，选中右侧打断后的线，将其删除。

垂直部分用多段线将其水平位置连接到密封膏口处将防水层嵌牢。执行"多段线"（Pl）命令，起点为以上打断线端点处，向上绘制直线至密封膏口附近，在命令行选择"圆弧"（A），转为绘制圆弧段进入密封膏口内，如图 9.39 所示。

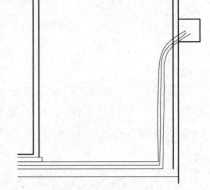

图 9.39　泛水处理效果

9.3.3.3　填充各层图案

将"图案填充"图层设置为当前图层。分别启动"图案填充"命令：

（1）在"150 结构层"内分别填充"AR-CONC"和"ANSI13"图案，填充比例为 0.5 和 10。

（2）在"15 找平层"和"20 找坡层"内填充"AR-SAND"图案，填充比例为 0.2。

（3）在"80 保温层"内填充"NET3"图案，填充比例为 10。

（4）在"20 凹凸型排水板"内填充"TRIANG"图案，填充比例为 1。

（5）在"砖砌"区内填充"AR-B816"图案，填充比例为 0.2。

（6）在"卵石缓冲带"内填充"HONEY"图案，填充比例为 10。

（7）填充"种植土区"：种植土区图案填充包括两部分，一部分为下部分的沙土部分，另一部分为上部种植土部分。在绘制时，执行"偏移"（O）命令，需在种植土上界线处向下偏移 50 距离绘制一条辅助线，辅助线下方填充为"AR-SAND"图案，填充比例为 0.5。上半部分的图案填充也分为两种，一种填充样式为"ANSI13"，填充比例为 5。另一种图案填充样式需要自行绘制。绘制过程如下：

①执行"直线"（L）命令，在需图案填充区域内绘制一条距离左边界为 30 的辅助线。

②执行"多段线"（Pl）命令，绘制如图 9.40（a）所示的多段线。多段线下末端要捕捉到辅助线的端点上。

③执行"镜像"（Mi）命令，绘制如图 9.40（b）所示，对其进行镜像处理。

④执行"删除"（E）命令，将辅助线删除。

⑤执行"合并"（J）命令，将图 9.40（b）中的对称多段线进行合并。

⑥执行"复制"（Co）命令，将上步合并的多段线复制，基点选择多段线左端点，移动到多段线右端点。依此复制，在整段长度上复制完全，如图 9.40（c）所示。

⑦执行"图案填充"（H）命令，将图 9.40（c）进行图案填充。填充样式为"SOLID"，如图 9.40（d）所示。

⑧执行"图案填充"（H）命令，将图 9.40（d）进行图案填充，填充样式为"ANSI13"，比例为 5，如图 9.40（e）所示。

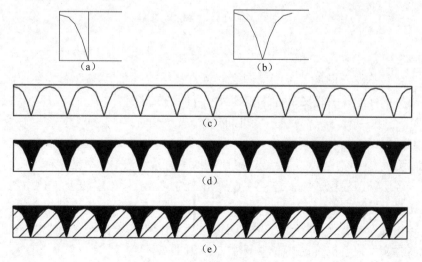

图 9.40 种植土图案绘制过程

注意与技巧

> 以上在图案填充时强调在"根据绘图情况调节比例"是由于软件版本和绘图设备型号等因素，会出现比例不统一的情况，所以要根据绘图效果灵活调整。

9.3.3.4 插入"植物"图块

将"植物"图层设置为当前图层。

菜单栏内"插入"下选择"块"（B），浏览选择材料中给出的"植物"图块，根据插入点插入到种植土上方。可根据图形调整图块大小（图 9.41）。

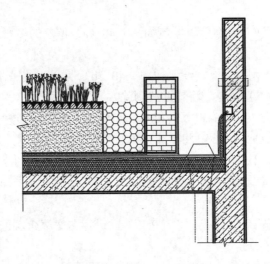

图 9.41 插入"植物"图块

9.3.3.5 文字标注与尺寸标注

将"文字标注"图层置为当前图层。将文字样式"文字-35"置为当前，文字标注包括直接文字标注、引线文字标注和含尺寸界线的文字标注。

（1）直接文字标注只需执行"单行文字"或"多行文字"命令，在合适位置放置文本框即可。

（2）引线文字标注方法同上述"绿色屋顶平面图示意图"中文字标注中引线标注方法。而在各层的引线标注中，还需在设置角度约束。执行"引线"（Ql）命令后，在命令行选择"设置"（S），在"引线设置"对话框（图 9.42）中的"引线和箭头"标签，将箭头样式设为"小点"，"角度约束"中将第一段和第二段都设置为"90°"。在"附着"标签内多行文字附着位置选择在"多行文字中间"。

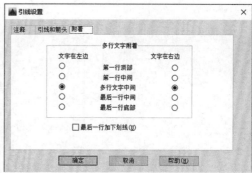

图 9.42 "引线设置"对话框

（3）含尺寸界线的文字标注方法如下：

在"标注"下拉菜单中，选择"线性标注"，指定线性标注的两个尺寸界线后，在命令行选择"文字"（T），输入标注文字后，按回车键确定放置标注文字的位置。依此标注其他文字部分。

（4）将"尺寸标注"图层置为当前图层。选择"标注"下拉菜单中的"线性标注"对剖面图进行标注。

（5）将文字样式"文字-100"置为当前，执行 Text 命令，输入图名和比例尺，完成图像绘制。

本章练习题

1．绘制如图 9.43 和图 9.44 所示的湿地填料级配图。

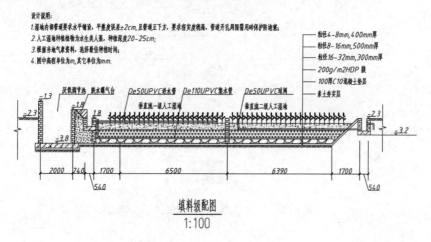

图 9.43 人工湿地填料级配图

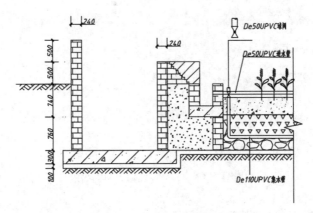

图 9.44　人工湿地填料级配图——大样图

2. 绘制如图 9.45 所示的坡耕地造生态林种植典型设计图。

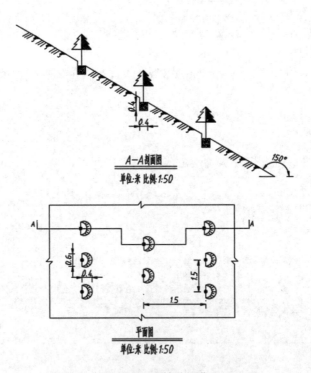

图 9.45　坡耕地造生态林种植典型设计图

第 10 章　图形打印输出

※**本章学习目标：**

◆　掌握样板图的创建步骤与方法；

◆　了解虚拟打印机的安装与打印纸张设置；

◆　了解布局的创建与管理的方法；

◆　掌握模型空间打印输出的设置与步骤；

◆　掌握视口的创建和编辑方法；

◆　掌握布局空间打印输出的设置与步骤。

10.1　建立图形样板文件

图形样板文件；就是包含有一定绘图环境和专业参数的设置，但并没有图形对象的空白文件，将此空白文件保存为".dwt"格式后就称为图形样板文件。

用 AutoCAD 出图时，每次都要确定图幅、绘制边框、标题栏等，对这些重复的设置，我们可以建立模板文件，出图时直接调用，以避免重复劳动，提高绘图效率。环境生态工程设计和施工使用的图纸规格较多，一般采用 A2 和 A3 图纸进行打印，根据需要也可以采用其他规格纸张进行打印。下面参照《水利水电工程制图标准—水土保持图》（SL 73.6—2015）图框和标题栏，以 A3 图框与标题栏为例，建立 A3 样板文件。

10.1.1　设置绘制样板图环境

（1）建立图层

①图框层：颜色：白色；线型：Continuous；线宽：0.18。

②标题栏层：颜色：白色；线型：Continuous；线宽：0.18。

③文字层：颜色：白色；线型：Continuous；线宽：默认

④中心线：颜色：红色；线型：Center；线宽：0.25。

⑤虚线：颜色：黄色；线型：Hidden；线宽：0.25。

⑥细线型：颜色：蓝色；线型：Continuous；线宽：0.25。

⑦粗线型：颜色：白色；线型：Continuous；线宽：0.5。

（2）建立文字样式

①样式名：数字，字体名选 Gbeitc.shx，高度 2.5，宽因子为 1，文字倾斜角度 0。

②样式名：宋体 2.5，字体名选宋体，高度 2.5，宽因子为 1，文字倾斜角度 0。

③样式名：宋体 5，字体名选宋体，高度 5，宽因子为 1，文字倾斜角度 0。

（3）建立标注样式

样式名：直线标注，文字选择"数字"，其他保持默认。

样板文件中往往已设置图框、标题栏、图层、文字样式、尺寸样式、常用的图块等内容。以上绘图环境的设置是个人或单位常用的样式，根据个人需要可以增加绘图环境设置内容。

10.1.2　绘制图框

（1）绘制外边框线

把图框图层置为当前，执行 Rectang 命令，绘制边长为 420×297 的矩形。

（2）绘制内边框线，执行 Pline 命令

指定起点：From ↙

以矩形左下角为基点：<偏移>：@25，5↙

当前线宽为 0.0000

指定下一个点或 [圆弧(A)/半宽(H)/长度(L)/放弃(U)/宽度(W)]：W↙

指定起点宽度<0.0000>：0.7↙

指定端点宽度<0.7000>：0.7↙

指定下一个点或 [圆弧(A)/半宽(H)/长度(L)/放弃(U)/宽度(W)]：<正交 开>390↙

指定下一点或 [圆弧(A)/闭合(C)/半宽(H)/长度(L)/放弃(U)/宽度(W)]：287↙

指定下一点或 [圆弧(A)/闭合(C)/半宽(H)/长度(L)/放弃(U)/宽度(W)]：390↙

指定下一点或 [圆弧(A)/闭合(C)/半宽(H)/长度(L)/放弃(U)/宽度(W)]：C↙

如图 10.1 所示。

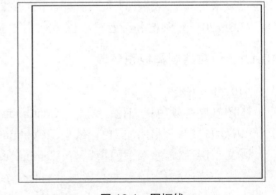

图 10.1　图框线

10.1.3　绘制标题栏

绘制如图 10.2 所示的标题栏。

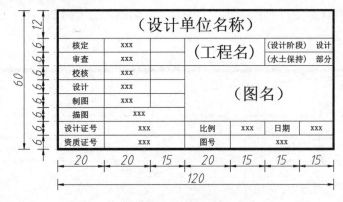

图 10.2　标题栏

（1）绘制标题栏边框线

把标题栏图层置为当前。执行 Pline 命令，绘制线宽为 0.7mm，边长为 120×60 mm 的矩形。

（2）绘制标题栏分格线

①执行 Line 命令，把状态栏上"对象捕捉追踪"打开，从标题栏矩形左下角向上追踪 6 mm，绘制 120 mm 的水平直线段。

②执行 Offset 命令，选择绘制的"水平直线段"，偏移距离为 6 mm，连续偏移 7 次，见图 10.3 A。

③执行 Line 命令，从标题栏矩形左下角向右追踪 20 mm，绘制 60 mm 的竖直直线段。

④执行 Offset 命令，选择绘制的"竖直直线段"，偏移距离为 20 mm，连续偏移 2 次。重复执行 Offset 命令，完成分格线的绘制，见图 10.3 B。

⑤执行 Trim 命令和 Dell 命令，进行修剪和删除多余的线，结果见图 10.3 C。

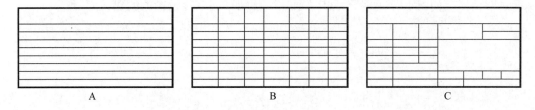

图 10.3　标题栏绘制

10.1.4　输入文字

（1）执行 Line 命令，绘制如图 10.4 所示。

（2）执行 Text 命令，对正方式：中间点。分别输入高度为 2.5 和 5 的宋体文字。输入结果如图 10.2 所示。

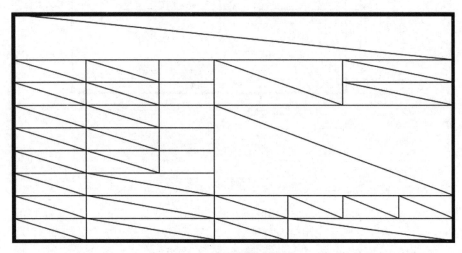

图 10.4　标题栏绘制斜线

10.1.5　移动标题栏

执行 Move 命令，把输入文字的标题栏移到图框内，移动结果如图 10.5 所示。

10.1.6　保存样板图

执行 Save as 命令，弹出"图形另存为"对话框，文件名：A3，文件类型选择：AutoCAD 图形样板（*.dwt），点击"保存"按钮，保存为样板图文件，如图 10.6 所示。弹出样板选项对话框，如图 10.7 所示，点击"确定"按钮，完成样板图的创建。

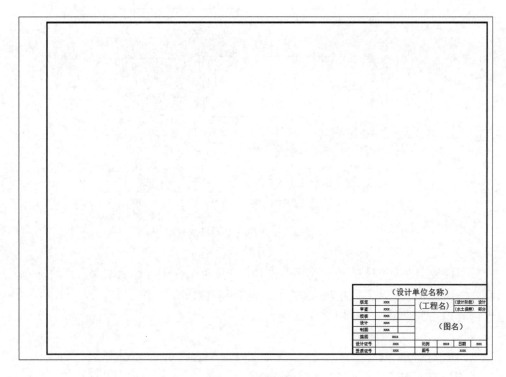

图 10.5　A3 图框

图 10.6　保存为样板图

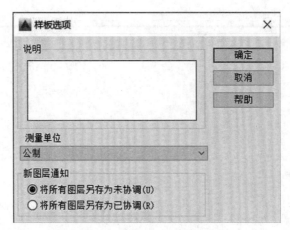

图 10.7　"样板选项"对话框

图形样板文件是个人或单位常用的文件，在样板文件中往往还绘制常用的符号，并保存为图块，以便在需要时能够及时调用。常用的样板文件还有 A0、A1、A2 和 A4，根据需要建立其他图幅的样板文件。

注意与技巧

> 如何在新建时默认指定自己的样板文件？
> 工具→选项→文件→样板设置→快速新建的默认样板文件名→双击"无"→选择自己的样板文件。

10.2　配置绘图仪

环境生态工程图形绘制完成后，需要对其进行打印。下面简要介绍虚拟打印机的安装。

10.2.1　添加绘图仪

命令的执行方法有：
● 下拉菜单："文件"→"绘图仪管理器"。
● 命令行：_Plottermanager↙。
添加绘图仪步骤如下：
（1）执行命令后在弹出的"Plotters"对话框中，选择并双击"添加绘图仪向导"图标，如图 10.8 所示。

图 10.8　添加绘图仪向导

（2）在弹出的"添加绘图仪-简介"对话框中，点击"下一步"按钮，如图 10.9 所示。

（3）在弹出的"添加绘图仪-开始"对话框中，点击"下一步"按钮，如图 10.10 所示。

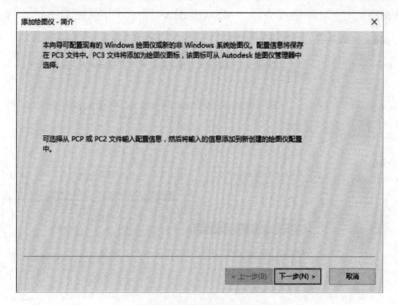

图 10.9　添加绘图仪-简介

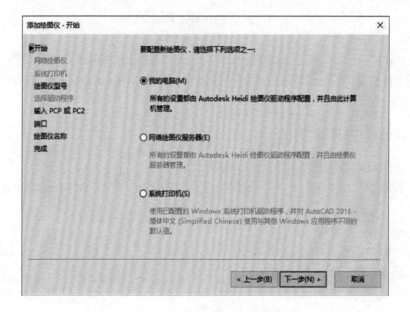

图 10.10　添加绘图仪-开始

（4）在弹出的"添加绘图仪-绘图仪型号"对话框中，选择自己需要的"生产商(M)"和打印机"型号(O)"，选择完毕点击"下一步"按钮，如图 10.11 所示。以输出 Tif 格式为例，选择"光栅文件格式"和"MS-Windows Bmp（非压缩 DIB）"。

图 10.11　添加绘图仪-绘图仪型号

（5）点击"下一步"按钮→继续点击"下一步"按钮→点击"完成"按钮。

完成虚拟打印机安装，"Plotters"对话框中显示"MS-Windows Bmp（非压缩 DIB）.pc3"文件。

10.2.2　设置虚拟打印机图纸尺寸

设置虚拟打印图纸尺寸命令执行方法如下：
● 下拉菜单："文件"→"绘图仪管理器"→双击"MS-Windows Bmp（非压缩 DIB）.pc3"
● 下拉菜单："文件"→"打印"。
● 命令行：Plot↙。
● 快捷键：【Crtl】+【Plot】。

在"Plotters"对话框中双击"MS-Windows Bmp（非压缩DIB）.pc3"文件，弹出"绘图仪配置编辑器"对话框，如图 10.12 所示。

后面三种方法，弹出的是"打印-模型"对话框（图 10.13）。在"打印机/绘图仪"栏，"名称"选 MS-Windows Bmp（非压缩DIB）.pc3，点击"特性"按钮，弹出"绘图仪配置编辑器"对话框，如图 10.12 所示。

设置虚拟打印图纸尺寸步骤如下：

（1）在图 10.12 中，选择"设备和文档设置"选项，选择"自定义图纸尺寸"，点击"添加"按钮，弹出"自定义图纸尺寸-开始"

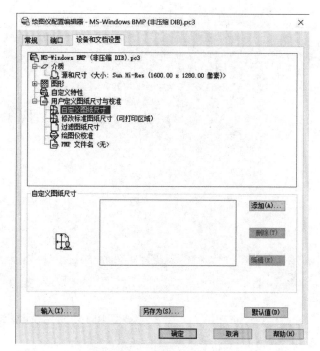

图 10.12　绘图仪配置编辑器

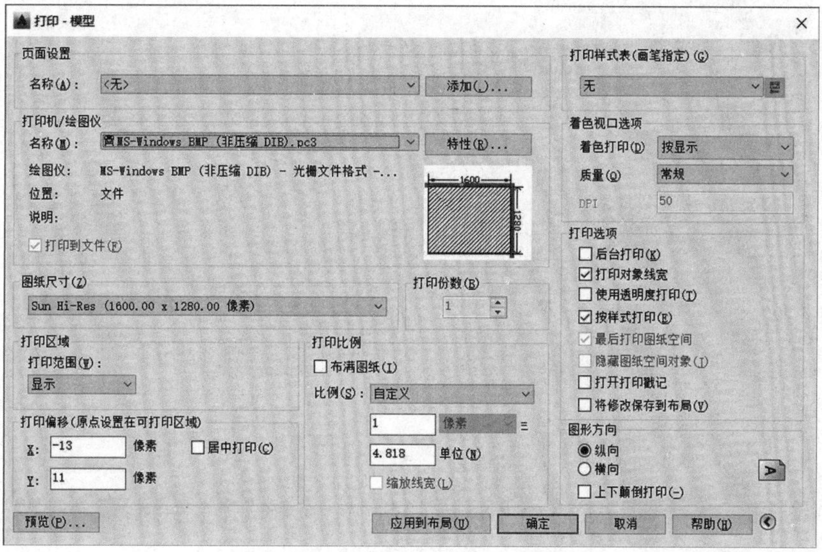

对话框，选择"创建新图纸"，点击"下一步"按钮，见图 10.14。

图 10.13　"打印-模型"对话框

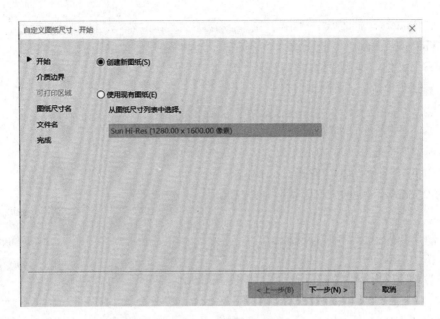

图 10.14　开始设置图纸

（2）弹出"自定义图纸尺寸-介质边界"对话框，输入自定义的图纸宽度和高度数值，点击"下一步"按钮，见图 10.15。

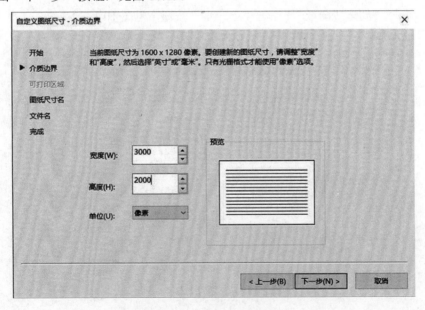

图 10.15　自定义图纸尺寸

（3）弹出"自定义图纸尺寸-图纸尺寸名"对话框，输入图纸尺寸名，也可以默认，点击"下一步"按钮，如图 10.16 所示。

（4）弹出"自定义图纸尺寸-文件名"对话框，点击"下一步"按钮，如图 10.17 所示。

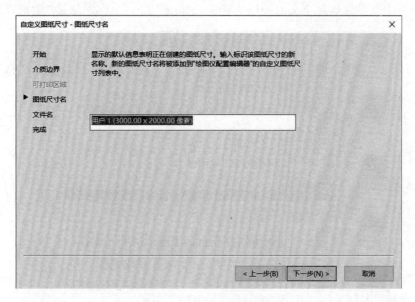

图 10.16　开始设置图纸

图 10.17　开始设置图纸

（5）弹出"自定义图纸尺寸-完成"对话框，点击"完成"按钮，完成虚拟打印尺寸设置。

（6）在弹出"绘图仪配置编辑器"对话框"设备和文档设置"选项"自定义图纸尺寸与校核"中可以看到自定义的图纸文件名，如图 10.18 所示，点击"确定"按钮。

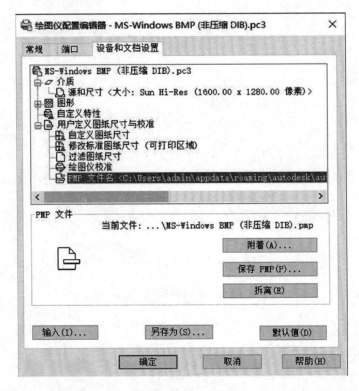

图 10.18   绘图仪配置编辑器-MS-Windows Bmp

10.2.3   虚拟打印图形

完成添加绘图仪和设置打印纸张大小尺寸后，就可以打印图形出图了。该部分内容在布局空间和模型空间打印介绍。

10.3   模型空间打印输出

模型空间和布局空间是 AutoCAD 的两个工作空间，通过这两个空间可以设置各自的打印方式。在 AutoCAD 软件界面底部的状态栏中有"模型"和"布局"选项按钮，默认状态下为模型空间，点击"布局"按钮便可进入布局空间（图 10.19）。

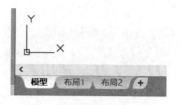

10.3.1　空间概述

在 AutoCAD 中，模型空间主要用于绘制图形的主体模型，而布局空间主要用于打印输出图纸时对图形的排列和编辑。

图 10.19　模型与布局选项

10.3.1.1　模型空间

模型空间是创建工程模型的三维坐标空间，它为用户提供了一个无限大的绘图区域。在该空间按 1∶1 绘制的图形实体尚未实现，只是一个模型，但它反映了图形实体的实际大小，所以称为"模型空间"。

通常在绘图工作中，无论是对二维还是三维图形的绘制和编辑，都是在模型空间这个三维坐标空间下进行的。模型空间是绘图和设计图纸时最主要的工作空间。此外，还可以根据需求，添加尺标注和注释等来完成所需要的全部绘图工作。

10.3.1.2　布局空间

布局空间又称为图纸空间，是模拟图纸的平面空间，所有坐标都是二维的，并且和模型空间采用的坐标系是一样的。该空间主要用于指定纸张大小、添加标题栏、图形排列、显示模型的多个视图以及创建图形标注和注释等，可以起到模拟打印效果的作用。

在这个空间里，用户几乎不需要再对任何图形进行修改和编辑，所要考虑的只是图形在整张图纸中如何布局。因此建议用户在绘图的时候，应在模型空间进行绘制和编辑，在上述工作完成之后再进入图纸空间进行布局调整与出图。

10.3.2　模型空间打印设置

模型空间进行图形打印输出往往适合单比例布图输出，即按照一个比例输出图形。用户在模型空间完成图形绘制、修改、编辑、调入图框和设置好比例之后，在"打印-模型"对话框中进行相关设置之后，便可打印输出。

启动打印输出 Plot 命令：

- 命令行：Plot↙。
- 下拉菜单："文件"→"打印"。
- 快速访问工具栏："点击打印工具图标" 🖨。
- 功能区："输出"→"点击打印工具图标" 🖨。
- 快捷键：【Crtl】＋【P】。

启动 Plot 命令后，弹出"打印-模型"对话框，见图 10.20。

从模型空间打印时，打印对话框的标题显示"打印-模型"。该对话框包含以下内容：

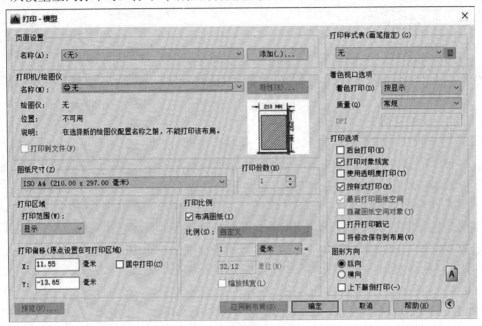

图 10.20 "打印-模型"对话框

10.3.2.1 页面设置

"名称"列表框列表显示所有已保存的页面设置，可从中选择一个页面设置并启用其中保存的打印设置，或者保存当前的设置作为以后从模型空间打印图形的基础。

如需保存当前打印对话框中的相关设置，选择"添加"按钮，AutoCAD 将显示"添加页面设置"对话框，如图 10.21 所示。在"添加页面设置"对话框中，在"新页面设置名"文本框中输入设置名称，单击"确定"按钮，即可将当前"打印"对话框中所有设置的内容保存至新页面设置。

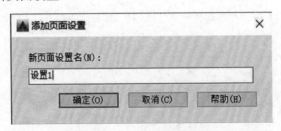

图 10.21 "打印-模型"对话框

页面设置也可以在"页面设置管理器"对话框中进行设置，在 10.3.3 打印实例中介绍"页面设置管理器"。

10.3.2.2 打印机/绘图仪

在 "打印机/绘图仪"选项中显示可供使用的打印机或绘图仪名称及其相关信息，并以局部预览的形式精确显示相对于图纸尺寸和可打印区域的有效打印区域。其中：

（1）"名称"下拉框：列出可用的虚拟打印机（PC3 文件）或系统打印机，可以从中进行选择，以打印当前图形，如图 10.22 所示。

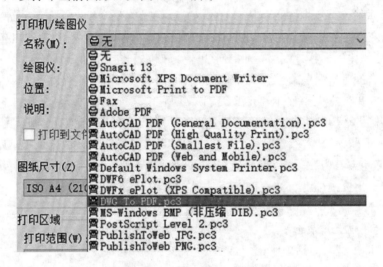

图 10.22 "名称"下拉列表框

（2）"特性"按钮：用于修改当前可用的打印设备的打印机配置。点击"特性"按钮弹出"绘图仪配置编辑器"对话框，见图 10.18，可以对打印机配置、纸张及打印范围进行修改。

（3）"打印到文件"选项：用于控制将图形打印输出到文件而不是打印机。当与打印机相连的计算机没有安装 AutoCAD 软件，AutoCAD 数据文件是无法被打开和打印的。这种情况下，可事先在安装 AutoCAD 软件的计算机上创建一个打印文件，以便于不受是否安装有 AutoCAD 软件的限制，可随时随地打印输出。AutoCAD 创建的打印文件以".Plt"为扩展名。勾选"打印到文件"选框后，并指定文件的名称和保存路径，打印时将打印任务输出成为一个".Plt"文件。

10.3.2.3 打印设置

打印设置主要包括图纸尺寸、打印范围、打印比例、打印偏移选项的设置。各选项含义如下：

（1）"图纸尺寸"下拉框：显示所选打印设备可用的标准图纸尺寸。如果未选择绘图仪，将显示全部标准图纸尺寸的列表以供选择。如果打印的是栅格数据（如 Bmp 或 Tiff 文件），打印区域大小的指定将以像素为单位而不是英寸或毫米。

（2）打印区域栏："打印范围"下拉框用于指定图形要打印的区域，包括：

①窗口：比较常用的方式。选择窗口打印后，返回到 AutoCAD 的绘图窗口，在屏幕上拖曳一个矩形窗口，打印窗口内的对象。窗口的左下角点是打印的原点。

②显示：打印当前屏幕中显示的图形，当前屏幕显示的左下角点是打印的原点。

③图形界限：打印由图形界限（Limits）所定义的整个绘图区域。通常情况下，将图形界限的左下角点定义为打印的原点。只有选择"模型"选项卡时，此选项才可用。

（3）"打印比例"栏：用于控制图形单位与打印单位之间的相对尺寸。

①勾选"布满图纸"选框：以缩放形式打印图形以布满所选图纸尺寸，并在"比例""英寸="和"单位"框中显示自定义的缩放比例因子。

②"比例"选项：用于以选择或输入的方式来定义打印的精确比例。用户也可"自定义"比例。可以通过输入与图形单位数等价的英寸（或毫米）数来创建自定义比例。

（4）"打印偏移"栏：可以定义打印区域偏离图纸左下角的偏移值。布局中指定的打印区域左下角位于图纸页边距的左下角。可以输入一个正值或负值以偏离打印原点。勾选"居中打印"选项，则自动将打印图形置于图纸正中间。

10.3.2.4　打印设置扩展选项

在"打印-模型"对话框中，点击右下角的"更多选项" ⊙ 按钮，将"打印-模型"对话框展开，显示更多的打印设置选项，如图 10.23 所示。当点击"更少选项"按钮，将"打印-模型"对话框折叠，返回展开前状态。

"打印-模型"扩展对话框中各选项含义如下：

（1）"打印样式表"（画笔指定）(G)栏：用于设置打印的相关特征参数（包括打印对象的颜色、笔号、淡显、线型、线宽等）。

点击"打印样式表"下拉表，可以选择打印样式名称，见图 10.24。打印样式表中收集了多组打印样式。一般分为两种：颜色相关打印样式表（*.ctb）和命名打印样式表（*.stb），两种模式均保存在 AutoCAD 系统主目录中的"plot styles"子文件夹中。

①在 AutoCAD 中有一些直接可以使用"命名打印样式表（*.stb）"的模板文件，如：Acad-Named Plot Styles.dwt、acadISO-Named Plot Styles.dwt，新建文件时如果选用这些模板就可以直接使用 stb 文件。对一般设计人员来说，设置并使用"命名打印样式表（*.stb）"的比较少，该样式通常是设计单位为控制某种打印效果，统一设置文件模板时使用。

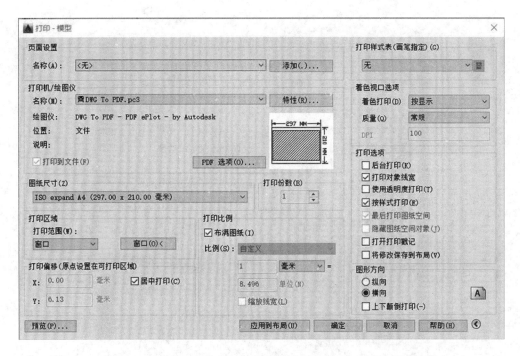

图 10.23　展开"打印-模型"对话框

　　②常用的"颜色相关打印样式"有黑白打印 Monochrome.ctb、彩色打印 Acad.ctb、灰度打印 Grayscale.ctb 等样式。在设置图层的时候应该将各图层设置成不同的颜色，图层里的图形对象的颜色和线宽应该"随层（ByLayer）"，在打印输出时只需直接选择合适的打印样式表即可。

　　在打印样式表中选择一种打印样式（如 Monochrome.ctb），点击右边的编辑器图标圖，弹出"打印样式表编辑器"对话框，该对话框中有"常规""表视图"和"表格视图"三个基本选项，见图 10.25。"常规"选项列出了打印样式文件名的基本信息；"表视图"和"表格视图"选项的内容基本相同，一般选择"表格视图"选项，进行相关参数设置。

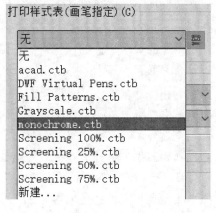

图 10.24　打印样式表

图 10.25　"打印样式表编辑器"对话框

选择"表格视图"选项，打印样式栏列出了 255 个打印样式，每个打印样式对应一种颜色，使用这种打印样式表以后，图纸文件里各种颜色的图形对象就会按照打印样式表里面的对应颜色的样式进行打印。特性选项栏的相关参数如下：

◆ "颜色"下拉列表：用于指定图形对象的打印颜色。默认选项是"使用对象颜色"，即为绘图窗口图层的颜色。默认选项常用于彩色打印，彩色打印必须配置彩色打印机。用户也可以将打印颜色设置为其他颜色，比如常用的工程图颜色为黑色。

◆ "淡显"：此设置确定打印是图纸上的用墨量。有效范围为 0～100。选择 0 可将颜色降为白色，选择 100 则按照真实颜色强度显示颜色。启用淡显前必须启用抖动。

◆ "抖动"：启用抖动，打印机采用抖动来靠近点图案的颜色，使打印颜色看起来似乎比 AutoCAD 颜色索引（ACI）中的颜色要多。如果绘图仪不支持抖动，将忽略抖动设置。

◆ "灰度"：如果打印机支持灰度，则对象的颜色将转换为灰度。黄色等浅颜色将以低灰度值打印。深颜色则以高灰度值打印。清除"转换为灰度"时，RGB 值将用于对象颜色。无论使用对象颜色还是指定打印样式颜色，都可以使用转换为灰度。

◆ "线型"下拉表：一般使用默认选项"使用对象线型"，即为绘图窗口图层的线型。若指定了打印样式线型，则该线型在打印时将替代对象原有线型。

◆ "线宽"下拉表：一般使用默认选项"使用对象线型"，即为绘图窗口图层的线宽。若指定了打印样式线宽，则该线宽在打印时将替代对象原有线宽。

当打印特征参数设置完毕，点击底部的"保存并关闭"按钮，并在"打印-模型"对话框中的"打印选项"勾选"按样式打印"框。

（2）"着色视口选项"栏：用于指定着色和渲染视口的打印方式，并确定它们的分辨率大小和每英寸点数（DPI）。

（3）"打印选项"栏：指定线宽、打印样式、着色打印和对象的打印次序等选项。

（4）"图形方向"栏：指定图形在图纸上的打印方向，包括纵向、横向和上下颠倒打印三个选项。

（5）"预览"按钮：按图纸中打印出来的样式显示图形。

完成上述设置后，单击"打印-模型"对话框中的"确定"按钮，即可打印。

10.3.3　模型空间打印输出比例设置

10.3.3.1　相关基本概念

（1）绘图比例

在 AutoCAD 中绘图，最好使用 1∶1 绘制，即图形上 1 个单位代表实际尺寸的 1 个单位。绘制图形前还要明确绘制图形的单位，即一个图形单位代表的是 1mm 还是 1m。如果以 m 为单位，比如实际长度为 100m 的线段，绘制在 AutoCAD 图上为 100 个单位。1∶1 绘制图形单位换算比较容易，使用其他比例绘制，图形单位换算相对比较复杂。

（2）图纸比例

打印在纸质图纸上的图形，单位尺寸与其实物相应要素的线性尺寸之比，即图纸上标出的比例。比如 1∶1000000 的地图上，两个地点相距 1mm，那么就表示两点距离为 1km。

（3）打印比例

打印在纸质图纸上的图形，单位尺寸与 AutoCAD 中相应要素的线性尺寸之比，即绘制的 AutoCAD 图形打印输出到纸张上时的缩放比例。比如用户 1∶1 的画图，要在图纸上表示为 1∶100，那打印比例应该是多少？1∶100/1∶1=1∶100，打印比例与图纸比例相同。反过来讲，用户 1∶100 的画图（工程中 1 图形单位代表 100mm），要使图纸比例为 1∶100，打印比例就应为 1∶100/1∶100=1∶1。

（4）纸张大小

在 1∶1 比例下绘制图形，纸张大小决定了打印比例和图纸比例。环境生态工程图常用的纸张大小有 A0（1189×841）、A1（841×594）、A2（594×420）、A3（420×297）、A4（297×210），其单位为 mm，也决定了 AutoCAD 的打印单位为 mm。例如 AutoCAD 中绘制的相同图形，打印在不同纸张上，其打印比例和图纸比例不同。

10.3.3.2　打印文字高度设置

工程图纸上常用的字高为 2.5mm、3mm、3.5mm、5mm、7 mm 等，而 CAD 制图规范中也对文字要求做出了明确的规定（表 10.1）。制图时具体要选择多大的字高，要根据相关专业制图规范，做到文字与图形、版面相协调。

表 10.1　AutoCAD 制图规范中字高要求 　　　　　　　　　　 单位：mm

字高 ＼ 图幅	A0	A1	A2	A3	A4
汉字	5			3.5 或 3	
字母与数字					

如果在 AutoCAD 模型空间中仍按实际大小标注文字，标注出的文字是看不见的，打印到图纸上的文字更看不清。模型空间文字是要放大的，究竟放大多少合适，根据出图比例来确定。比如 A3 图纸，比例为 1∶100，标注的文字打印出来的尺寸应该是 3.5mm，在 AutoCAD 中文字设置时，字高大小为 350，即 3.5×100。

由此可知，模型空间文字高度的设置与纸张大小、绘图比例、打印比例密切相关。

10.3.3.3　标注样式比例设置

除了文字高度外，AutoCAD 中尺寸标注时箭头符号、起点偏移量、超尺寸线及超尺寸界线等数值的大小。同样，这些数值也是以图纸上的大小按比例缩放的。箭头大小一般取 1.5～2.5mm，超尺寸线和超尺寸界线 1.5～3mm，起点偏移量为 1～2mm，文字偏移量为 1mm。在做连续标注时基线间距的数值等于两个文字偏移量加上一个文字高度。

总之，要做到与文字高度相协调。

10.3.4　打印实例

工程图在打印输出时，需要加上图框，以注明图纸名称、设计人员、绘图人员、绘图比例、日期等内容。本节以第 9 章 9.1 中绘制的某弃渣场水土保持措施典型设计图为例（图 9.1 某弃渣场护坡剖面设计图），并调入 10.1 节中建立的图形样板文件 A3 图框进行打印。其操作步骤如下：

10.3.4.1　调入 A3 图框

（1）打开某弃渣场水土保持措施典型设计图.dwg（简称设计图）

该图形是 1∶1 绘制，单位为 mm，缺少文字、尺寸等标注信息。要求在 A3 图框进行打印，打印比例为 1∶110。

（2）把绘制好的 A3 图框复制到"设计图"图形中

A3 图框是 1∶1 绘制，尺寸大小为 420mm×297mm，图 9.1 尺寸约为 42209mm×31128mm，为了使图框能放下"设计图"，需要把 A3 图框放大 110 倍或把"设计图"缩小 110 倍，为了保持"设计图"图形实际尺寸不发生变化，把 A3 图框放大 110 倍。

（3）执行 Scale 命令，将 A3 图框放大 110 倍。

（4）执行 Move 命令，把"图 9.1"移到放大 110 倍的 A3 图框内，并放置到合适位置。

10.3.4.2　调整字体大小

图 9.1 的比例是 1:220，其文字大小为 660。该例子是在 1:110 的比例下打印该图，为了保证打印出来的文字大小仍为 3 字高，需要调整图中所有文字大小为 330 字高。

可以通过新建"文字-330"样式，字体大小为 330 字高，其他与"文字-660"的文字样式相同。然后改变标注样式、多重引线标注等中文字样式为"文字-330"样式。图中字体自动变为 330 字高（如果没有改变，点击"视图"菜单下的"重生成"）。

10.3.4.3　打印页面设置

（1）执行"文件"→"页面设置管理器"命令，弹出"页面设置管理器"对话框（图 10.26），点击"新建"按钮，弹出"新建页面设置"对话框（图 10.27），新页面设置名为"A3"，点击"确定"按钮。

图 10.26 页面设置管理器

图 10.27　新建页面设置

（2）弹出"页面设置-模型"对话框。在"打印机/绘图仪"选择"MS-Windows BMP（非压缩 DIB）.pc3"文件（10.2 节中安装的虚拟打印机），点击"特性"按钮，弹出"绘图仪配置编辑器"对话框，自定义图纸尺寸为 4960×3957 像素，如图 10.28 所示。

（3）打印范围：选择"窗口"。

（4）打印偏移栏，勾选"居中打印"。

（5）打印比例栏，勾选"布满图纸"。

（6）"打印样式表"列表中选择"Monochrome.ctb"，设置为黑白打印。

（7）"打印选项"栏，选择"按样式打印"。

（8）"图形方向"栏，点选"横向"。

（9）设置完毕，点击"确定"按钮，返回"页面设置管理器"对话框，如图 10.29 所示。在该对话框中增加了页面设置"A3"，点击"A3"，显示出"A3"页面设置的详细信息。点击"置为当前"按钮，点击"关闭"按钮。

图 10.28　"页面设置-模型"对话框

图 10.29 指定当前页面设置

10.3.4.5 打印输出

（1）执行 Plot 命令，打开"打印-模型"对话框，如图 10.30 所示。

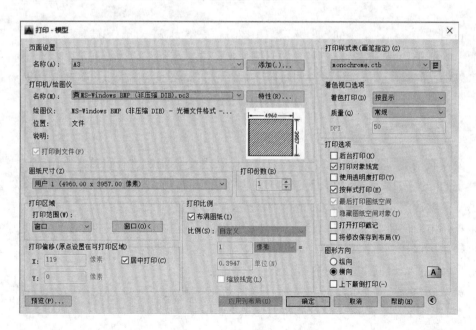

图 10.30 "打印-模型"对话框

（2）在"打印区域"栏，"打印范围"下拉栏中选择"窗口"，点击"窗口"按钮，在屏幕上拖曳覆盖 A3 图框的矩形窗口，该范围为打印范围。其他参数在"页面设置"中已经设置完毕，不再重复设置。

（3）点击"预览"按钮，可以预览打印效果，确认无误后，单击"确定"按钮，弹出"浏览打印文件"对话框，选择输出位置，点击"保存"按钮。

（4）弹出"打印作业进度"对话框，显示打印的进度。点击"取消"按钮，即可取消本次打印，如图 10.31 所示。

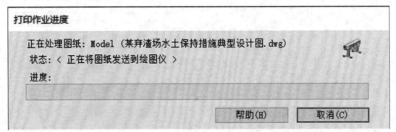

图 10.31　"打印作业进度"对话框

10.4　布局空间打印出图

布局空间又称图纸空间，主要用于出图。布局空间显示的图形就是最终打印在图纸页面上的样子，可以精确确定用户的出图比例、文字高度、标注样式等。在此空间中不仅可以单比例输出，也可将多个图按照不同比例布局在一张图纸上打印输出，即为多比例布图。对于复杂的工程图件，打印输出时优先选择在布局空间上出图。

10.4.1　进入布局

要在布局空间打印出图，必须在布局中对页面、图形等进行设置。点击软件底部状态栏上的[布局 1]或[布局 2]选项卡，即进入布局空间，如图 10.32 所示。在无样本公制状态下，默认的布局版面为 210mm×297mm（横向）。在任意"布局"选项卡上点击右键，从弹出的快捷菜单（图 10.33），可实现布局的创建、删除、复制、保存和重命名等各种操作。选择"新建布局"，可以创建新布局，利用该方式建立的布局，还需要重新进行页面设置，以满足用户的需要。

第一次进入布局空间，布局空间有一个系统自带的"视口"，如图 10.32 所示。该"视口"往往不符合用户的要求，可以将其删除，新建"视口"。

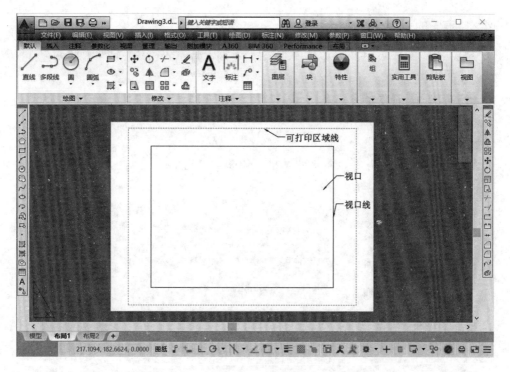

图 10.32　布局空间

图 10.33　新建布局

10.4.2　布局的创建与管理

"布局向导"用于引导用户创建一个新的布局，每个"向导页面"都将提示用户为正在创建的新布局指定不同的"版面"和"打印设置"。

启用布局向导命令的方式有：

● 命令行：Layoutwizard✓。

● 下拉菜单："工具"→"向导"→"创建布局"。

启用该命令后，调出布局向导对话框，如图 10.34 所示：

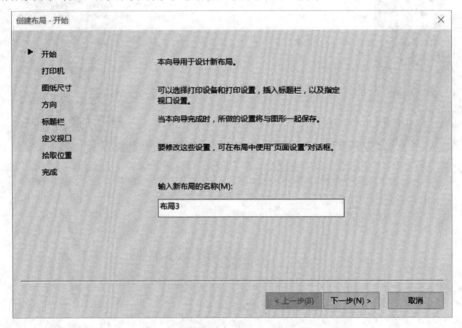

图 10.34　创建布局-开始

依次对各个步骤进行介绍：

（1）开始：指定新布局的名称。

（2）打印机：选择匹配的打印机。

（3）图纸尺寸：选择图纸尺寸、图纸单位。

（4）方向：选择图纸的打印方向。

（5）标题栏：选择用于此布局的图框及标题栏的式样。如图 10.35 所示，列表中显示了 AutoCAD 所提供的样板文件中的标准标题栏，并在右侧的预览框中显示所选图框的预览图像。如果用户不需要图框，则可选"无"，也可以插入块，或者是外部的参照物。

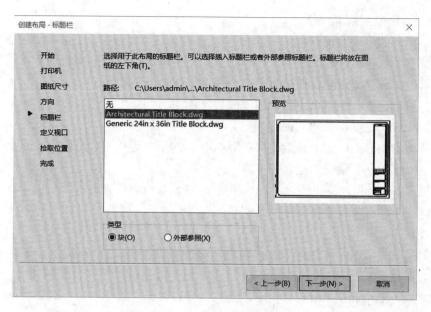

图 10.35　创建布局-标题栏

（6）定义视口：如图 10.36 所示，用户可指定视口的形式和比例，可供选择的视口形式有如下四种：

图 10.36　创建布局-定义视口

①无：不创建视口。

②单个：创建单一视口。

③标准工程视图：标准的三维工程配置包括俯视图、主视图、侧视图和等轴侧视图。

④阵列：创建指定数目的视口，这些视口排列为矩形阵列。

（7）拾取位置：在布局中指定视口配置位置。

（8）完成：完成新布局的创建。

要修改本向导中应用的设置，可右键单击新布局选项卡，然后使用"页面设置管理器"对话框修改任何现有的设备。

例题 10.1 利用布局向导创建无标题栏、单视口的布局 A3，纸张为横向，打印机选择"Dwg To Pdf.pc3 文件"。

步骤如下：

（1）执行"文件"→"新建(N)"命令，选择"A3 样板文件"，新建"布局 A3.dwg"文件，并保存该文件。

（2）执行 Layoutwizard 命令，启动布局向导，弹出"创建布局"对话框：

（3）开始选项：新布局的名称，输入"A3"，点击"下一步"按钮。

（4）打印机选项：下拉框选择"Dwg To Pdf.pc3 文件"，点击"下一步"按钮。

（5）图纸尺寸：下拉框选择"ISOA3（420×297mm）"，图形单位选"mm"，点击"下一步"按钮。

（6）方向：选择"横向"，点击"下一步"按钮。

（7）标题栏：选择"无"，点击"下一步"按钮。

（8）定义视口：选择"单个"，视口比例选择按图纸空间缩放，点击"下一步"按钮。

（9）拾取位置：保持默认，点击"下一步"按钮。

（10）完成：点击"完成"按钮。

10.4.3 布局空间打印页面设置

布局空间打印页面设置与模型空间打印页面设置类似，以 10.4.2 中创建的布局 A3 为例，其操作步骤如下：

（1）点击 A3 布局，执行"文件"→"页面设置管理器"命令，弹出"页面设置管理器"对话框（图 10.37），选择 A3，点击"修改"按钮。

（2）弹出"页面设置-A3"对话框（图 10.38）。打印机、图纸尺寸和方向已在建立布局 A3 时设置好，无须重复设置。在打印机/绘图仪栏，点击"特性"按钮，弹出"绘图仪配置编辑器-Dwg To Pdf.pc3"对话框（图 10.39），选择"设备和文档设置"选项按钮，在"自定义图纸尺寸与校准"选项中选择"修改标准图纸尺寸（可打印

区域）"，在"修改标准图纸尺寸"下拉表框中找到"ISOA3（420×297）"，点击"修
改"按钮。

图 10.37　"页面设置管理器"对话框

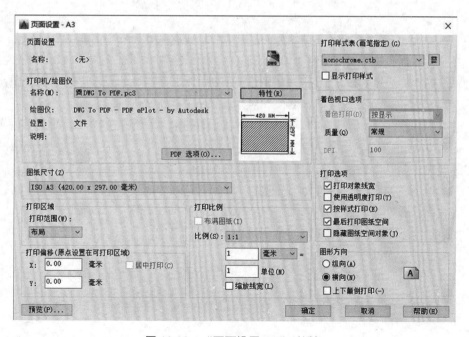

图 10.38　"页面设置-A3"对话框

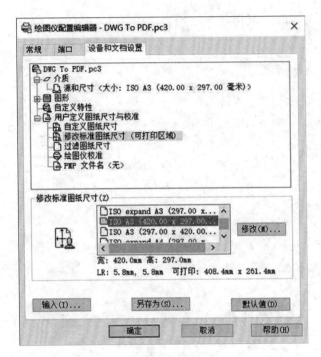

图 10.39　"绘图仪配置编辑器"对话框

　　（3）弹出"自定义图纸尺寸-可打印区域"对话框。在"可打印区域"选项，上、下、左、右值均设置为 0，如图 10.40 所示，点击"下一步"按钮，再次点击"下一步"按钮，点击"完成"按钮，返回"绘图仪配置编辑器"对话框，点击"确定"按钮。

　　（4）弹出"修改打印机配置文件"对话框，点击"确定"按钮。

　　（5）返回"页面设置-A3"对话框，见图 10.38。在"打印样式表"列表中选择"Monochrome.ctb"样式；"打印范围"列表中选择"布局"；打印比例列表中选择 1∶1；打印选项栏，勾选"按样式打印"和"最后打印图纸空间"，点击"确定"按钮。

　　（6）返回"页面设置管理器"对话框，点击布局"A3"，点击"置为当前"按钮，点击"关闭"按钮。

　　经过以上步骤，完成布局空间打印页面设置。

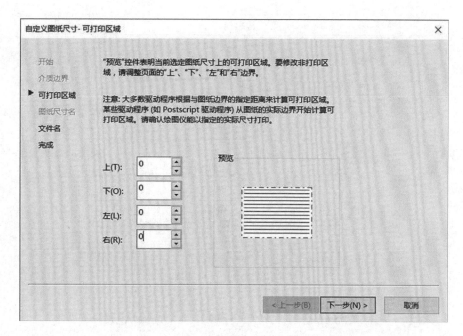

图 10.40　"自定义图纸尺寸-可打印区域"对话框

10.4.4　视口

布局中的图纸空间是一张虚拟的纸张，要将模型空间的图形排在这张纸上，就需要在图纸空间上开一个窗口来显示模型空间的图形，这个窗口就是视口。一个布局中可以有一个视口，也可以有多个视口。视口的大小、形状可以随意改变。通过设置不同比例尺视口，在布局空间可以打印多比例图形。

在布局中，用户插入视口的命令：

● 命令行：Vports✓。

● 命令行：Mview✓。

● 下拉菜单："视图"→"视口"……

● 视口工具栏：按图纸缩放。

10.4.4.1　创建矩形视口

其步骤如下：

（1）执行 Vports 命令后，弹出"视口"对话框，如图 10.41 所示。在"新建视口"选项卡中，标准视口包括单个、两个、三个、四个矩形视口。可以选择其中一个，点击"确定"按钮。

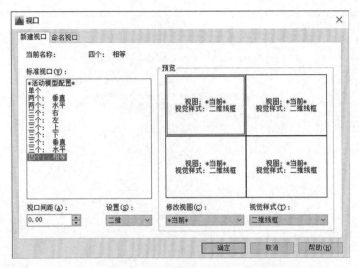

图 10.41　"视口"对话框

（2）命令行提示：Vports 指定第一个角点或 [布满(F)]<布满>。

在布局空间中，点击鼠标指定两个角点或选择"布满"，即可显示新建视口结果，如图 10.42 所示。

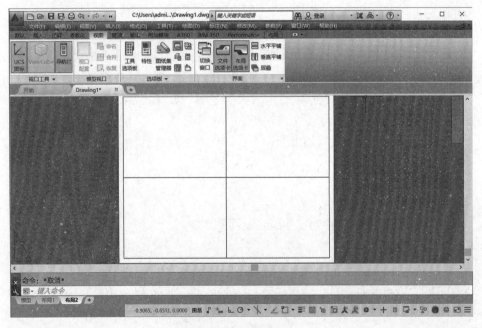

图 10.42　新建视口

将光标移动到视口中双击或执行 Ms（Mspace）命令，可直接从视口进入模型空间中，视口边界线变粗，此时可以完成所有模型空间中的操作。

从视口进入到模型空间后，通过平移和缩放功能来调整视口内图形的显示范围和效果，而真正要修改图纸时，切换到模型空间会更便捷。

将光标移到视口之外并双击，或者单击底部状态栏的模型图纸切换按钮或执行 Ps（Pspace）命令也可从视口退出到图纸空间。

10.4.4.2　创建非矩形视口

在 AutoCAD 中还可以根据用户需要，创建多边形、圆形等不规则视口。

其步骤如下：

执行"视图"→"视口"→"多边形视口"命令。命令行提示：-Vports 指定起点，点击起点之后，用户可以通过移动鼠标，指定一系列点来定义一个多边形边界，并以此创建一个多边形视口，如图 10.43 所示。

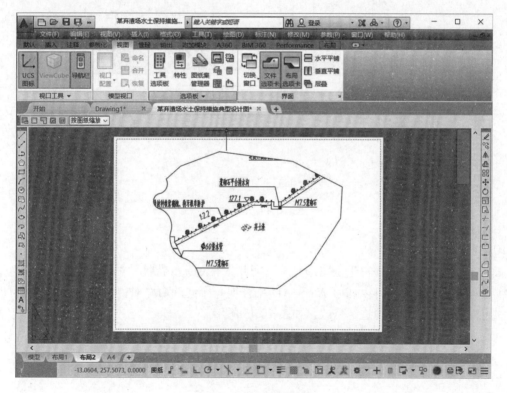

图 10.43　创建非矩形视口

例题 10.2   用 Mview 命令创建如图 10.54 所示的圆形视口。

其步骤如下：（1）在布局中，执行 Circle 命令，绘制圆形。

（2）执行 Mview 命令，命令行提示：

指定视口的角点或 [开(On)/关(Off)/布满(F)/着色打印(S)/锁定(L)/对象(O)/多边形(P)/恢复(R)/图层(LA)/2/3/4]<布满>：O✓

（3）选择要剪切视口的对象：点击"圆"✓

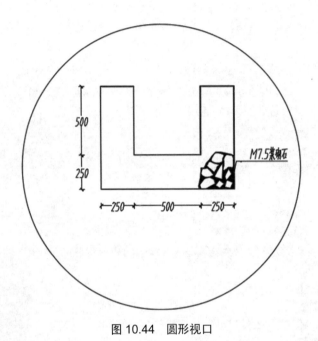

图 10.44   圆形视口

10.4.4.3   视口对象的修改

在布局空间中，视口也是图形对象，因此具有对象的特性，如颜色、图层、线型、线宽和打印等。用户可以使用 AutoCAD 中任何一个修改命令对视口进行操作，也可以利用视口的夹点和特性进行修改，如图 10.45 所示。

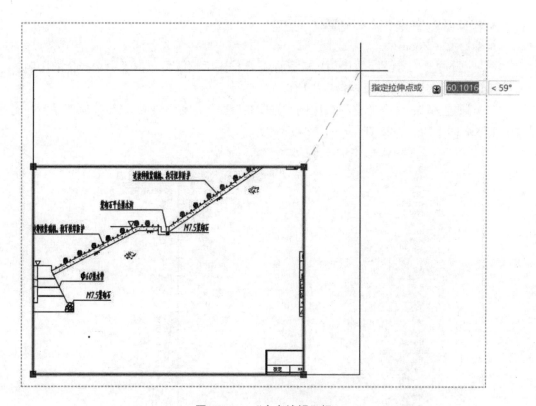

图 10.45　"夹点编辑"视口

10.4.4.4　打开或关闭视口

新视口的默认参数设置为打开状态。对于暂不使用或不希望打印的视口，用户可以将其关闭。控制视口开关状态的方法有以下三种：

（1）选择视口后点击右键，选择"显示视口对象"，选择"否"。

（2）选择视口后，单击"修改"菜单栏，选择"特性"，弹出"特性"对话框。在"其他"栏："开"下拉表选择"否"。

（3）选择视口后点击右键，选择"特性"，弹出"特性"对话框。在"其他"栏："开"下拉表选择"否"。如图 10.46 所示。

10.4.4.5　调整视口比例

视口比例是视口的主要参数之一。视口比例能保证用户视口中图形打印时的输出比例。在标准比例中可以选择一些预设的比例值，自定义比例可以自己输入任意的比例。

启动调整视口比例的命令：

● 视口工具栏：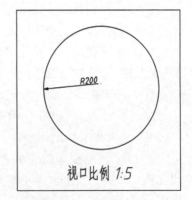按图纸缩放
● 命令行：Zoom↙。

（1）通过视口工具栏，如图 10.47 所示。从按图纸缩放下拉框表中选择标准比例。如果不能满足用户需求，可以自定义比例。

（2）通过 Zoom 命令调整视口比例，需要在命令行中输入 1/nxp，n 为比例系数，例如：1/5xp 即 1∶5；1/25XP 即 1∶25。

图 10.46 关闭视口

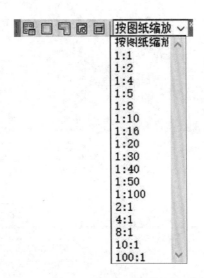

图 10.47 视口工具栏

例题 10.3 在布局中插入一个视口，并调整视口比例为 1∶5，见图 10.48。

通过视口工具栏调整：

步骤如下：

（1）在模型空间执行 Circle 命令，绘制半径为 200 的圆；

（2）从模型空间切换到布局空间，在布局插入一个视口或者通过夹点编辑调整原有视口，并调整圆到合适位置；

（3）用鼠标左键双击视口，视口线变粗；

（4）移动鼠标到"视口工具栏"，点击按图纸缩放下拉表，选择 1∶5，然后在视口外双击鼠标左键即可。

通过 Zoom 命令调整：

图 10.48 调整视口比例

步骤如下：

（1）用鼠标左键双击视口，视口线变粗；

（2）命令行中输入 Zoom✓；

（3）S✓；

（4）1/5xp✓。

10.4.4.6　锁定视口

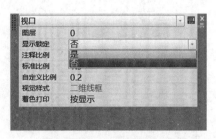

锁定视口是视口的主要设置之一。一旦比例设定且图形已经调整到合适位置后，就需要锁定视口，避免进入视口后缩放视图导致比例发生变化。

视口锁定的方法与步骤：

（1）选中视口，点击软件底部状态栏上的锁定图标 即可。

图 10.49　视口快捷特性

（2）选中视口，自动弹出"快捷特性"对话框，如图 10.49 所示。点击"显示锁定"下拉表，选择"是"。

（3）选中视口，点击菜单栏"修改"→"特性"，弹出"特性"对话框。"其他"栏，"显示锁定"下拉表选择"是"。如图 10.50 所示。

10.4.5　布局空间打印实例

步骤如下：

10.4.5.1　建立布局-A3

（1）执行 Open 命令，打开"香樟片林典型设计图.dwg"。

（2）执行 Scale 命令，把"香樟片林典型设计图"放大 4 倍。

（3）按照"10.4.3"节例题步骤，在该"香樟片林典型设计图"布局空间创建"布局-A3"，并删除自带视口，并按照 10.4.3 节"打印页面设置"步骤，设置同样的打印页面。

10.4.5.2　在布局中插入 A3 图框

（1）执行 Copy 命令，在"布局-A3"中插入 10.1 节中绘制的 A3 图框及标题栏，并调整位置。二者并不完全重合，A3 图框尺寸比"布局-A3"稍大。

（2）执行 Scale 命令，缩放 A3 图框及标题栏，缩放比例因子为 0.99。

图 10.50　"视口"特性

（3）缩放后，执行 Move 命令，调整 A3 图框及标题栏到合适位置。

10.4.5.3　插入视口

（1）执行 Layer 命令，创建一个视口图层，并置为当前图层。如图 10.51 所示。

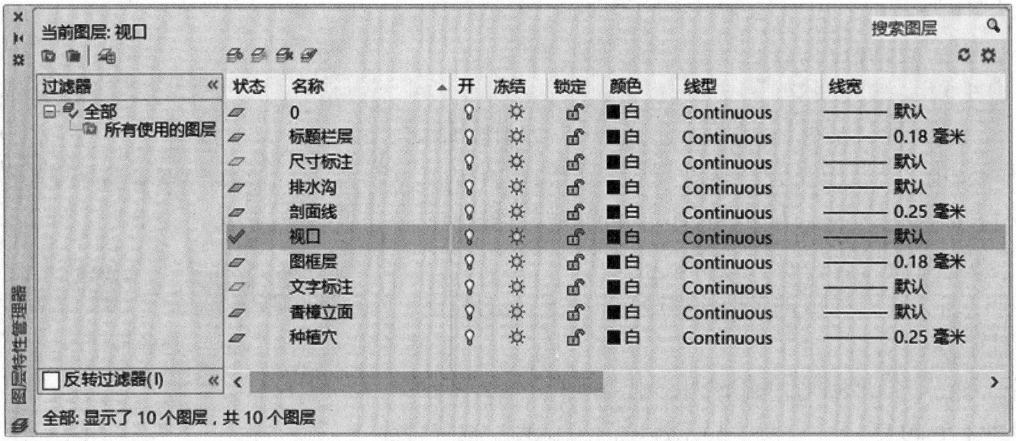

图 10.51　创建视口图层

（2）执行 Mview 命令，在 A3 图框中拖动鼠标，插入第一个视口。如图 10.52 所示，该视口放置"香樟平面图"。

（3）在视口内双击鼠标左键，视口线显粗，进入模型空间状况。

（4）把鼠标移到"视口工具栏"，点击按图纸缩放下拉表，选择 4：1。按住鼠标中间滚轮，移动"香樟平面图"，使视口内只显示"香樟平面图"，然后在视口外双击鼠标左键，返回到布局空间（图 10.52）。视口的比例应根据图纸尺寸来设置，这里设置为 1：250（图中单位是 m），适合于该图纸尺寸，如图 10.52 所示。如图纸尺寸发生变化，比例应当调整。

注意与技巧

　　绘图单位为 m，打印比例为 1：250，则打印单位 1mm 代表的实际尺寸是 250mm=0.25m=0.25 个图形单位，因此视口比例中应输入 1：0.25 或 4：1。而 CAD 的打印单位为 mm，在 1：1 的打印比例下，图纸比例为 1：1000，而该视口内图放大了 4 倍，所以打印比例为 1：250。

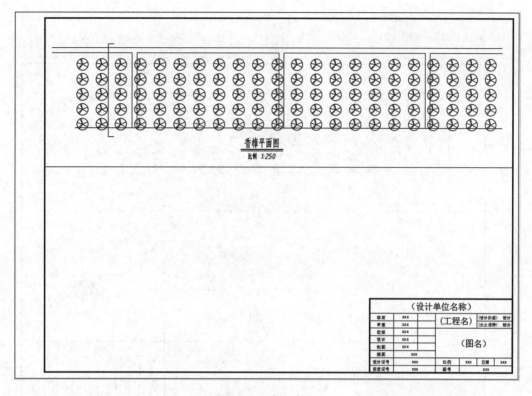

图 10.52　插入视口

（5）用鼠标选中第一个视口，点击状态栏的"锁定"图标，锁定该视口。

（6）插入第二视口，执行 Copy 命令，选择第一个视口，复制得到第二个视口。该视口显示"香樟 A-A 位置剖面图"。

（7）选中第二个视口，使用加点编辑，调整视口大小。调整完毕，在视口内双击鼠标，视口线显粗，把鼠标移到"视口工具栏"，点击按图纸缩放下拉表，选择 10∶1。

（8）按住鼠标中间滚轮，移动"香樟平面图"，使视口内只显示"香樟平面图"。然后在视口外双击鼠标左键，返回到布局空间（图 10.53）。当前图形比例为 1∶100，并锁定该视口。

（9）插入第三个视口，执行 Copy 命令，选择第二个视口，复制得到第三个视口。该视口显示"香樟种植穴大样图"。

（10）选中第三个视口，使用加点编辑，调整视口大小。调整完毕，在视口内双击鼠标，视口线显粗，把鼠标移到"视口工具栏"，点击按图纸缩放下拉表，选择 30∶1。

（11）按住鼠标中间滚轮，移动"香樟种植穴大样图"，使视口内只显示"香樟种植穴大样图"。然后在视口外双击鼠标左键，返回到布局空间（图 10.53）。当前图形比例为 1：30，并锁定该视口。

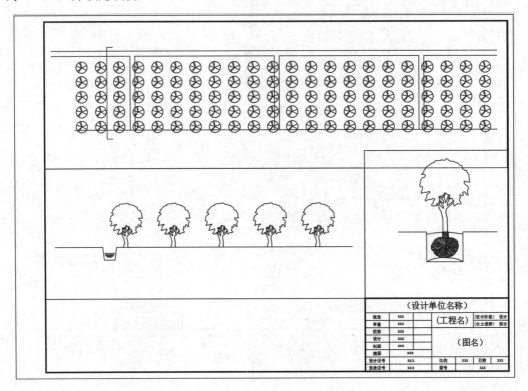

图 10.53　插入第二和第三个视口

注意与技巧

（1）布局里设置好后，模型空间里的图就不能移动位置了，否则在布局里也会变动位置。

（2）若视口比例设置好后，图形不能在视口内完全显示，需要调整视口比例或者在模型空间中进行平移或缩放，直到图形完全显示。

10.4.5.4　输入文字和标注尺寸

（1）执行 Style 命令，新建文字样式"视口 3"和"视口 5"。文字选项卡，字体选择"gbeitc.shx"字体，勾选使用大字体，大字体选择"gbcbig.shx"，高度分别为 3 和 5，宽度因子为 1。

（2）把尺寸标注图层置为当前。执行 Dimstyle 命令，新建标注样式"视口标注"。

文字选项卡：文字选择"视口 3"，颜色设置为随层；箭头选项卡，箭头选择"建筑标记"，大小为 2；线选项卡中，颜色、线型、线宽设置为随层（Bylayer），勾选使用"固定长度的尺寸界限"，长度为 1，超出尺寸线设置为 1，并置为当前，在布局空间标注尺寸。标注结果如图 10.54 所示。

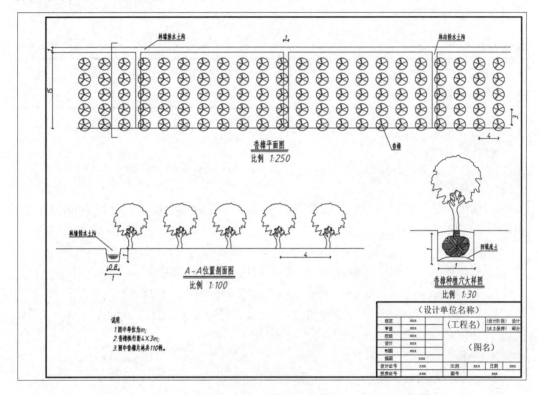

图 10.54 打印输出结果

（3）把文字标注图层置为当前。执行 Mleaderstyle 命令，新建多重引线样式"视口文字标注"，引线格式选项卡：线型、线宽、颜色随置为随层，箭头选择"无"；内容选项卡：文字样式选"视口 3"，颜色设置为随层，引线连接选择"水平连接"，连接位置左右分别选"最后一行加下划线和所有文字加下划线"，并置为当前，在布局空间标注文字。标注结果如图 10.54 所示。

（4）执行 Text 命令，文字样式选"视口 3"，输入"设计说明"文字；文字样式选"视口 5"，输入"图名"文字；文字样式选"视口 3"，输入"比例"文字。执行 Pline 命令，绘制图名下面的线段。结果如图 10.54 所示。

10.4.5.5 关闭视口图层

结果如图 10.54 所示。

10.4.5.6 打印出图

执行 Plot 命令，按照设置好的布局-A3 打印页面设置，打印输出绘制完毕的图形。结果如图 10.54 所示。

注意与技巧

> 布局中的所有图形，无论建立了多少个视口或布置了多少个详图，均按 1 ∶ 1 出图，出图单位为 mm。

本章练习题

一、选择题

1. 如果从模型空间打印一张图打印比例 20 ∶ 1，那么想在图纸上得到 3mm 高的字，应在图形中设置的字高为（   ）。

A. 3mm   B. 0.3mm   C. 30mm   D. 60mm

2. 新建图纸，采用无样板打开—公制，默认布局图纸尺寸是（   ）。

A. A4   B. A3   C. A2   D. A1

3. 在图纸空间创建长度为 100 的水平直线，测量单位比例因子设置为 5，视口比例为 1 ∶ 5，在布局空间进行标注，直线长度为（   ）。

A. 500   B. 100   C. 2500   D. 10000

4. 在 AutoCAD 中模型空间，如果将绘图比例设置为 100 ∶ 1 的图形标注为实际尺寸，则应将比例因子改为多少？该比例因子在哪个选项卡下？（   ）

A. 0.01，"调整"选项卡   B. 0.01，"主单位"选项卡

C. 100，"调整"选项卡   D. 10，"换算单位"选项卡

5. 在 AutoCAD 中模型空间，在标注样式设置中将调整选项卡中"使用全局比例因子"由默认的 1 改为 100，将发生以下哪些变化？（   ）

A. 标注设置没有变化   B. 使标注的测量值放大 100 倍

C. 使全图的箭头和文字尺寸增大 100 倍   D. 使全图的箭头和文字尺寸缩小 100 倍

二、上机练习题

1. 绘制如图 10.55 所示的标题栏。

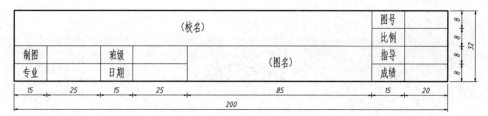

图 10.55　标题栏

　　2. 第 9 章 9.1 节中绘制的"某弃渣场护坡典型设计图"中比例分别为 1∶220 某弃渣场护坡剖面图、1∶20 的灌木种植穴大样图、1∶20 的平台排水沟大样图，在模型空间 A4 图框出图，如何标注尺寸、标注文字和打印出图？

参考文献

[1] 钟日铭，等. AutoCAD 2016 辅助设计从入门到精通[M]. 北京：机械工业出版社，2015.

[2] 刘建锋，等. 市政工程 CAD[M]. 北京：机械工业出版社，2013.

[3] 麓山工作室. AutoCAD 2014 园林设计与施工图绘制[M]. 北京：机械工业出版社，2013.

[4] 龚景毅，汪文萍. 工程 CAD [M]. 北京：水利水电出版社，2007.

[5] 于奕峰，杨松林. 工程 CAD 基础与应用[M]. 北京：化学工业出版社，2017.

[6] 王振宁，王志刚. AutoCAD 模型空间打印输出及比例设置问题的探讨[J]. 安阳工学院学报，2015（4）：13-15.

参考答案

第 1 章　AutoCAD 2016 基本操作基础

一、选择题：ABDAB；ABC

二、填空题

1. "新建" 按钮、"打开" 按钮、"保存" 按钮、"另存为" 按钮、"打印" 按钮、"放弃" 按钮、"重做" 按钮

2. 绝对坐标、相对坐标、极坐标和相对极坐标。

3. 世界坐标系和用户坐标系。

第 2 章　二维图形绘制

参考答案：CADBA；ABCAA；DB

第 3 章　图形编辑与修改命令

一、单选题：CDACA

二、多选题：ABD；AC；ACD

第 4 章　基本绘图设置

参考答案：CCCCB

第 5 章　创建文字与表格

参考答案：CBADD

第 6 章　尺寸标注

参考答案：DBACD

第 7 章　图块与图形管理

参考答案 AC；A；B；AB

第 10 章　图形打印输出

答案：DAABC

附录 1 AutoCAD 2016 常用命令快捷键

AutoCAD 2016 常用命令快捷键

快捷键	执行命令	命令说明
A	ARC	圆弧
ADC	ADCENTER	AutoCAD 设计中心
AA	AREA	区域
AR	ARRAY	阵列
AL	ALIGN	对齐对象
AP	APPLOAD	加载或卸载应用程序
ATE	ATTEDIT	改变块的属性信息
ATT	ATTDEF	创建属性定义
ATTE	ATTEDIT	编辑块的属性
B	BLOCK	创建块
BH	BHATCH	绘制填充图案
BC	BCLOSE	关闭块编辑器
BE	BEDIT	块编辑器
BO	BOUNDARY	创建封闭边界
BR	BREAK	打断
BS	BSAVE	保存块编辑
C	CIRCLE	圆
CH	PROPERTIES	修改对象特性
CHA	CHAMFER	倒角
CHK	CHECKSTANDARD	检查图形 CAD 关联标准
CLI	COMMANDLINE	调入命令行
CO 或 CP	COPY	复制
COL	COLOR	对话框式颜色设置
D	DIMSTYLE	标注样式设置
DAL	DIMALIGNED	对齐标注
DAN	DIMANGULAR	角度标注
DBA	DIMBASELINE	基线式标注
DBC	DBCONNECT	提供至外部数据库的接口
DCE	DIMCEMTER	圆心标记
DCO	DIMCONTINUE	连续式标注
DDA	DIMDISASSOCIATE	解除关联的标注
DDI	DIMDIAMETER	直径标注
DED	DIMEDIT	编辑标注
DI	DIST	求两点之间的距离

快捷键	执行命令	命令说明
DIV	DIVIDE	定数等分
DLI	DIMLINEAR	线性标注
DO	DOUNT	圆环
DOR	DIMORDINATE	坐标式标注
DOV	DIMOVERRIDE	更新标注变量
DR	DRAWORDER	显示顺序
DV	DVIEW	使用相机和目标定义平行投影
DRA	DIMRADIUS	半径标注
DRE	DIMREASSOCIATE	更新关联的标注
DS、SE	DSETTINGS	草图设置
DT	TEXT	单行文字
E	ERASE	删除对象
EL	ELLIPSE	椭圆
EX	EXTEND	延伸
EXP	EXPORT	输出数据
EXIT	QUIT	退出程序
F	FILLET	圆角
FI	FILTER	过滤器
G	GTOUP	对象编组
GD	GRADIENT	渐变色
GR	DDGRIPS	夹点控制设置
H	HATCH	图案填充
HE	HATCHEDIT	编修图案填充
HI	HIDE	生成三位模型时不显示隐藏线
I	INSERT	插入块
IMP	IMPORT	将不同格式的文件输入到当前图形中
IN	INTERSECT	采用两个或多个实体或面域的交集创建复合实体或面域并删除交集以外的部分
INF	INTERFERE	采用两个或三个实体的公共部分创建三维复合实体
IO	INSERTOBJ	插入链接或嵌入对象
IAD	IMAGEADJUST	图像调整
IAT	IMAGEATTACH	光栅图像
ICL	IMAGECLIP	图像裁剪
IM	IMAGE	图像管理器
J	JOIN	合并
L	LINE	绘制直线
LA	LAYER	图层特性管理器
LE	LEADER	快速引线
LEN	LENGTHEN	调整长度
LI	LIST	查询对象数据

快捷键	执行命令	命令说明
LO	LAYOUT	布局设置
LS、LI	LIST	查询对象数据
LT	LINETYPE	线型管理器
LTS	LTSCALE	线型比例设置
LW	LWEIGHT	线宽设置
M	MOVE	移动对象
MA	MATCHPROP	线型匹配
ME	MEASURE	定距等分
MI	MIRROR	镜像对象
ML	MLINE	绘制多线
MO	PROPERTIES	对象特性修改
MS	MSPACE	切换至模型空间
MT	MTEXT	多行文字
MV	MVIEW	浮动视口
O	OFFSET	偏移复制
OP	OPTIONS	选项
OS	OSNAP	对象捕捉设置
P	PAN	实时平移
PA	PASTESPEC	选择性粘贴
PE	PEDIT	编辑多段线
PL	PLINE	绘制多段线
PLOT	PRINT	将图形输入到打印机设备或文件
PO	POINT	绘制点
POL	POLYGON	绘制正多边形
PR	OPTIONS	对象特征
PRE	PREVIEW	输出预览
PRINT	PLOT	打印
PRCLOSE	PROPERTIESCLOSE	关闭"特性"选项板
PARAM	BPARAMETRT	编辑块的参数类型
PS	PSPACE	图纸空间
PU	PURGE	清理无用的空间
QC	QUICKCALC	快速计算器
R	REDRAW	重画
RE	REGEN	重生成
REA	REGENALL	所有视口重生成
REC	RECTANGLE	绘制矩形
REG	REGION	2D 面域
REN	RENAME	重命名
RO	ROTATE	旋转
S	STRETCH	拉伸

快捷键	执行命令	命令说明
SC	SCALE	比例缩放
SE	DSETTINGS	草图设置
SET	SETVAR	设置变量值
SN	SNAP	捕捉控制
SO	SOLID	填充三角形或四边形
SP	SPELL	拼写
SPE	SPLINEDIT	编辑样条曲线
SPL	SPLINE	样条曲线
SSM	SHEETSET	打开图纸集管理器
ST	STYLE	文字样式
STA	STANDARDS	规划 CAD 标准
SU	SUBTRACT	差集运算
T	MTEXT	多行文字输入
TA	TABLET	数字化仪
TB	TABLE	插入表格
TI、TM	TILEMODE	图纸空间和模型空间的设置切换
TO	TOOLBAR	工具栏设置
TOL	TOLERANCE	形位公差
TR	TRIM	修剪
TP	TOOLPALETTES	打开工具选项板
TS	TABLESTYLE	表格样式
U	UNDO	撤销命令
UC	UCSMAN	UCS 管理器
UN	UNITS	单位设置
UNI	UNION	并集运算
V	VIEW	视图
VP	DDVPOINT	预设视点
W	WBLOCK	写块
X	EXPLODE	分解
XA	XATTACH	附着外部参考
XB	XBIND	绑定外部参照
XC	XCLIP	剪裁外部参照
XL	XLINE	构造线
XP	XPLODE	将复合对象分解为其组件对象
XR	XREF	外部参照管理器
Z	ZOOM	缩放视口
3A	3DARRAY	创建三维阵列
3F	3DFACE	在三维空间中创建三侧面或四侧面的曲面
3DO	3DORBIT	在三维空间中动态查看对象
3P	3DPOLY	在三维空间中使用"连续"线型创建由直线段构成的多段线

附录 2　重要的键盘功能键速查

快捷键	命令说明	快捷键	命令说明
ESC	Cancel<取消命令执行>	Ctrl + G	格栅显示<开或关>，功能同 F7
F1	帮助 HELP	Ctrl + H	Pickstyle<开或关>
F2	图形/文本窗口切换	Ctrl + K	超链接
F3	对象捕捉<开或关>	Ctrl + L	正交模式，功能同 F8
F4	三维对象捕捉<开或关>	Ctrl + M	同 Enter 功能键
F5	等轴侧平面切换<上/左/右>	Ctrl +N	新建
F6	动态 UCS<开或关>	Ctrl +O	打开旧文件
F7	格栅显示<开或关>	Ctrl +P	打印输出
F8	正交模式<开或关>	Ctrl +Q	退出 AutoCAD
F9	捕捉模式<开或关>	Ctrl +S	快速保存
F10	极轴追踪<开或关>	Ctrl +T	数字化仪模式
F11	对象捕捉追踪<开或关>	Ctrl +U	极轴追踪<开或关>，功能同 F10
F12	动态输入<开或关>	Ctrl +V	从剪贴板粘贴
窗口键+D	Windows 桌面显示	Ctrl +W	对象捕捉<开或关>
窗口键+E	Windows 文件管理	Ctrl +X	剪切到剪贴板
窗口键+F	Windows 查找功能	Ctrl +Y	取消上一次的 Undo 操作
窗口键+R	Windows 运行功能	Ctrl +Z	Undo 取消上一次的命令操作
Ctrl + 0	全屏显示<开或关>	Ctrl + Shift + C	带基点复制
Ctrl + 1	特性 Properices<开或关>	Ctrl + Shift + S	另存为
Ctrl + 2	AutoCAD 设计中心<开或关>	Ctrl + Shift + V	粘贴为块
Ctrl + 3	工具选项板窗口<开或关>	Alt + F8	VBA 宏管理器
Ctrl + 4	图纸管理器<开或关>	Alt + F11	AutoCAD 和 VAB 编辑器切换
Ctrl + 5	信息选项板<开或关>	Alt + F	【文件】POP1 下拉菜单
Ctrl + 6	数据库链接<开或关>	Alt + E	【编辑】POP2 下拉菜单
Ctrl + 7	标记集管理器<开或关>	Alt + V	【视图】POP3 下拉菜单
Ctrl + 8	快速计算机<开或关>	Alt + I	【插入】POP4 下拉菜单
Ctrl + 9	命令行<开或关>	Alt + O	【格式】POP5 下拉菜单
Ctrl + A	选择全部对象	Alt + T	【工具】POP6 下拉菜单
Ctrl + B	捕捉模式<开或关>，功能同 F9	Alt + D	【绘图】POP7 下拉菜单
Ctrl + C	复制内容到剪贴板	Alt + N	【标注】POP8 下拉菜单
Ctrl + D	动态 UCS<开或关>，功能同 F6	Alt + M	【修改】POP9 下拉菜单
Ctrl + E	等轴侧平面切换<上/左/右>	Alt + W	【窗口】POP10 下拉菜单
Ctrl + F	对象捕捉<开或关>，功能同 F3	Alt + H	【帮助】POP11 下拉菜单